Mme Pariselle-Millet et E. Bouant

Cours élémentaire de Physique

Enseignement Secondaire des Jeunes Filles

QUATRIÈME ET CINQUIÈME ANNÉES

PROGRAMME DU DIPLÔME DE FIN D'ÉTUDES

LIBRAIRIE FÉLIX ALCAN

COURS ÉLÉMENTAIRE

DE PHYSIQUE

ENSEIGNEMENT SECONDAIRE DES JEUNES FILLES

SCIENCES PHYSIQUES ET NATURELLES

M⁰ᵉ H. PARISELLE MILLET | **ÉMILE BOUANT**
Ancienne élève de l'Ecole Normale de Sèvres, | Ancien élève de l'Ecole Normale supérieure,
Professeur au lycée de Jeunes Filles de Brest. | Professeur honoraire au lycée Charlemagne.

3ᵉ, 4ᵉ et 5ᵉ ANNÉES. **Cours élémentaire de chimie.** 1 volume in-12, avec figures dans le texte, cartonné à l'anglaise . . . . 3 fr. »

3ᵉ ANNÉE. **Cours élémentaire de physique** (*pesanteur, hydrostatique, chaleur*). 1 vol. in-12, avec 184 fig. dans le texte, cart. à l'angl. 2 fr. 40

4ᵉ et 5ᵉ ANNÉES. **Cours élémentaire de physique** (*acoustique, optique, électricité*). 1 vol. in-12, avec fig., cartonné à l'angl . . . . 3 fr. »

Ces 3 volumes remplacent les *Leçons de Physique* et les *Leçons de Chimie* de M. Bouant, épuisées, qui ne seront pas réimprimées.

Mˡˡᵉ S. N. DE MONTILLE
Agrégée de l'Enseignement secondaire des Jeunes Filles.

1ʳᵉ ANNÉE. — **Notions de Zoologie.** 9ᵉ édit. 1 vol. in-12, avec 333 grav. dans le texte, cart. à l'angl. . . . . 2 fr. 50

1ʳᵉ et 2ᵉ ANNÉES. — **Notions de Botanique.** 7ᵉ édit. 1 vol. in-12, avec 345 grav. dans le texte, cart. à l'angl. . . . . 2 fr. 50

2ᵉ ANNÉE. — **Notions de Géologie.** 2ᵉ édit. 1 vol. in-12, avec 280 grav. dans le texte et une carte coloriée hors texte, cart. à l'angl. 3 fr. »

HYGIÈNE — PUÉRICULTURE

Hygiène et Science domestique. *Conforme aux programmes du 14 juin 1907.*

3ᵉ et 4ᵉ ANNÉES par Mˡˡᵉ M. Dreyfus, ancienne élève de l'Ecole Normale de Sèvres, agrégée de l'Enseignement secondaire des Jeunes Filles. 4ᵉ édit. 1 vol. in-12, avec 76 grav., cart. à l'angl. . . . . . 2 fr. 50

5ᵉ ANNÉE, par M. Deléarde, professeur agrégé à la Faculté de Médecine de Lille, et Mˡˡᵉ M. Dreyfus. 1 vol. in-12, avec 77 grav., cart. à l'angl. 2 fr. »

Puériculture et Hygiène infantile (*Première série*). Conférences faites sous la présidence de MM. G. Lyon, recteur de l'Académie de Lille, et Th. Barrois, professeur à la Faculté de Lille, par MM. Bué, Deléarde, Gautier, Lambling, Ouï, professeurs à la Faculté de Médecine de Lille et V. Dubron, président du Comité du Nord de l'Alliance d'hygiène sociale. 1 vol. in-16. . . . . 2 fr. »

— (*Deuxième série*), par MM. Bué, Carrière, Charmeil, Deléarde, Gaudier, Gérard, Lambling, Ouï, Surmont, prof. à la Faculté de Médecine de Lille, Calmette et Guérin, de l'Inst. Pasteur de Lille. 1 vol. in-16 3 fr. »

Guide pratique de Puériculture, par M. Deléarde, professeur à la Faculté de Médecine de Lille, chargé du cours de clinique médicale infantile. 1 vol. in-16, avec gravures, cart. à l'angl. . . . . . 4 fr. »

Hygiène de l'Alimentation dans l'état de santé et de maladie, par J. Laumonier. 4ᵉ édit., entièrement refondue. 1 vol. in-12, cart. à l'angl., avec grav. 4 fr. »

L'Hygiène de la cuisine, par LE MÊME. 1 vol. in-32, br. . . . . . 0 fr. 60

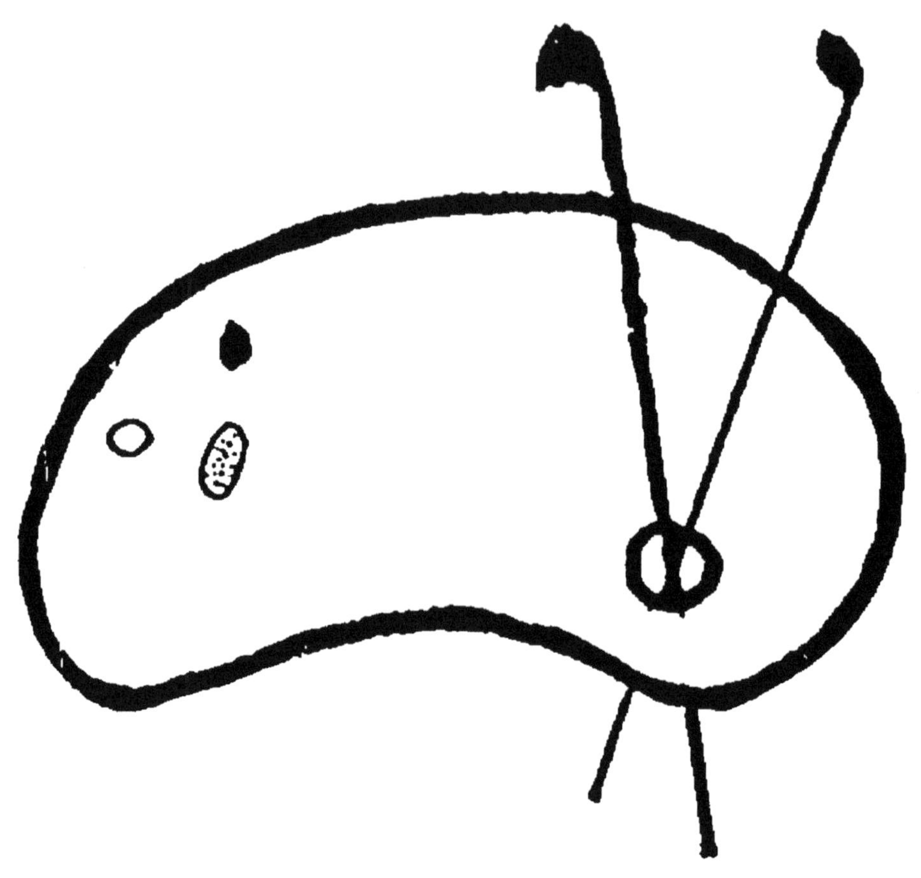

ORIGINAL EN COULEUR

NF Z 43-120-8

Spectres d'émission

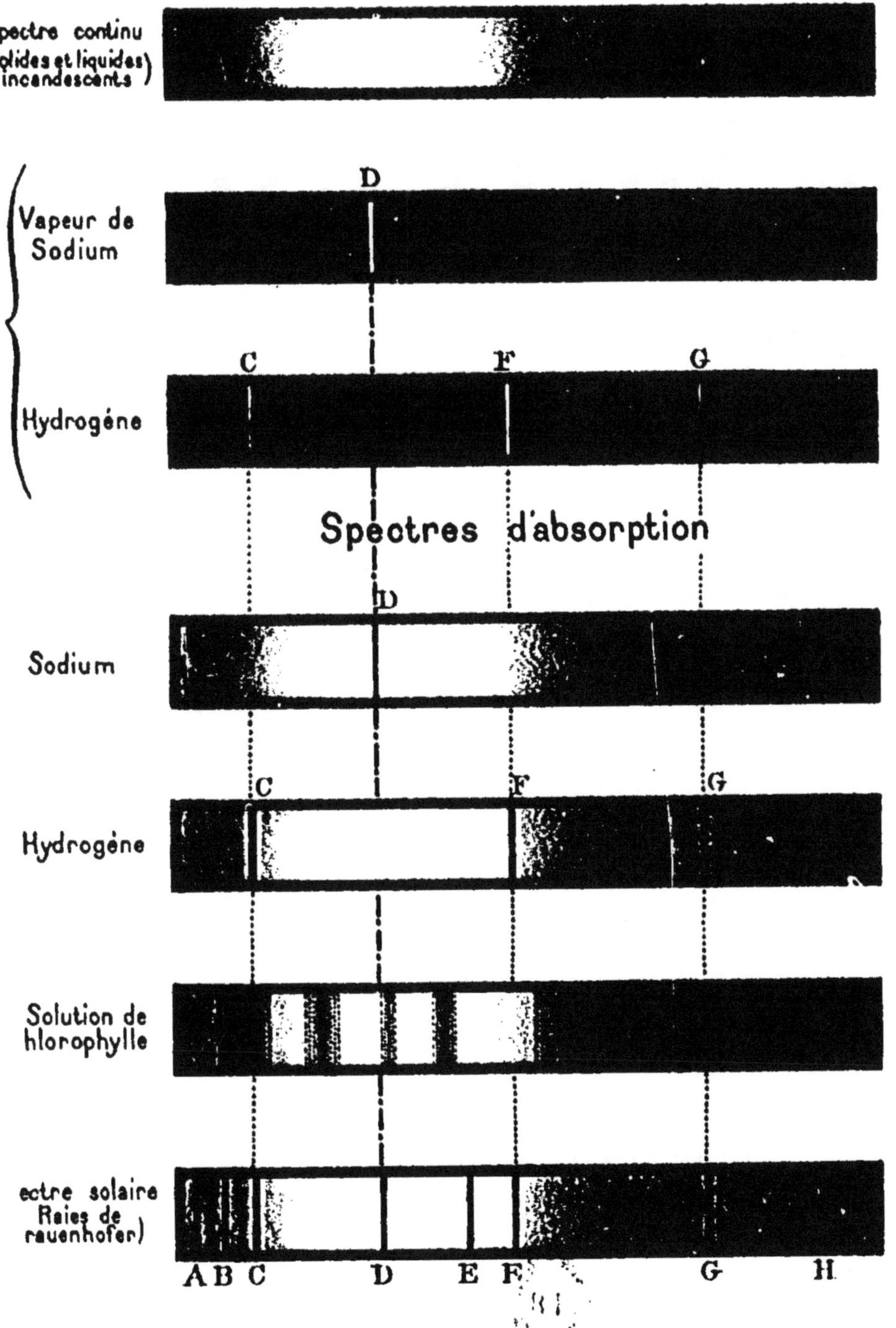

COURS ÉLÉMENTAIRE DE PHYSIQUE

QUATRIÈME ET CINQUIÈME ANNÉE

(OPTIQUE, ACOUSTIQUE, ÉLECTRICITÉ)

Programme du diplôme de fin d'études.

PAR

Mᵐᵉ PARISELLE-MILLET
Ancienne élève
de l'école normale supérieure de Sèvres,
professeur agrégée
au lycée de jeunes filles de Brest.

É. BOUANT
Ancien élève
de l'École normale supérieure,
Professeur honoraire
au lycée Charlemagne.

AVEC 233 FIGURES DANS LE TEXTE

ET UNE PLANCHE EN COULEURS

PARIS

LIBRAIRIE FÉLIX ALCAN

108, BOULEVARD SAINT-GERMAIN, 108

1915

PROGRAMME OFFICIEL

QUATRIÈME ANNÉE

Acoustique.

Le son : mouvement vibratoire. — Propagation du son. — Vitesse. — Réflexion du son. — Echo.

Qualités du son. — Mesure de la hauteur d'un son. — Intervalles musicaux. — Gamme.

Notions expérimentales sur les cordes vibrantes et les tuyaux sonores.

Optique.

Propagation de la lumière. — Ombre. — Pénombre.

Phénomènes de la chambre noire.

Réflexion de la lumière. — Miroirs plans. — Miroirs sphériques.

Réfraction de la lumière. — Réflexion totale. — Prisme.

Notions expérimentales sur les lentilles. — Loupe.

Principe du microscope et de la lunette astronomique.

Décomposition et recomposition de la lumière blanche.

Spectre solaire.

Indications très sommaires sur la photographie.

CINQUIÈME ANNÉE

Magnétisme.

Aimants naturels et artificiels. — Pôles. — Attractions et répulsions.

Action directrice de la terre sur les aimants. — Méridien magnétique. — Déclinaison. — Boussole.

Electricité [1].

Phénomènes fondamentaux de l'électricité statique établis expérimentalement.

Electrisation par influence. — Electroscope.

Principe du condensateur. — Bouteille de Leyde.

Machine électrique. — Effets.

Eclairs. — Tonnerre. — Effets de la foudre. — Paratonnerres.

Pile électrique. — Principales piles.

Propriétés essentielles des courants.

Effets chimiques, calorifiques et lumineux des courants.

Galvanoplastie. — Eclairage électrique.

Action du courant sur l'aiguille aimantée. — Galvanomètre.

Aimantation par les courants. — Electro-aimants.

Principes de la télégraphie.

Principe de l'induction. — Téléphone.

1. Les propriétés du courant électrique étant beaucoup plus importantes et plus utilisées que celles de l'électricité développée par frottement, nous avons commencé l'électricité par l'étude du courant électrique.

PREMIÈRE PARTIE

OPTIQUE

CHAPITRE PREMIER

PROPAGATION DE LA LUMIÈRE

1. Corps lumineux, corps éclairés. — Pour qu'un corps impressionne notre œil, il faut qu'il lui envoie de la lumière. Deux cas peuvent se produire :

1º Le *corps est lumineux par lui-même* ; il reste alors visible, même si on l'isole dans une chambre close. C'est le cas de tous les appareils d'éclairage ; ils produisent de la lumière par suite de l'échauffement de particules solides. Ils deviennent *obscurs* dès que l'échauffement cesse.

2º Le *corps est éclairé* par un corps lumineux ; il devient obscur si on le place dans une chambre close, loin de tout corps lumineux.

Parmi les astres, le *soleil* et les *étoiles* sont des *corps lumineux* ; la *lune* et les *planètes*, dont nous ne voyons que les parties qui reçoivent la lumière du soleil, sont des *corps éclairés*.

L'observation journalière montre que les *corps obscurs*, recevant de la lumière, deviennent inégalement lumineux. Si, dans une chambre noire, on laisse pénétrer un rayon de soleil et qu'on place sur son trajet du papier blanc, le papier devient lumineux et éclaire les corps obscurs environnants. En répétant la même expérience avec une plaque enduite de noir de fumée, la chambre ne s'éclaire pas sensiblement.

2. Rôle des corps vis-à-vis de la lumière. — Un corps placé dans la chambre noire, sur le trajet d'un rayon de soleil, peut se comporter de plusieurs façons bien différentes :

1º Comme dans l'expérience précédente effectuée avec une feuille de papier blanc, le corps devient visible pour un grand nombre de positions de l'observateur. Il faut en conclure que ce corps, recevant de la lumière dans une direction, en renvoie dans tous les sens ; on dit qu'il *diffuse la lumière* : c'est un *corps diffusant*.

2° Si l'on reçoit, au contraire, le rayon de soleil sur une lame métallique très bien polie, sur une glace, on ne voit le miroir que si l'on se place dans une direction particulière. Un tel corps ne renvoie donc la lumière qui arrive sous un angle donné que dans une direction privilégiée ; on dit qu'il *réfléchit la lumière* : c'est un *corps réfléchissant*.

Jusqu'ici, nous nous sommes placés en avant du corps, du côté où il était exposé à la lumière. Examinons maintenant ce qui se passe, si nous interposons le corps entre la source lumineuse ou les objets éclairés et notre œil.

Trois nouveaux cas peuvent se présenter.

3° Ou bien le corps intercepte la lumière : c'est le cas d'une plaque métallique, d'un morceau de carton. Le corps est alors dit *opaque*..

4° Le corps peut, au contraire, laisser passer librement la lumière. S'il est interposé entre l'œil et des objets éclairés, on voit ces derniers très distinctement ; s'il est placé sur le trajet d'un rayon solaire, dans la chambre noire, le rayon continue sa marche et n'est toujours visible que dans une direction. Les corps qui jouissent de ces propriétés sont dits *transparents*.

5° Enfin, il peut arriver que le corps se laisse traverser par la lumière comme les *corps transparents*, en présentant toutefois avec ces derniers, deux différences essentielles :

Placé devant l'œil, il ne permet pas la vision nette des objets, il n'y a plus de contours précis ; placé sur le trajet d'un rayon solaire, il diffuse la lumière en arrière, après l'avoir transmise.

On dit que le corps est *translucide*. La porcelaine, le verre dépoli, le papier sont translucides.

En plaçant un *globe translucide* autour d'un arc électrique, on empêche la vision nette de l'arc et par suite l'éblouissement qui en résulterait ; on a en somme remplacé une source très petite et de grand éclat, par une source beaucoup plus grosse et d'éclat plus faible.

Remarque. — Il n'existe pas de ligne de démarcation très nette entre les *corps diffusants* et *réfléchissants* d'une part, et les corps *opaques, transparents* et *translucides*, d'autre part.

Un corps diffusant ne renvoie pas également la lumière dans tous les sens : il y a des directions privilégiées ; de même un corps, aussi bien poli soit-il, diffuse toujours un peu la lumière.

L'eau, parfaitement *transparente* sous une faible épaisseur, devient *translucide*, puis *opaque*, quand son épaisseur augmente. Inversement, une plaque d'or, suffisamment amincie devient transparente. On trouve dans le commerce des feuilles d'or de $\dfrac{1}{10.000}$ de millimètre, collées sur une plaque de verre ; de telles feuilles permettent la vision nette des objets.

3. Ombre des corps opaques. Propagation rectiligne de la lumière.

— Nous venons de voir qu'un corps opaque ne se laisse pas traverser par la lumière. Si nous plaçons un tel corps entre une source lumineuse et un écran, les points de cet écran, situés en arrière ne sont pas éclairés : on dit qu'ils sont dans l'*ombre*.

Nous allons étudier ce phénomène des ombres de plus près en nous plaçant d'abord dans le cas simple d'une *source lumineuse de petites dimensions*, assimilable à un point.

Une telle source, dite ponctuelle, est sensiblement réalisée par un petit arc électrique, ou par une lampe à acétylène bien réglée.

Plaçons, entre cette source et un écran blanc, une sphère opaque. Nous voyons que cette sphère est divisée en deux régions : une région éclairée du côté du point lumineux C, l'autre non éclairée qui constitue l'*ombre propre*.

La ligne de séparation est une circonférence M N.

De plus, il y a derrière la sphère toute une région d'*ombre portée* qui découpe sur l'écran une ombre à contours nettement limités : c'est un *cercle*, si l'on a soin de placer l'écran normalement à la droite qui joint la source C au centre de la sphère.

La forme de cette ombre s'explique dans l'*hypothèse d'une propagation rectiligne de la lumière* (un rayon de soleil entrant dans une chambre noire et rendu visible par les poussières, suggère immédiatement cette idée).

Il nous est facile de vérifier cette hypothèse au moyen de l'expérience précédente. Après avoir dessiné sur la sphère et sur l'écran les contours des ombres, éteignons la source lumineuse, puis fixons l'extrémité d'un fil à l'endroit où était le point lumineux. Si, tendant le fil jusqu'à l'écran, nous le

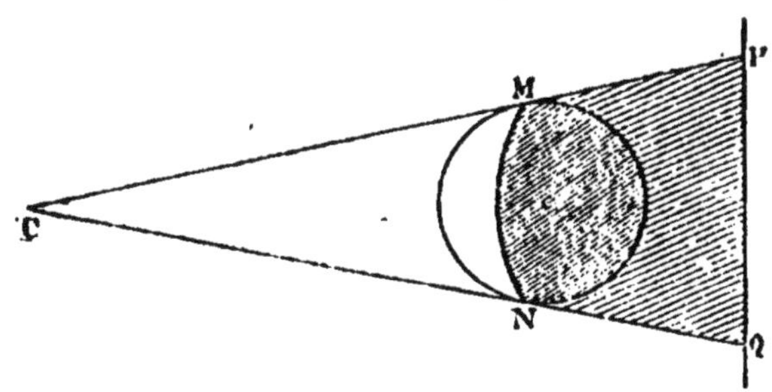

Fig. 1. — Ombre d'une sphère opaque, éclairée par un point lumineux.

faisons tourner en l'appuyant continuellement sur la sphère, nous constatons que le point où il touche la sphère se trouve toujours sur la ligne de séparation M N ; de plus l'extrémité du fil dessine l'ombre portée sur l'écran.

Tout se passe donc comme si la lumière se propageait en lignes droites autour de la source ponctuelle C, ces lignes ou rayons lumineux étant arrêtées par les corps opaques.

Remarque. — Un rayon lumineux n'a pas de réalité physique, c'est une conception géométrique. Quand, dans la chambre noire, on cherche à isoler un rayon solaire, on n'obtient en réalité qu'un *faisceau lumineux* renfermant encore des quantités de rayons.

4. Ombre produite par une source étendue. Pénombre. — Éclairons maintenant la sphère précédente avec une source lumineuse de dimensions sensibles : un gros bec papillon, par exemple.

Si nous plaçons l'écran blanc assez loin en arrière de la sphère, nous constatons qu'il existe encore une région d'ombre et une région éclairée ; mais on passe *graduellement* de la région éclairée à la région la plus sombre, par des régions dont l'éclairement varie d'une manière continue et qui forment la *pénombre*. Dans le cas d'une source ponctuelle, au contraire, nous avons vu qu'on passe brusquement de la région éclairée à l'ombre.

L'hypothèse de la propagation rectiligne de la lumière permet d'expliquer ce phénomène de *pénombre* si l'on admet de

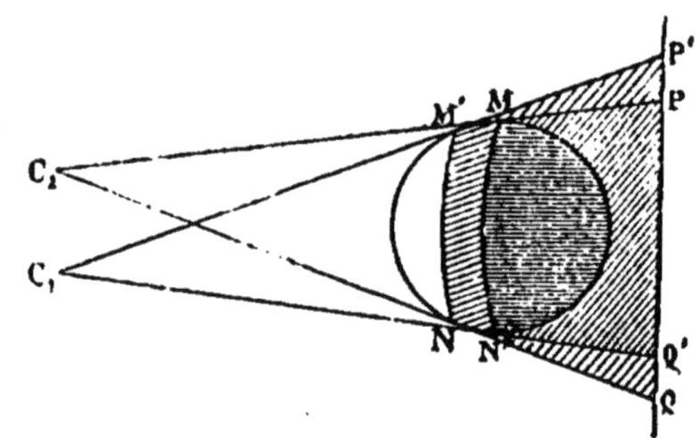

Fig. 2. — Ombre et pénombre d'une sphère éclairée par deux points lumineux.

plus que, *dans le cas d'une source étendue, chaque point peut être considéré comme une source indépendante, dont les effets ne sont pas modifiés par les sources ponctuelles voisines.*

Divisons donc notre source en un grand nombre de petites sources partielles que nous considèrerons pratiquement comme des points lumineux. Soient C_1 et C_2 les deux points extrêmes (fig. 2). Les ombres portées seront, pour ces deux points, M N P Q, M' N' P' Q'. Dans l'espace P Q', aucun des rayons lumineux provenant de C_1, de C_2 et des intermédiaires ne pourra pénétrer : ce sera la région d'*ombre* ; dans les espaces M' P P' et N Q Q', il n'arrivera de la lumière que d'une partie de la source, partie d'autant plus restreinte qu'on sera plus près de la région d'ombre : cette région intermédiaire à éclairement variable forme la *pénombre*.

Remarque I. — Nous avons vu que les globes de verre dépoli qui enveloppent les arcs électriques ont l'avantage de remplacer une source ponctuelle et éclatante par une source de grandes dimensions beaucoup moins fatigante pour les yeux. Ils présentent encore un autre avantage : celui de remplacer une ombre à contours nettement marqués par une ombre à contours estompés plus agréable pour la vue.

Remarque II. — Les phénomènes d'éclipses de lune et de soleil (partielles ou totales) s'expliquent facilement en tenant compte de le propagation rectiligne de la lumière. Dans le cas des éclipses de lune, par exemple, c'est la terre qui est la sphère opaque, le soleil étant la sphère éclairée.

5. Phénomènes de la chambre noire. — Si dans le volet d'une chambre bien close, on perce une petite ouver-

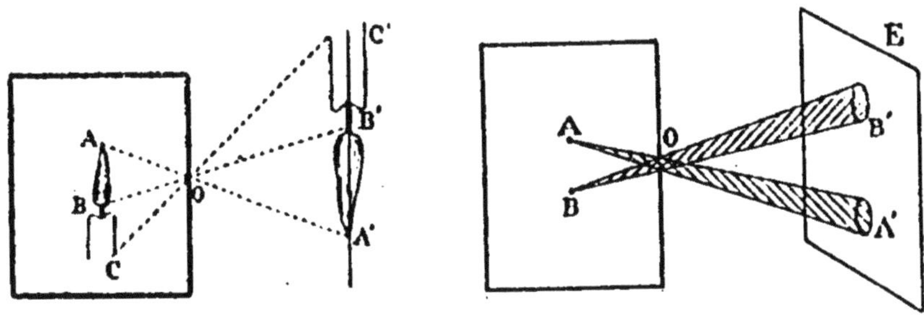

Fig. 3. — Images données par la chambre noire.

ture de 2 ou 3 millimètres de diamètre et qu'on place en arrière un écran blanc, on voit se dessiner sur cet écran les objets qui se trouvent de l'autre côté du volet. On obtient ce qu'on appelle des *images* de ces objets ; ces images sont du reste renversées et sont d'autant plus grandes que l'écran est plus éloigné de l'ouverture.

On obtient un phénomène analogue en plaçant un objet lumineux, une bougie par exemple, dans une caisse close dont une des parois est percée d'une petite ouverture O. En plaçant un écran devant l'ouverture, on voit s'y dessiner l'*image renversée* de la bougie.

Dans tous les cas l'image est d'autant plus nette que l'ouverture est plus petite, la forme de cette ouverture (ronde, carrée...), ne modifiant en rien la netteté de l'image.

Les deux principes relatifs à la *propagation rectiligne de la lumière* et à l'*indépendance des différents points d'une source étendue* vont nous donner une explication immédiate de ces phénomènes.

Si nous prenons l'exemple de la bougie, du point A de la flamme part un mince faisceau lumineux qui traverse l'ouverture A et va éclairer, au point A' de l'écran, une petite surface semblable à l'ouverture O.

Si l'aire du trou O est assez faible et si l'écran n'est pas trop loin, la surface A' est pratiquement assimilable à un point et cela quelle que soit la forme du trou : A' est dit l'image de A et son éclairement est en rapport avec celui de A.

Ce raisonnement se répète pour tous les points de la bougie et l'on voit que l'ensemble des images A' B' C' produit sur l'œil une impression analogue à celle que produirait la bougie.

Si d'autre part nous appelons o la hauteur de l'objet, et i celle de l'image, la considération des triangles semblables C O A et C' O' A', nous donne :

$$\frac{i}{o} = \frac{OA'}{OA}.$$

Cette relation nous permet de prévoir dans quels cas la hauteur de l'image est inférieure, supérieure ou égale à celle de l'objet.

Elle nous explique également pourquoi l'image est d'autant plus grande que l'écran est plus loin.

Remarquons d'ailleurs qu'en éloignant l'écran, si l'on augmente les dimensions de l'image on diminue sa netteté, car les cercles correspondant aux différents points grandissent et empiètent les uns sur les autres ; en même temps aussi, l'image devient moins éclairée, car la même quantité de lumière sortie de la boîte, se répand alors sur une surface plus grande.

Remarque. — L'hypothèse de la *propagation rectiligne de la lumière* et la *notion de rayons lumineux* vient de nous permettre d'interpréter simplement les phénomènes des ombres et ceux de la chambre noire. Nous allons voir que la même hypothèse conduit à expliquer les phénomènes qui se passent quand la lumière, au lieu de se propager librement comme nous l'avons supposé jusqu'ici, est arrêtée par des obstacles qui modifient son trajet.

CHAPITRE II

RÉFLEXION DE LA LUMIÈRE

I. — MIROIRS PLANS

6. Phénomènes de la réflexion. — Nous savons que les plaques métalliques bien polies, les glaces, *réfléchissent* la lumière; il en est de même de la surface horizontale des liquides. Tous ces *miroirs plans* donnent, des objets extérieurs, des images dont l'observation permet d'arriver aux lois de la réflexion en utilisant la notion de rayons et de faisceaux lumineux.

Considérons une glace sans tain, c'est-à-dire en verre non étamé. Si nous plaçons en avant de ce miroir, placé verticalement, une bougie allumée A et si nous regardons vers le miroir, il nous semble voir une autre bougie identique A placée en arrière de M. Le fait que la glace est transparente va nous permettre de repérer facilement la position de *l'image A'*; il nous suffit pour cela de placer en arrière du miroir une bougie identique à A, mais non allumée, et de la déplacer jusqu'à ce que l'image de la flamme A' enveloppe complètement la mèche de cette bougie : on a a'ors l'illusion que cette bougie est allumée.

Il est évident que l'image A' n'est pas due à de la lumière qui a traversé la glace ; on peut du reste s'en assurer en mettant un petit écran de papier près de la mèche de la bougie non allumée : cet écran ne reçoit aucune tache lumineuse. Le phénomène est donc dû à de la lumière qui, partié des différents points de la bougie, s'est *réfléchie* sur le miroir pour venir ensuite frapper l'œil.

Le point A, par exemple, envoie sur le miroir un *faisceau*

incident très étroit A I qui donne naissance à un *faisceau réfléchi* I R. Pour l'œil, qui fait abstraction du miroir, les différents rayons de ce faisceau semblent provenir d'un point A′ situé en arrière du miroir, et l'impression qu'il reçoit est la même que si ce point A′ existait réellement.

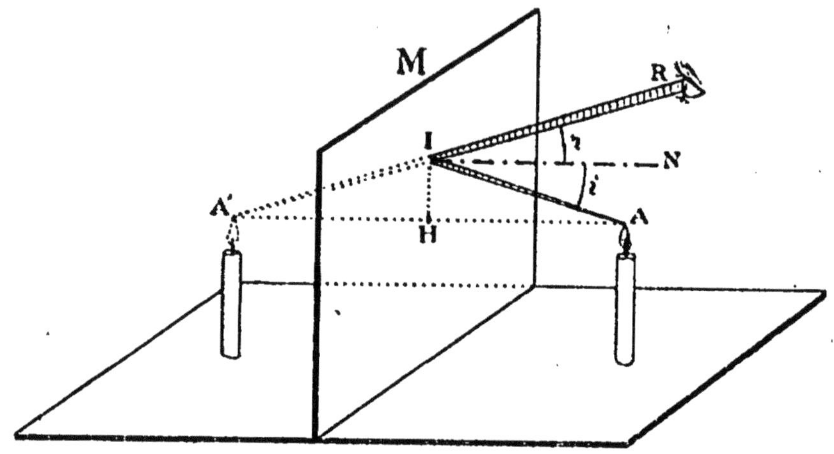

Fig. 4. — Réflexion sur un miroir plan.

7. Lois de la réflexion. — L'expérience qui vient de nous permettre d'expliquer le phénomène de la réflexion, va nous servir également à trouver les lois de ce phénomène.

À cet effet enlevons le miroir, après avoir marqué sa trace à la craie ; nous constatons que les deux bougies A et A′ occupaient des positions symétriques par rapport au miroir, c'est-à-dire que la droite AA′ est perpendiculaire au miroir et partagée en deux parties égales par lui (AH = A′H).

Supposons alors que le faisceau A I soit très étroit et assimilable à un rayon lumineux, il en sera de même de I R. A I devient un *rayon incident* et IR un *rayon réfléchi*. Pour fixer la position de ces deux rayons par rapport au miroir M, menons la *normale* au point d'incidence I ; l'angle AIN s'appelle *l'angle d'incidence*, l'angle RIN, *l'angle de réflexion*.

Si nous remarquons que les deux droites IN et AA′ sont parallèles, nous en déduisons immédiatement que l'angle i et l'angle en A sont égaux comme alternes internes et que l'angle r et l'angle en A′ sont égaux comme correspondants.

Mais le triangle AIA' étant isocèle par suite de la symétrie des points A et A', les angles A et A' sont égaux : il en est donc de même des angles i et r.

Si de plus, on remarque que toutes les droites envisagées sont dans le plan déterminé par AI et la normale IN, qu'on appelle *plan d'incidence*, on peut énoncer les deux lois suivantes, qu'on retrouverait avec n'importe quel autre rayon incident et qui par suite sont générales.

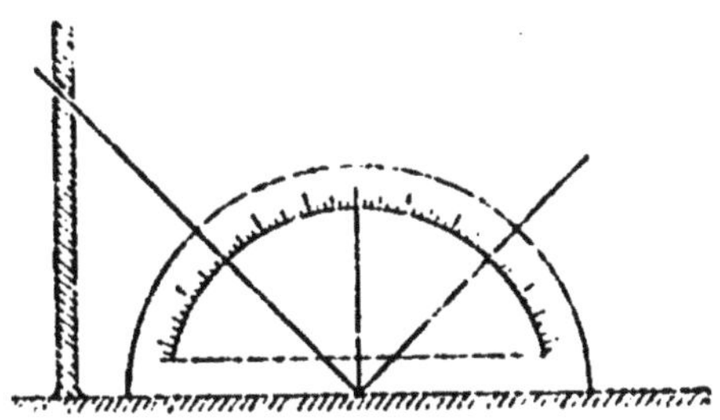

Fig. 5. — Vérification des lois de la réflexion.

1re loi. — *Le rayon réfléchi est contenu dans le plan d'incidence.*

2e loi. — *L'angle de réflexion est égal à l'angle d'incidence.*

Remarque. — Les lois de la réflexion, que nous avons déduites de l'expérience des deux bougies, sont surtout vérifiées par leurs conséquences.

On peut en donner une vérification expérimentale directe en réalisant approximativement un rayon lumineux dans la chambre noire, à l'aide d'un faisceau très étroit de rayons solaires. Si l'on fait tomber ce faisceau sur un miroir horizontal, on peut voir, grâce aux poussières, le rayon incident et le rayon réfléchi.

En posant sur le miroir, et perpendiculairement à son plan, un grand *rapporteur* gradué en degrés (fig. 5), on constate d'abord que le rayon incident, la normale et le rayon réfléchi peuvent être placés à la fois dans le plan du rapporteur, ce qui vérifie la première loi ; ensuite que l'angle d'incidence est égal à l'angle de réflexion, ce qui vérifie la seconde.

8. Conséquences des lois de la réflexion. Principe du retour inverse. — 1° Connaissant la direction d'un rayon incident quelconque AI, il suffit, pour construire le rayon réfléchi correspondant, de prendre le symétrique A', par rapport au miroir, d'un point A du rayon incident et de prolonger la droite A'I suivant IB : IB est le rayon cherché (fig. 6).

2° Si l'on prend comme rayon incident particulier parti du point A le rayon AC perpendiculaire au miroir, la construction précédente montre que le rayon réfléchi se confond avec le rayon incident. Dans ce cas on a $i = r = o$. *Tout rayon normal à un miroir est réfléchi suivant sa propre direction.*

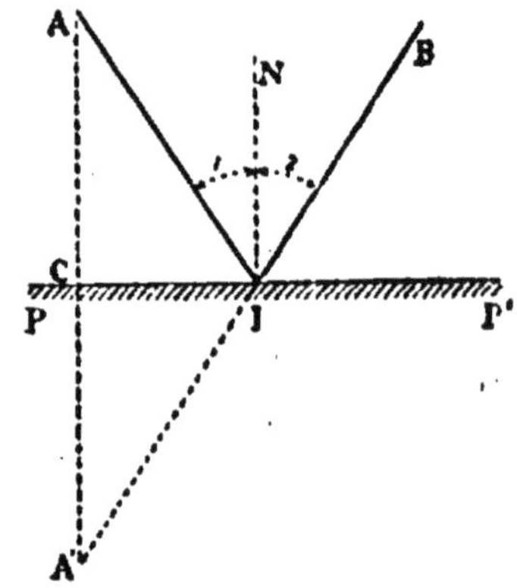

Fig. 6. — Construction du rayon réfléchi.

3° La deuxième loi de la réflexion nous montre que si l'on faisait arriver un rayon incident suivant BI (fig. 6) le rayon réfléchi correspondant serait confondu, au sens près, avec l'ancien rayon incident AI qui se réfléchissait suivant IB. Il y a donc *réciprocité entre le rayon incident et le rayon réfléchi* : cette réciprocité constitue le *principe du retour inverse de la lumière.*

9. Image d'un objet lumineux. — L'expérience de la bougie nous a montré que l'image d'un point (flamme de la bougie) est un point symétrique par rapport au miroir. Si nous considérons maintenant un objet étendu, la bougie tout entière par exemple, les différents points de cet objet jouant le rôle de sources indépendantes, l'image A' B' de la bougie sera formée par l'ensemble des symétriques de tous ses points.

Cette image n'a pas d'existence véritable, comme nous l'avons montré en plaçant un écran en arrière du miroir.

Elle n'est pas formée par les rayons lumineux eux-mêmes; nous avons l'illusion qu'elle se trouve au point de rencontre des prolongements géométriques des rayons réfléchis : c'est ce qu'on exprime en disant que l'image est *virtuelle*.

L'image d'un objet donnée par un miroir plan est donc virtuelle et symétrique de l'objet par rapport au miroir.

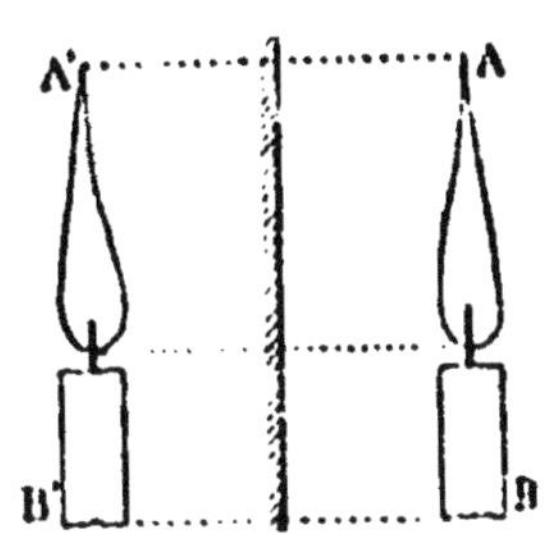

Fig. 7. — L'image A' B' d'un objet AB, fournie par un miroir plan, est droite par rapport à cet objet.

De ce que l'image a même aspect et même grandeur que l'objet, il n'en faut pas conclure qu'elle lui est *identique*. Si, devant un miroir, on place une page d'un livre, on ne peut lire cette page ; si nous montrons la main *droite*, l'image est identique à notre main *gauche*. *L'image donnée par un miroir plan n'est donc pas en général superposable à l'objet.*

Remarque. — Les miroirs plans donnent des *images virtuelles* et *droites ;* la chambre noire, munie d'une petite ouverture, nous avait donné des *images réelles* et *renversées* (5).

10. Position de l'image, champ du miroir. — L'image d'un objet étant symétrique de cet objet par rapport au miroir a une position fixe ; quand l'observateur se déplace il voit toujours l'image au même endroit. Il n'a d'ailleurs pas besoin d'être absolument *devant* le miroir pour voir l'image. Inversement si l'observateur occupe une position fixe, l'objet n'a pas besoin d'être absolument devant le miroir pour que son image soit vue : la région de l'espace dans laquelle on doit le placer est ce qu'on appelle le *champ du miroir* pour la position donnée de l'observateur.

Considérons un point lumineux A. Même si ce point est sur le côté du miroir, il peut envoyer sur ce miroir des rayons et par suite donner une image A' symétrique de A. Aux rayons partis de A qui tombent sur le miroir, correspondent des rayons réfléchis qui sont tous contenus dans le faisceau qui a pour sommet A' et qui s'appuie de toutes parts sur les bords du miroir. Pour que l'observateur voie l'image de A, il faut qu'il reçoive des rayons réfléchis et par suite qu'il se trouve dans l'espace Q P P' Q'. Cette région dans laquelle doit se trouver l'observateur pour voir l'image d'un point donné A est le *champ du miroir par rapport au point lumineux A.*

Inversement, si l'observateur est en A, il peut voir d'après

Fig. 8. — Champ du miroir.

le principe du retour inverse de la lumière, l'image de tous les points situés dans le cône Q P P' Q'. Cette région de l'espace dans laquelle doit se trouver le point lumineux pour être vu à travers le miroir par l'observateur placé en A est le *champ du miroir par rapport à l'observateur A.*

11. Miroir tournant. — Soit un miroir plan recevant, dans une chambre noire, un faisceau très étroit de lumière, assimilable a un rayon SI. Laissant fixe la direction de ce rayon, si nous faisons tourner le miroir autour d'un axe perpendiculaire en I au plan de figure, nous voyons le faisceau réfléchi se déplacer de IT en IT'. Soit α l'angle de rotation du miroir. Cherchons à déterminer l'angle dont on a tourné le rayon réfléchi. La normale IN a tourné d'un angle α et a pris la direction IN'.

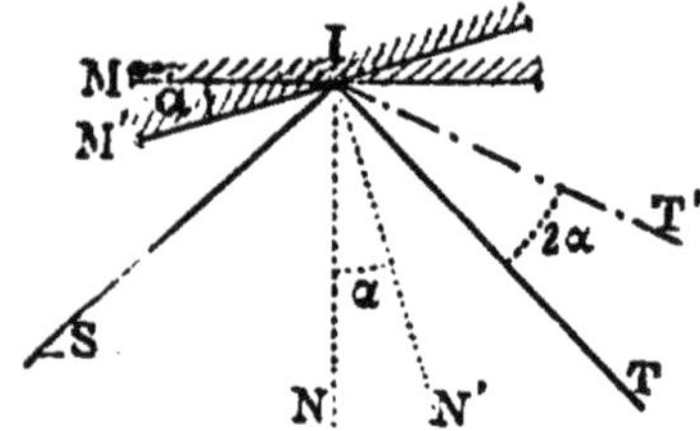

Fig. 9. — Miroir tournant.

L'angle d'incidence SIN $= i$ est devenu SIN' $= i + \alpha$. On a d'autre part :

$$TIT' = T'IS - TIS$$

ou, à cause de l'égalité des angles d'incidence et de réflexion :

$$TIT' = 2 \, SIN' - 2 \, SIN$$
$$= 2 (i + \alpha) - 2i = 2\alpha.$$

Donc, quand le miroir tourne d'un angle α, le rayon réfléchi tourne d'un angle 2α.

Cette propriété est souvent utilisée dans la mesure des déviations. Ainsi, quand on a à mesurer la rotation d'une partie déterminée d'un appareil et que cette déviation est trop petite pour être observée directement, on se sert d'un petit miroir fixé à la pièce qui tourne. On envoie sur ce miroir un faisceau incident de direction fixe et on dispose une règle graduée de façon qu'une de ses divisions soit éclairée par le faisceau réfléchi. Si le miroir tourne, le faisceau vient éclairer une autre division de la règle. Une simple lecture permet alors de connaître l'angle de rotation du faisceau et par suite la déviation cherchée.

12. Images fournies par deux miroirs parallèles.

— Deux miroirs plans étant accrochés en face l'un de l'autre aux deux murs d'une chambre, de façon à être exactement

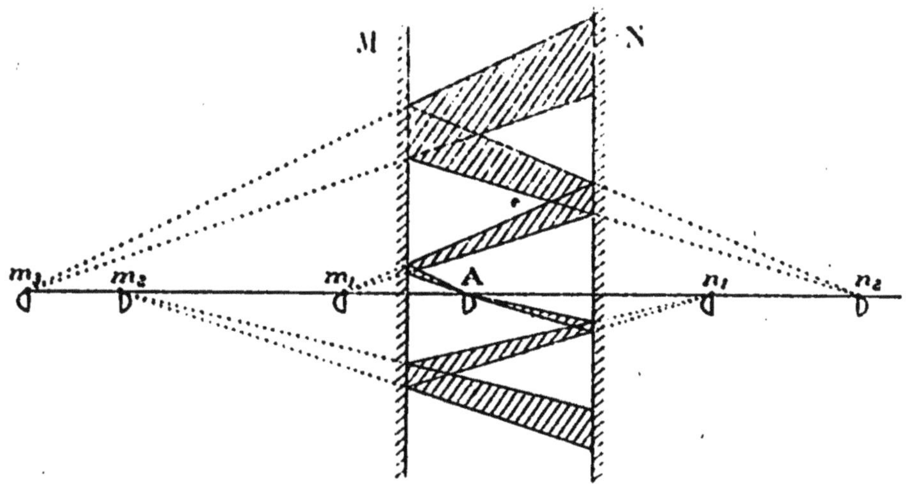

Fig. 10. — Images données par un système de deux miroirs parallèles.

parallèles, si un objet lumineux ou éclairé se trouve placé entre les deux, on voit dans chacun des miroirs un grand nombre d'images de cet objet.

Ces images sont toutes situées sur la perpendiculaire commune aux deux miroirs menée par l'objet. Dans chaque série, les images sont alternativement symétrique de l'objet et superposable à lui.

Pour interpréter ce résultat, considérons un point A de l'objet et, parmi les rayons qui en partent, un étroit faisceau lumineux qui tombe sur le miroir M. Il s'y réfléchit de façon que le prolongement du faisceau réfléchi vienne passer par e point m_1 symétrique de A par rapport à M ; ce faisceau réfléchi tombe sur le miroir N et tout se passe comme si m_1 tait un véritable point lumineux placé devant ce miroir.

Autrement dit, le faisceau considéré subit une deuxième réflexion telle que le prolongement du faisceau réfléchi passe par le point n_2 symétrique de m_1 par rapport à N. Ce point n_2 va jouer le rôle d'objet par rapport au miroir M, et ainsi de suite.

Une construction analogue s'applique à un faisceau lumineux étroit, qui, parti de A tombe d'abord sur le miroir N, ce qui donne une nouvelle série d'images de A : n_1, m_2...

Et comme chacun des points de l'objet se comporte de la même manière que le point A, l'œil qui reçoit les faisceaux réfléchis voit aux points n_1, n_2... m_1, m_2... des images symétriques les unes des autres par rapport aux miroirs. Le nombre de ces images n'est limité que par les dimensions des miroirs.

La multiplication des images des objets placés entre deux glaces suspendues a deux murs opposés d'une salle fait paraître la pièce beaucoup plus grande qu'elle ne l'est en réalité.

13. Images fournies par deux miroirs inclinés. — Soit deux miroirs M et N, faisant entre eux un certain angle, et A un point lumineux placé dans cet angle.

Symétriquement au miroir M, il se forme une image m_1 de ce point

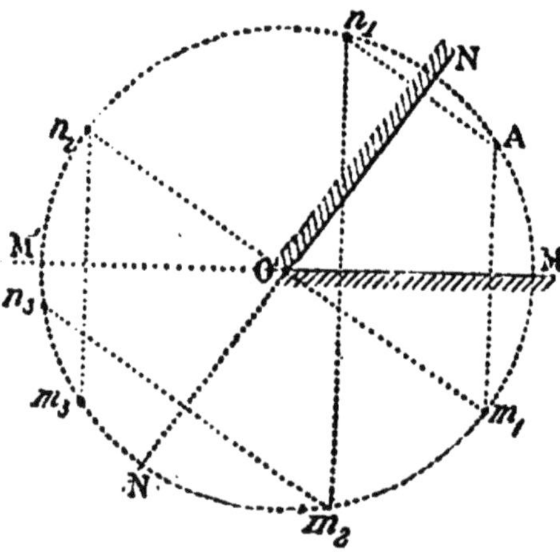

Fig. 11. — Images fournies par deux miroirs inclinés.

lumineux. Cette image m_1 se comporte, vis-à-vis du miroir N, comme se comporterait un point lumineux (**12**), et donne une image n_2, symétrique de m_1 par rapport à N. De même n_2 donne une image m_3 symétrique de n_2 par rapport à M. Cette image m_3 est la dernière, car elle se comporte comme un point lumineux qui serait dans l'angle M'O'N' opposé par le sommet à celui des miroirs, et qui serait, par suite, à la fois *derrière* les deux miroirs.

Mais nous avons un second groupe d'images, n_1, m_1, n_2, formées par un faisceau qui, parti de A, rencontrerait d'abord le miroir N.

En tout sept images, dont quatre du premier groupe et trois du second.

Il en est toujours ainsi. Deux miroirs angulaires fournissent un nombre limité d'images, nombre d'autant plus grand que l'angle qu'ils forment entre eux est plus petit.

D'ailleurs un observateur convenablement placé peut voir simultanément toutes, ou presque toutes ces images.

Le *Kaléidoscope* est un jouet (ou même un appareil à l'usage de certains dessinateurs) basé seulement sur les images multiples fournies par deux miroirs faisant entre eux un angle de 60°. Des morceaux de verre diversement colorés placés entre ces miroirs forment, grâce à la répétition symétrique de leurs images, des dessins réguliers. Ces dessins changent à l'infini, quand on fait varier la position relative des morceaux de verre.

II. — MIROIRS SPHÉRIQUES

14. Description et définitions. — Les miroirs plans ne sont pas les seuls utilisés à produire des images par suite des phénomènes de réflexion. On se sert également de miroirs dont la surface réfléchissante est courbe. Parmi ces derniers, les plus simples sont les miroirs sphériques.

Un *miroir sphérique* est constitué par une portion de sphère, appelée *calotte sphérique*, qu'on obtient en coupant une sphère par un plan.

On peut polir la surface intérieure ou extérieure d'une portion de sphère métallique; on peut aussi utiliser une calotte de verre qu'on recouvre d'*étain* sur l'une ou l'autre face.

Le miroir est *concave* quand la surface réfléchissante est tournée vers le centre de la sphère, il est *convexe* dans le cas contraire.

On nomme *centre de courbure* du miroir, le centre O de la sphère à laquelle il appartient (fig. 12); *axe principal*, la perpendiculaire OC abaissée du centre sur le plan passant par les bords de la calotte; *sommet*, le point C du miroir situé sur l'axe principal.

Les droites qui vont du centre aux différents points de la surface du miroir sont les *axes secondaires*.

Pour la commodité des figures nous ne représenterons jamais que la *section principale* d'un miroir, c'est-à-dire l'intersection du miroir avec un plan passant par son axe principal.

Si du centre O, nous menons les deux diamètres aboutissant aux bords opposés du miroir, ces deux axes secondaires forment entre eux un angle qu'on nomme l'*ouverture du miroir*.

Dans tout ce qui va suivre, nous supposerons l'ouverture du miroir petite, ne dépassant pas 10°; autrement dit les miroirs que nous utiliserons seront constitués par une *petite calotte sphérique* appartenant à une *sphère de grand rayon*.

Toutes les propriétés que nous allons étudier expérimentalement n'appartiennent qu'à des miroirs de faible ouverture.

15. Miroirs concaves : foyer principal. — Sur un miroir concave, faisons tomber un faisceau de rayons parallèles àl'axe principal. Ce faisceau parallèle sera obtenu au moyen d'une lanterne de projection convenablement réglée.

Nous constatons que ce faisceau incident qui a une forme cylindrique est réfléchi en prenant la forme d'un cône dont le sommet est un point F situé sur l'axe principal du miroir, au milieu du rayon OC. *Ce point F par où viennent passer tous les rayons réfléchis correspondant à des rayons incidents parallèles à l'axe s'appelle le foyer principal du miroir ;* la distance CF est la *distance focale*.

Un miroir concave transforme donc un faisceau de rayons parallèles en un faisceau qui va converger au foyer, c'est pourquoi on donne souvent à ces miroirs le nom de miroirs convergents.

Si inversement nous plaçons au foyer principal du miroir, une source lumineuse sensiblement ponctuelle, un arc électrique ou une petite flamme provenant d'une lampe à acétylène, nous constatons que les rayons émis par cette source sont tous, après réflexion, parallèles à l'axe principal. Ce faisceau réfléchi parallèle peut se propager à de grandes dis-

tances en gardant presque toute son intensité lumineuse.
C'est cette propriété qu'on utilise dans les projecteurs des
navires de guerre, ainsi que dans les télescopes et dans les
réflecteurs.

Une lampe à réflecteur se compose essentiellement d'un
miroir concave et d'une source lumineuse placée à son foyer.
Les rayons envoyés par la source sur le miroir sont réfléchis
de façon à former un faisceau cylindrique qui peut porter

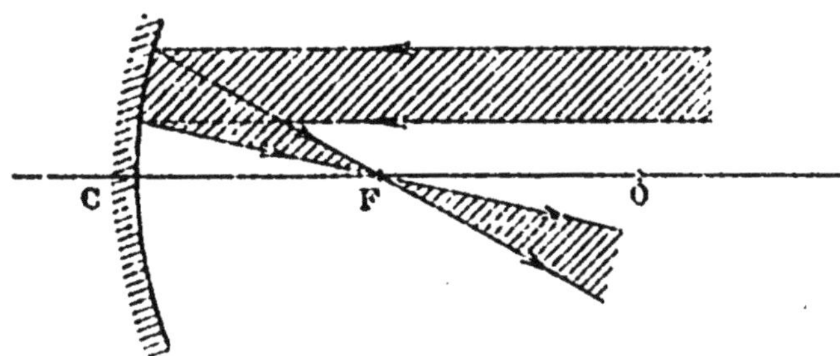

Fig. 12. — Foyer principal d'un miroir concave.

la lumière au loin sans affaiblissement sensible, tandis que
sans le réflecteur les rayons s'écarteraient les uns des autres,
et à quelque distance de la source l'éclairement serait très
faible.

En résumé le foyer principal jouit de deux propriétés
inverses : *1° c'est le point où vont converger, après réflexion,
les rayons parallèles à l'axe ; 2° les rayons qui passent par
ce point sont, après réflexion, parallèles à l'axe.*

On retrouve là un cas particulier du *principe du retour
inverse* dont nous avons parlé à propos des miroirs plans (8).

**16. Interprétation géométrique : Lois de la ré-
flexion.** — Nous avons énoncé et démontré les lois de la
réflexion dans le cas particulier des miroirs plans ; l'expérience précédente, qui nous a montré l'existence du foyer
principal, va nous permettre de vérifier qu'elles s'appliquent,
également aux miroirs sphériques.

Si l'on considère un rayon incident, tel que SI, parallèle à
l'axe, le rayon réfléchi est IF. Or la normale en I n'est autre
ue le rayon OI perpendiculaire au plan tangent à la sphère

au point I, plan dont la trace IT est tangente à la section principale. *Le rayon réfléchi est donc bien dans le plan d'incidence SIO qui passe par l'axe.*

Si nous considérons maintenant le triangle TIO, rectangle en I, le point F, milieu de OC, peut être regardé sans erreur sensible comme le milieu de OT. En effet, comme nous ne considérons que des miroirs de faible ouverture, la tangente IT est sensiblement confondue avec la section prin-

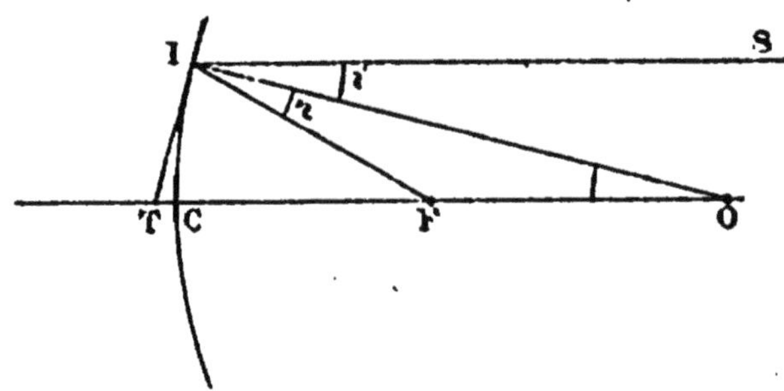

Fig. 13. — Les lois de la réflexion peuvent se déduire de l'existence du foyer.

cipale IC. Or dans ce triangle rectangle la médiane IF est égale à la moitié de l'hypothénuse ; donc le triangle IFO est isocèle et l'angle r est égal à l'angle en O. Mais d'autre part les angles i et O sont égaux comme angles alternes internes : *l'angle de réflexion r est donc bien égal à l'angle d'incidence i.*

17. Plan focal, Image du soleil. — Si nous faisons tomber sur le miroir un faisceau de rayons parallèles à une direction quelconque, mais peu inclinée sur l'axe principal, nous constatons que les rayons réfléchis convergent encore en un même point, situé au milieu F' du rayon OC' parallèle au faisceau : F' est un *foyer secondaire.*

Il n'y a pour un miroir qu'un foyer principal, mais il y a une infinité de foyers secondaires qui, à cause de la faible ouverture du miroir, se trouvent sensiblement dans un même plan perpendiculaire à l'axe du miroir et passant par son foyer principal. C'est donc dans ce *plan focal* que vont converger tous les faisceaux de rayons parallèles, après réflexion sur le miroir.

Si l'on dirige l'axe d'un miroir d'assez grand rayon vers le centre du soleil, on obtient dans le *plan focal* une petite surface lumineuse qui est *l'image du soleil*. Les rayons solaires ne sont donc pas en toute rigueur parallèles à une direction unique. Cela tient à ce que le soleil étant vu par nous sous un certain angle, appelé *diamètre apparent*, les différents points du soleil envoient sur le miroir des faisceaux de rayons parallèles, mais qui n'ont pas tous la même direction. Le faisceau parti du centre du soleil et qui est parallèle à l'axe principal

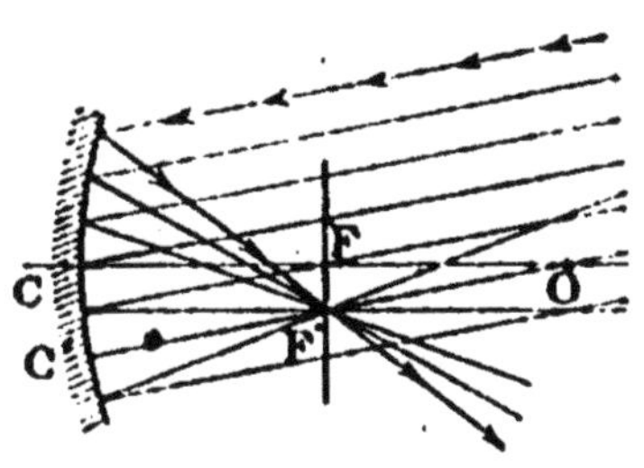

Fig. 14. — Foyer secondaire et plan focal d'un miroir concave.

va, après réflexion, converger en F; les autres faisceaux vont converger en des foyers secondaires voisins de F. L'ensemble de ces points constitue l'image du soleil.

18. Image d'un objet lumineux. — 1° *Cas d'un point lumineux.* — Plaçons devant le miroir concave un objet lumineux A assimilable à un point (flamme d'une lampe à acétylène). Si le point A n'est pas trop près du miroir, et

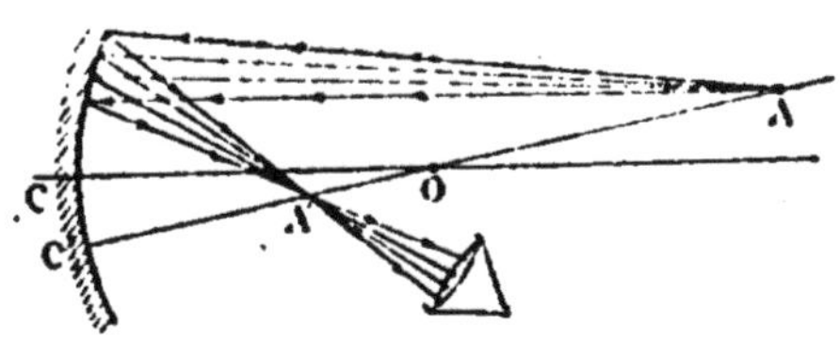

Fig. 15. — Image d'un point dans un miroir concave.

s'il est voisin de l'axe principal, nous constatons qu'il a une image très nette en un point A' situé en avant du miroir, sur l'axe secondaire OA. Un observateur, placé dans une position convenable, a l'illusion d'un objet lumineux situé au point A'. En promenant du reste un petit écran en avant du miroir, on peut y recevoir cette image A'. En ce point il asse réellement de la lumière : c'est une *image réelle*.

Rappelons qu'avec les miroirs plans, nous avons obtenu les *images virtuelles*.

En résumé, un miroir concave donne d'un point lumineux une image nette également ponctuelle si les deux conditions suivantes sont réalisées :

a) le miroir a une faible ouverture ;

b) l'objet ponctuel n'est pas très éloigné de l'axe.

Si maintenant nous plaçons l'objet en A', nous constatons

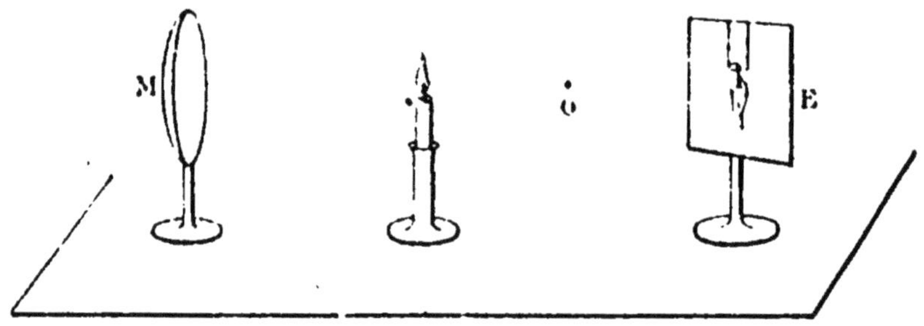

Fig. 16. — Image réelle, renversée et agrandie donnée par un miroir concave.

que son image est en A : le *principe du retour inverse* s'applique toujours. A cause de cette réciprocité les points A et A' sont dits *conjugués*.

2° Cas d'un objet étendu. — Chacun des points d'un objet lumineux jouant le rôle d'une source indépendante aura une image nette si les deux conditions énoncées précédemment sont remplies : l'ensemble de ces images formera l'image de l'objet.

Plaçons en effet devant le miroir M, à une distance suffisante et perpendiculairement à l'axe une bougie allumée. En déplaçant un écran E également perpendiculaire à l'axe, nous constatons que pour une position particulière de cet écran, on voit s'y dessiner une image très nette de la bougie.

Cette image diffère de celle que nous avons obtenue avec un miroir plan en ce qu'elle est *réelle, renversée* et ici plus grande que l'objet.

Un objet placé devant un miroir concave de faible ouverture a donc une image nette si ses différents points sont voisins de l'axe; de plus si l'objet est perpendiculaire à l'axe, son image est également perpendiculaire à l'axe.

19. Interprétation géométrique : construction des images.

La notion de rayons lumineux va nous permettre d'interpréter simplement les expériences précédentes et d'en déduire la construction géométrique des images.

Dans le premier cas, de l'existence de l'image A', nous devons conclure que tous les rayons lumineux émanés de A

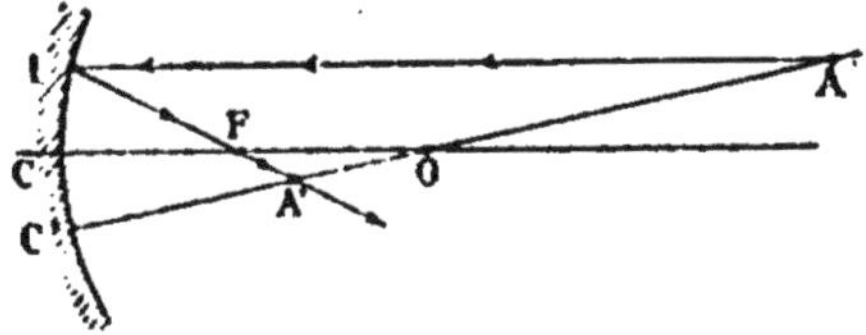

Fig. 17. — Construction de l'image
d'un point.

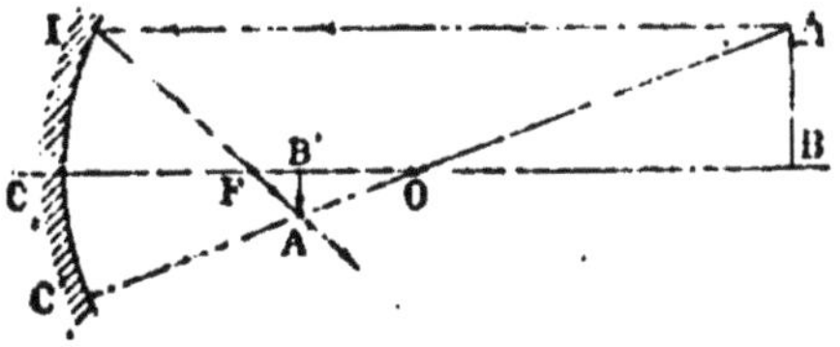

Fig. 18. — Construction de l'image
d'une droite.

et rencontrant le miroir vont passer après réflexion par le même point A'. Pour déterminer ce point A', il suffit donc de construire la marche de deux rayons particuliers partis de A, en appliquant les lois de la réflexion.

Le rayon AO qui passe par le centre arrive normalement sur le miroir en C' : *il se réfléchit sur lui-même.*

L'image de A est donc sur *l'axe secondaire* AO. Si nous considérons maintenant *le rayon AI parallèle à l'axe principal,* nous savons qu'il *se réfléchit en passant par le foyer* F. L'image de A est également sur la droite IF ; elle est donc à l'intersection A' de AO et de IF.

L'image d'un point étant construite, l'image d'un objet s'en déduit immédiatement : il suffit de déterminer les images de ses différents points. Dans le cas d'un objet AB perpendiculaire à l'axe (fig. 18), la construction se simplifie. Il suffit en effet de construire l'image A' du point A, comme nous venons de l'indiquer, puis de mener de A' la perpendiculaire à l'axe principal et de la limiter à cet axe, l'image de B devant être sur l'axe. La construction montre bien que l'image est renversée et plus grande que l'objet.

Il résulte également de ces constructions que, *au point de vue géométrique*, on peut dire qu'*une image réelle est formée par les rayons réfléchis.* Nous savons qu'une image virtuelle (**9**) se trouve sur le prolongement géométrique des rayons réfléchis.

Nous allons voir, d'ailleurs, que les miroirs sphériques concaves ne donnent pas toujours des images réelles.

20. Variations de la position et de la grandeur de l'image d'un objet. — Étudions comment varie l'image d'un objet, lorsque ce dernier, d'abord très loin en avant du miroir, s'en rapproche aussi près que possible.

1° Plaçons d'abord une bougie loin du miroir, dans la direction de son axe principal ; nous constatons qu'on peut recueillir son image sur un écran en plaçant ce dernier très près du foyer, légèrement en avant :

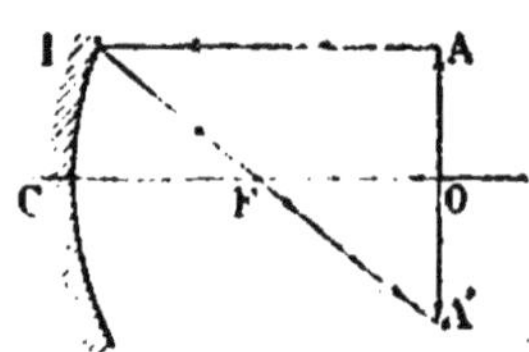

Fig. 19. — Image A'O d'une droite AO située au centre de courbure.

L'image d'un objet situé très loin du miroir se forme donc sensiblement dans le plan focal ; elle est réelle, renversée, beaucoup plus petite que l'objet.

Ce résultat était à prévoir, car les différents points de la bougie étant loin du miroir, envoient sur lui des faisceaux de rayons sensiblement parallèles.

2° Si nous rapprochons progressivement la bougie, nous constatons à l'aide de l'écran que l'image, tout en restant *réelle, renversée* et *plus petite que l'objet,* va en grandissant et en se rapprochant du centre O.

La construction générale appliquée à ce cas, comme l'indique la figuee 18 rend compte de ces résultats.

3° *Quand la bougie se trouve au centre O, l'image se trouve dans le même plan qu'elle : elle est alors réelle, renversée et égale à l'objet..*

La construction générale s'applique encore ici (fig. 19), l'image A' doit se trouver à la fois sur les rayons AO et IF.

Comme OF est sensiblement égal à $\frac{AI}{2}$, il en résulte que O est le milieu de AA'.

4° Plaçons maintenant la bougie entre le centre O et le

foyer F; l'image passe au delà du centre; elle est toujours *réelle, renversée,* mais elle devient plus grande que l'objet.

Les figures 16 et 20 correspondent à ce cas.

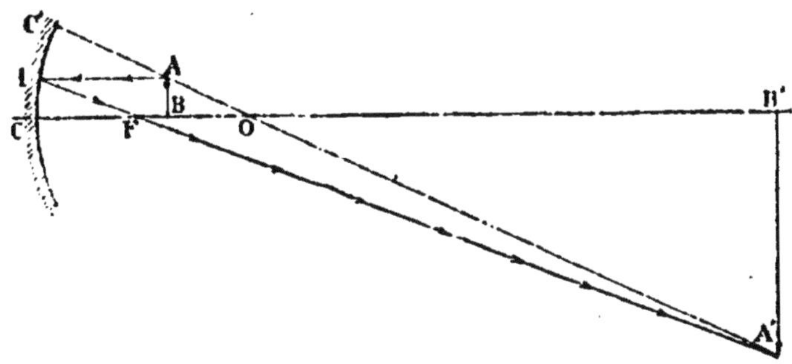

Fig. 20. — Image d'une droite située entre le centre de courbure
et le foyer principal.

5° À mesure que la bougie se rapproche du foyer, l'image s'éloigne du miroir et grandit; lorsqu'elle en est très voisine l'image peut se dessiner sur le mur. Enfin quand la bougie est en F, l'image est *infiniment éloignée* et *infiniment grande.*

En appliquant à ce cas la construction géométrique, on

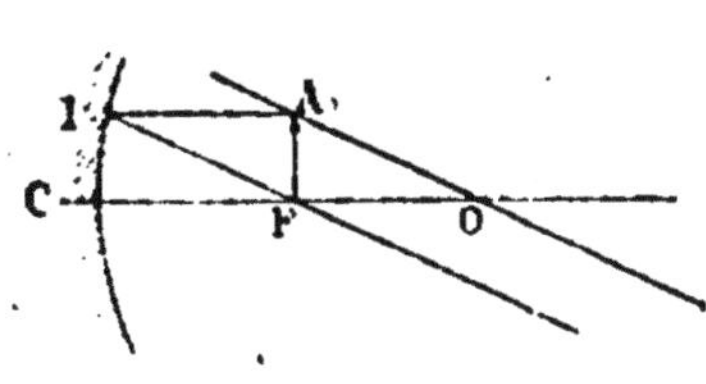

Fig. 21. — Cas d'une droite
située au foyer principal.

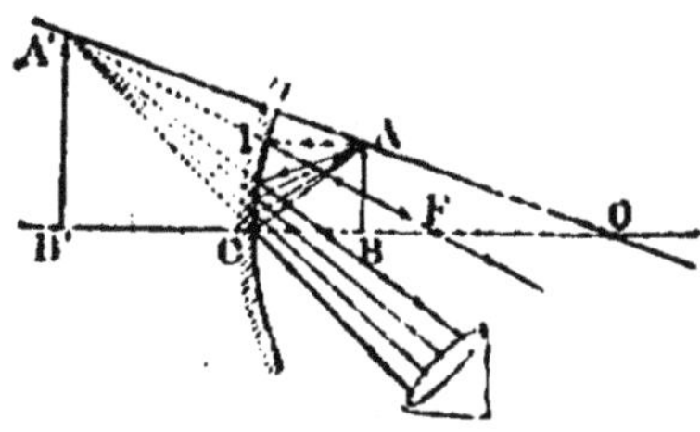

Fig. 22. — Image virtuelle d'une
droite située entre le foyer et le
centre du miroir.

voit que les deux lignes AO et IF qui, par leur rencontre, doivent déterminer la position de l'image A', sont parallèles et par conséquent ne se rencontrent qu'à l'infini (fig. 21).

6° La bougie approchée encore du miroir se trouve maintenant entre le foyer et le sommet. À partir de ce moment, on ne peut plus recevoir l'image sur un écran. Pour voir cette image il faut regarder le miroir; elle apparaît alors, comme l'image fournie par un miroir plan, *derrière le miroir.*

L'image d'un objet situé entre le foyer et le sommet du miroir est virtuelle, droite et plus grande que l'objet.

Si, dans ce cas, on cherche à construire l'image de AB, on voit que *les rayons AO et IF, qui par leur intersection doivent donner l'image A', ne se rencontrent pas en avant du miroir.*

Ces rayons prolongés en arrière du miroir se rencontrent en A' (fig. 22). Pour l'œil, les rayons partis de A ont, après réflexion, la même direction que s'ils provenaient du point A' : on aura l'illusion d'un point lumineux en A'. Pour l'objet AB tout entier, on verra en A' B' son image virtuelle.

7° La bougie se rapprochant du miroir, son image s'en rapproche aussi et diminue tout en restant virtuelle, droite et plus grande que l'objet. Lorsque l'objet touche le miroir, son image lui est exactement superposée.

Remarque. — La formation des images dans les miroirs concaves est utilisée en particulier à la mesure des faibles déviations. On emploie très souvent comme miroir tournant (**11**), au lieu d'un miroir plan, un miroir concave. Il suffit alors, au lieu d'envoyer un faisceau lumineux sur le miroir, de placer devant lui un petit objet lumineux de façon que son image réelle vienne se former sur la règle graduée. Quand le miroir tourne, l'image se déplace et l'angle des deux faisceaux est encore ici double de la rotation du miroir.

21. Miroirs convexes : foyer principal : plan focal.

— Cherchons à répéter, avec un *miroir convexe*, les expériences que nous avons effectuées avec les miroirs concaves.

Si, sur un miroir convexe, nous faisons tomber un faisceau lumineux cylindrique parallèle à l'axe principal, nous constatons que ce faisceau prend, après réflexion, la forme d'un tronc de cône qui s'élargit de plus en plus, comme on peut le voir en déplaçant un écran.

Des rayons tombant sur un miroir convexe parallèlement à son axe *divergent* donc après réflexion ; c'est pourquoi les miroirs convexes sont aussi appelés *miroirs divergents.*

Si on place l'œil sur le trajet du faisceau réfléchi, on a l'illusion d'un point lumineux F situé en arrière du miroir. *Ce point, d'où semblent provenir tous les rayons réfléchis, correspondant à des rayons incidents parallèles à l'axe principal, se nomme le foyer principal du miroir; c'est un foyer virtuel qui est situé au milieu du rayon OC, comme dans le cas des miroirs concaves,* ce qui résulte de mesures indirectes.

Si l'on dirige l'axe d'un miroir convexe de grand rayon vers le centre du soleil, on voit dans le miroir un petit

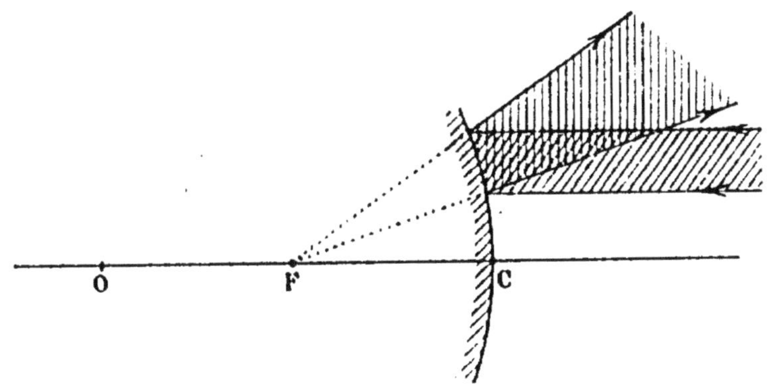

Fig. 23. — Foyer principal virtuel d'un miroir convexe.

cercle lumineux : c'est l'image virtuelle du soleil. Comme pour les miroirs concaves, cette image se trouve dans le *plan focal* du miroir qui passe par F et contient tous les foyers secondaires.

La propriété réciproque du foyer existe, comme pour les miroirs concaves, mais on ne peut la mettre en évidence de la même manière puisque ce foyer est virtuel. On le montre en faisant tomber sur le miroir un faisceau lumineux convergent dont le sommet serait en F sans l'interposition du miroir. On voit alors le faisceau arrêté par le miroir, se réfléchir en avant sous forme d'un faisceau cylindrique parallèle à l'axe principal.

Remarque. — L'existence et la position du foyer dans le cas des miroirs convexes, peut se déduire de l'étude des miroirs concaves.

Considérons un miroir argenté sur ses deux faces. Nous avons vu qu'un rayon tel que S_1 I, parallèle à l'axe et tombant sur sa face concave, se réfléchit en passant par le point

F milieu de O C, les angle i_1 et r_1 étant égaux. Si nous considérons le rayon S_2 I, prolongement de S_1 I, tombant sur la face convexe, le rayon réfléchi I R fera avec la normale IN un angle r_2 égal à i_2, mais comme $i_1 = i_2$, $r_1 = r_2$; le rayon IR est donc dans le prolongement de IF : *tous les rayons parallèles, tombant sur un miroir convexe, sem-*

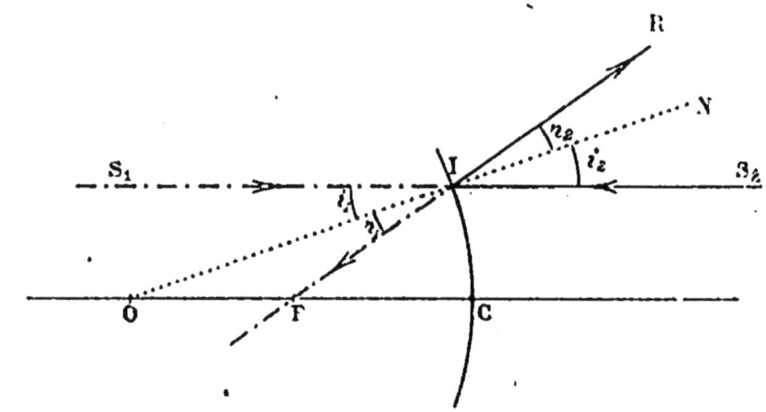

Fig. 24. — Les deux miroirs (concave et convexe) constitués par une même portion de sphère ont même foyer.

blent bien provenir, [après réflexion, du foyer virtuel F *milieu de OC.*

Toutes les autres propriétés des miroirs convexes que nous allons étudier, se déduiraient, d'une façon analogue, des propriétés correspondantes des miroirs concaves.

22. Image d'un objet. — Si devant un miroir convexe de faible ouverture, nous plaçons un objet lumineux perpendiculaire à l'axe et dont les différents points ne sont pas éloignés de l'axe, nous constatons qu'il a une image nette également perpendiculaire à l'axe.

Cette image ne peut jamais être recueillie sur un écran ; quelle que soit la position de la bougie en avant du miroir, son image apparaît à l'observateur comme située en arrière du miroir : cette image est donc *virtuelle*, elle est de plus *droite* et *plus petite que l'objet.*

Nous pouvons construire géométriquement l'image d'un objet AB en cherchant d'abord l'image de A.

2.

Il suffit pour cela de tracer la marche de deux rayons ; le rayon AO normal au miroir, qui suit la direction d'un axe secondaire, se réfléchit sur lui-même ; le rayon A I parallèle à l'axe se réfléchit en semblant venir du foyer F. L'image A' est donc à l'intersection des prolongements des rayons AO et IK ;

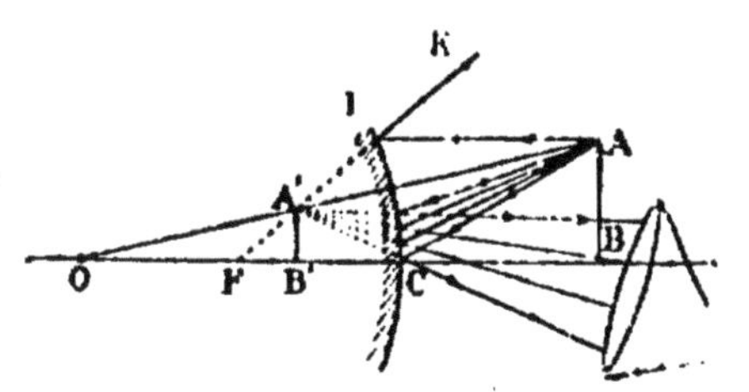

Fig. 25. — Image d'une droite placée devant un miroir convexe.

quant à l'image totale de A' B' elle est perpendiculaire à l'axe.

L'image est donc *virtuelle, droite, plus petite que l'objet et située entre le foyer principal virtuel et le sommet.*

Lorsque l'objet AB, d'abord très loin, s'approche de plus en plus du miroir convexe, l'image A' B', d'abord très petite et située près du foyer, grandit et se rapproche du sommet S tout en restant plus petite que AB.

23. Formules des miroirs. — On démontre géométriquement que dans tous les cas possibles, on peut trouver la position et la grandeur de l'image, connaissant la position et la grandeur de l'objet en appliquant les formules suivantes :

$$\frac{1}{p} + \frac{1}{p'} = \frac{1}{f} \qquad (1)$$

$$\frac{i}{o} = -\frac{p'}{p} \qquad (2)$$

p désigne la distance de l'objet au sommet du miroir ; o sa grandeur ; f désigne la distance focale du miroir, elle doit être prise avec le signe $+$ si le foyer est réel (miroirs concaves), avec le signe $-$ si le foyer est virtuel (miroirs convexes).

Connaissant p et f, on peut tirer de l'équation (1) p' qui désigne la distance de l'image du sommet.

Si l'on trouve pour p' une *valeur positive*, c'est que *l'image est réelle*, le signe $-$ correspondrait à une *image virtuelle*.

p' étant connu, c'est-à-dire la position de l'image déterminée, l'équation (2) permet d'avoir sa grandeur i : i *positif* correspond à une *image droite*, i *négatif* à une *image renversée*.

Application numérique. — *Un miroir concave a 1 mètre de rayon; on place à 25 centimètres en avant de ce miroir une petite droite lumineuse de 2 centimètres de longueur; calculer la position et la grandeur de son image.*

On a dans ce cas :

$$f = \frac{100}{2} = +50 \text{ cm. et } p = 25 \text{ cm.}$$

L'application de la formule (1) donne donc :

$$\frac{1}{25} + \frac{1}{p'} = \frac{1}{50}$$

d'où :

$$\frac{1}{p'} = \frac{1}{50} - \frac{1}{25} = -\frac{1}{50}$$

d'où :

$$p' = -50 \text{ centimètres.}$$

Il vient ensuite :

$$\frac{i}{2} = -\frac{-50}{25} = +2$$

d'où :

$$i = +4.$$

L'image est donc *virtuelle*, située à 50 centimètres en arrière du miroir, *droite* et elle mesure 4 centimètres de hauteur.

24. Distinction des différents genres de miroirs. — Il est souvent difficile de reconnaître au toucher si un miroir est plan, concave ou convexe. Le procédé le plus pratique, pour déterminer la nature d'un miroir, consiste à placer un objet assez près de ce miroir de façon à obtenir une image virtuelle, dans tous les cas.

1° *Si l'image est égale à l'objet, le miroir est plan.*

2° *Si l'image est plus grande, le miroir est concave.*

3° *Si elle est plus petite que l'objet, le miroir est convexe.*

CHAPITRE III

RÉFRACTION DE LA LUMIÈRE

I. — RÉFRACTION A TRAVERS UNE SURFACE PLANE

25. Phénomène de la réfraction. — Une pièce de monnaie placée au fond d'une cuve nous paraît moins éloignée lorsque la cuve est remplie d'eau ; de même une règle plongée obliquement dans l'eau nous paraît brisée, les différents points immergés semblant rapprochés de la surface. Pour expliquer ces illusions, il faut tenir compte de ce fait que les

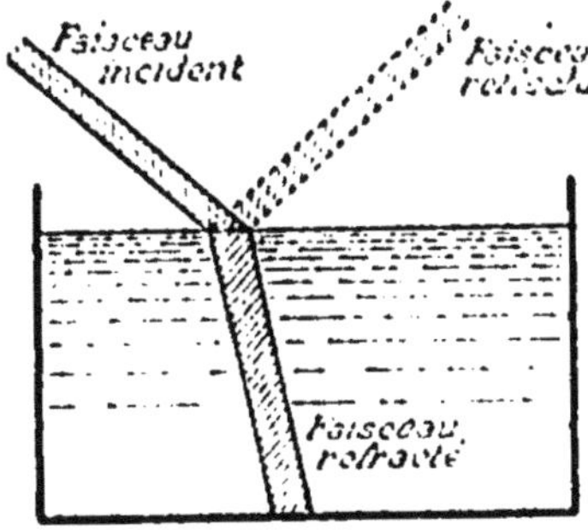

Fig. 26. — Phénomène de la réfraction.

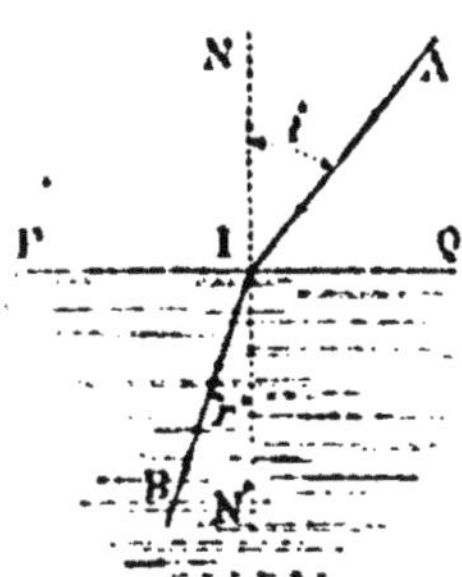

Fig. 27. — Réfraction d'un rayon lumineux.

rayons lumineux partis d'un point de ces objets nous parviennent après avoir traversé deux milieux différents : l'eau et l'air.

Analysons donc ce qui se produit lorsqu'un faisceau de lumière change de milieu.

Plaçons dans une salle obscure une cuve transparente remplie d'eau colorée par de la fluorescéine et faisons arriver à la surface de l'eau un faisceau étroit de rayons solaires.

Nous constatons d'abord qu'une partie de ces rayons est *réfléchie*, la surface de l'eau jouant le rôle d'un *miroir plan*. De plus, grâce à la fluorescéine, nous voyons qu'une partie du faisceau pénètre dans l'eau.

Dans ce milieu transparent, la lumière se propage en ligne droite, comme dans l'air ; mais la nouvelle direction des rayons n'est pas la même que la première.

On appelle *réfraction* cette déviation que subit la lumière quand elle passe d'un milieu transparent, tel que l'air, dans un autre milieu transparent, tel que l'eau ou le verre.

De l'expérience précédente nous concluons donc qu'il se produit un phénomène de *réflexion partielle* et de *réfraction partielle*, lorsqu'un faisceau lumineux rencontre la surface de séparation de deux milieux transparents.

26, Lois de la réfraction. — Pour trouver les lois du phénomène, nous rendrons le faisceau incident assez étroit pour qu'on puisse le considérer comme un rayon lumineux. Nous pouvons d'abord constater que le plan déterminé par le rayon incident et le rayon réfracté est normal à la surface de l'eau, ce qui permet d'énoncer une loi analogue à la première loi de la réflexion.

Première loi : Le rayon réfracté se trouve toujours dans le plan d'incidence (le plan d'incidence et la normale se définissent comme dans le cas de la réflexion, fig. 27).

Pour trouver une relation entre la valeur de l'angle d'incidence i et la valeur de l'angle de réfraction r il faut faire des mesures d'angles. Un dispositif commode consiste à employer une planche verticale, sur laquelle on a tracé une circonférence de centre I, immergée dans une cuve de façon que le niveau de l'eau arrive jusqu'en I (fig. 28).

On fait arriver un petit faisceau lumineux au point I dans une direction telle que l'on puisse repérer sa trace sur la planche, soit B_1 I la trace du faisceau incident ; la trace du faisceau réfracté IA est aussi sur la planche, ce qui démontre la première loi. Si l'on change la direction du rayon incident, qu'on le fasse arriver suivant B_2 I par exemple, on constate que le rayon réfracté devient IA_2. On voit donc que *l'angle de réfraction croît avec l'angle d'incidence, tout en restant plus petit que lui.* Retirons la planche et menons des points A_1, A_2, B_1, B_2, les perpendiculaires à la normale NN'. On constate que :

$$\frac{B_1\,b_1}{A_1\,a_1} = \frac{B_2\,b_2}{A_2\,a_2} = \frac{4}{3}.$$

Or si on prend le rayon de la circonférence pour unité, $B_1\,b_1$ représente le sinus du premier angle d'incidence et $A_1\,a_1$ le sinus de l'angle de réfraction correspondant[1]. Ceci permet d'énoncer la seconde loi :

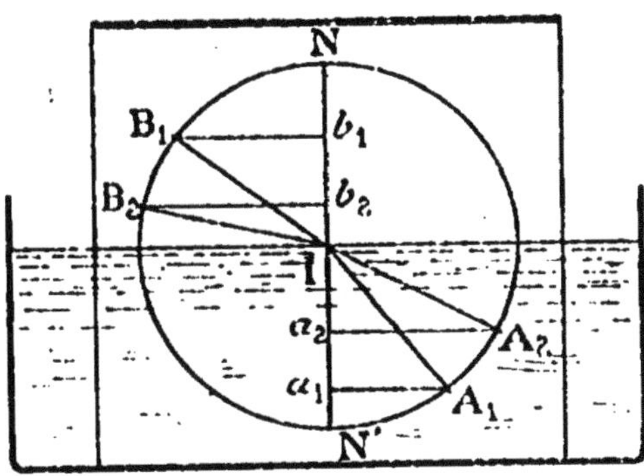

Fig. 28. — Vérification des lois de la réfraction.

Deuxième loi : Si un rayon lumineux se réfracte en passant de l'air dans l'eau, l'angle de réfraction varie en même temps que l'angle d'incidence, mais il y a toujours un rapport constant entre le sinus de l'angle d'incidence et le sinus de l'angle de réfraction.

Ce rapport constant s'appelle l'*indice de réfraction* de l'eau.

On a toujours, entre l'angle d'incidence i et l'angle de réfraction r, la relation :

$$\frac{\sin i}{\sin r} = \frac{4}{3}.$$

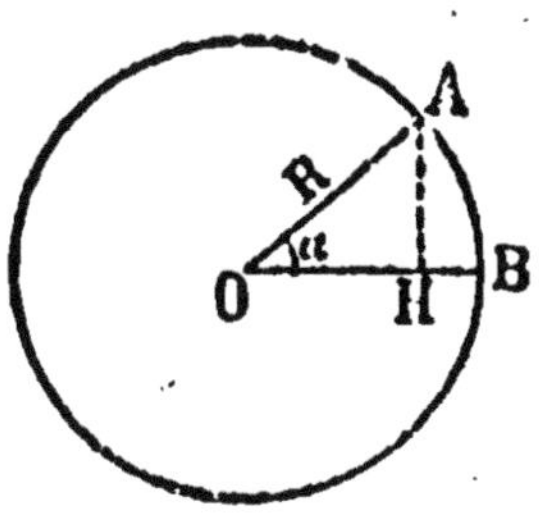

1. Étant donnés une circonférence et un angle AOB $= \alpha$, on appelle sinus de l'angle α et l'on désigne par $\sin \alpha$ le rapport entre la longueur de la perpendiculaire AH abaissée sur le côté OB et le rayon R de la circonférence : $\sin \alpha = \dfrac{AH}{R}$.

Les lois précédentes établies dans le cas de l'air et de l'eau sont générales ; en faisant tomber un rayon lumineux sur un bloc de verre, on a des résultats analogues, seul le rapport constant ou l'indice change. On trouve toujours :

$$\frac{\sin i}{\sin r} = \frac{3}{2} \; ; \qquad \frac{3}{2} \text{ est l'indice du verre.}$$

D'une façon générale, on peut caractériser toute substance transparente par un indice : lorsqu'un rayon venant de l'air tombe sur cette substance il y pénètre en se rapprochant de la normale et l'on a toujours entre les angles i et r correspondants, la relation :

$$\frac{\sin i}{\sin r} = n$$

n étant l'indice de la substance.

Remarque : Lorsque le rayon incident est normal à la surface de séparation, $i = o$. Il en résulte que $r = o$, puisque le sinus d'un angle nul est nul et réciproquement. *Un rayon qui arrive normalement à la surface de séparation de deux milieux, pénètre dans le second milieu sans déviation.*

27. Principe du retour inverse. — Nous avons supposé dans tout ce qui précède que la lumière passait de l'air dans l'autre milieu transparent ; dans ce cas nous avons vu que le rayon réfracté se rapproche de la normale. Si au contraire nous considérons un faisceau qui passe de l'eau dans l'air, nous constatons qu'il s'éloigne de la normale. Les deux phénomènes sont du reste liés étroitement l'un à l'autre ; si par exemple le rayon incident $B_1 I$ (fig. 28), situé dans l'air, donne naissance au rayon réfracté IA_1, on constate en faisant arriver la lumière dans l'eau suivant $A_1 I$ que le rayon réfracté dans l'air est précisément $I B_1$. Autrement dit il y a *réciprocité entre le rayon incident et le rayon réfracté.* Cette réciprocité est encore un cas particulier du principe du retour inverse déjà rencontré dans la réflexion (8).

De cette expérience on peut déduire l'indice de réfraction n' de l'air par rapport à l'eau en fonction de l'indice n de l'eau par rapport à l'air.

En effet, l'angle d'incidence est r et l'angle de réfraction i d'où

$$n' = \frac{\sin r}{\sin i} = \frac{1}{n} = \frac{3}{4}.$$

L'indice de l'air par rapport à un milieu transparent, est donc égal à l'inverse de l'indice de ce milieu.

Remarquons que l'indice de réfraction de l'air par rapport à l'eau est inférieur à l'unité : l'air est moins réfringent que l'eau.

En résumé, si n désigne l'indice de réfraction d'un milieu B par rapport à un milieu A, deux cas sont à distinguer :

1° $n > 1$: le milieu B est plus réfringent que A, le rayon réfracté se rapproche de la normale.

2° $n < 1$: le milieu B est moins réfringent que A, le rayon réfracté s'écarte de la normale.

28. Application des lois de la réfraction à l'explication de quelques phénomènes. — La connaissance des lois de la réfraction va nous permettre d'expliquer les phénomènes que nous avons signalés au début (**25**).

1° *Les objets plongés dans l'eau nous semblent toujours moins profondément enfoncés qu'ils ne le sont en réalité.*

L'explication de ce fait est la suivante.

Soit, par exemple, une pierre prise au fond de l'eau. De l'un des points A de cette pierre partent des rayons lumineux. Considérons un groupe de ces rayons A B C, formant un mince faisceau, et se dirigeant vers la surface libre du liquide (fig. 20).

A sa sortie, ce faisceau s'éloigne de la normale pour prendre la direction B B' C C'. Et les rayons qui composent ce mince faisceau ont à peu près la même direction que s'ils provenaient d'un point A'. situé sur la normale menée du point A.

Si ce faisceau pénètre dans l'œil d'un observateur, cet œil sera impressionné comme si les rayons lumineux venaient du point A'. L'observateur verra la pierre non pas où elle est réellement, mais en A', c'est-à-dire plus haut. L'eau lui semblera donc moins profonde qu'elle n'est en réalité.

2° Une règle en partie plongée dans l'eau semble brisée à l'endroit où elle pénètre dans le liquide (fig. 30).

Cette illusion résulte immédiatement de l'explication qui précède. Les différents points de la règle sont, par suite de

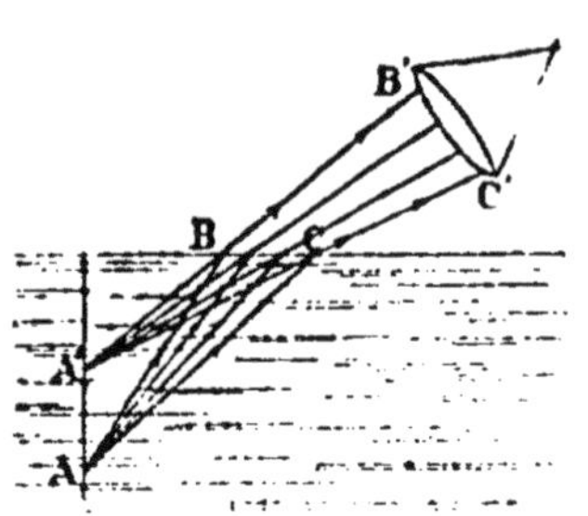

Fig. 29. — L'eau paraît moins profonde qu'elle n'est en réalité.

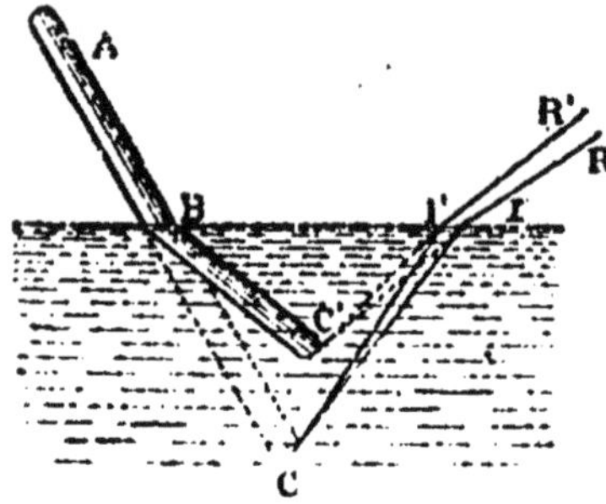

Fig. 30. — Expérience du bâton brisé.

la réfraction, rapprochés de la surface : en particulier l'extrémité inférieure du bâton semble relevée de C en C', et, par suite, la partie du bâton immergée paraît aller de C' en B ; de là l'apparence d'une rupture en B.

3° Réfraction de la lumière à travers une lame à faces parallèles. — Considérons une lame de verre MP, à faces parallèles. Un rayon lumineux AI arrive sur cette lame, et pénètre dans le verre *en se rapprochant de la normale.* Puis, ayant traversé la vitre, le rayon sort *en s'éloignant de la normale,* puisqu'il passe, cette fois, du milieu le plus réfringent dans le milieu le moins réfringent. L'expérience montre que le *rayon émergent I'A'* est parallèle au *rayon incident* AI.

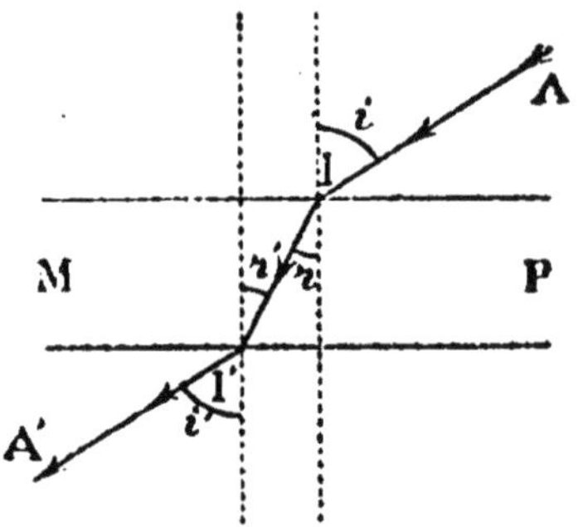

Fig. 31. — Lame à faces parallèles.

Ce fait résulte du principe du retour inverse (**27**), car on a $r = r'$ et par suite $i = i'$.

Donc les rayons lumineux qui traversent une lame transparente à faces parallèles en ressortent sans déviation, dans une direction parallèle à leur direction primitive. Les objets que nous regardons à travers une lame à faces parallèles ne subissent qu'un changement de position très petit, qui passe toujours inaperçu.

29. Réflexion totale. — Un rayon qui passe de l'air dans l'eau peut toujours y pénétrer, puisque le rayon réfracté se rapproche de la normale. Il n'en est plus de même d'un rayon qui de l'eau passe dans l'air, puisque dans ce cas le rayon sort en s'écartant de la normale. Considérons une

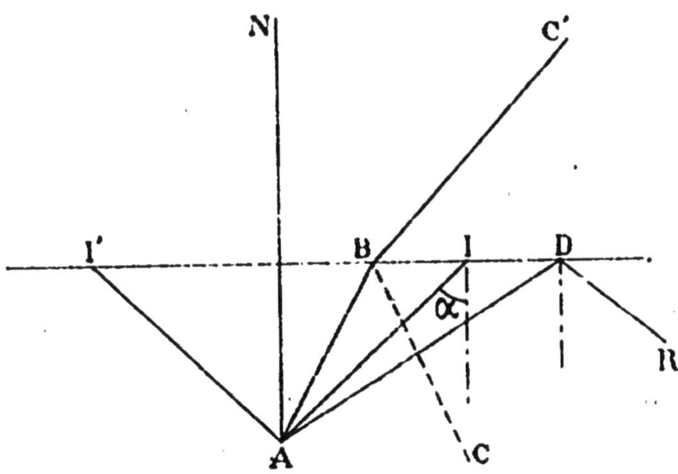

Fig. 32. — Réflexion partielle et réflexion totale.

série de rayons partant d'un point A situé dans l'eau (fig. 32). Le rayon A N normal à la surface n'est pas dévié. Un rayon tel que A B en arrivant à la surface se divise en deux, une partie se réfléchit dans l'eau suivant B C, l'autre partie sort dans l'air en s'écartant de la normale suivant B C' : il y a eu *réflexion et réfraction partielles*. Les autres rayons sont d'autant plus déviés qu'ils s'écartent davantage de la normale. Les rayons AI, AI' donnent des rayons émergents qui sortent en rasant la surface de l'eau ; par conséquent les autres rayons émis par A, qui sont plus écartés de la normale, ne peuvent plus sortir en obéissant aux lois de la réfraction. Il se passe alors un fait nouveau : la *totalité* de la lumière qui chemine suivant ces rayons se réfléchit sur la surface de l'eau comme sur un miroir plan ; par exemple le rayon A D.

après avoir rencontré la surface de l'eau, prend la direction D R en faisant avec la normale en D un angle *de réflexion* égal à l'angle d'incidence. On dit que pour ces rayons il y a *réflexion totale.*

Les rayons tels que AI, AI' sont appelés *rayons limites* et l'angle α qu'ils font avec la normale s'appelle l'*angle limite.*

Tout rayon qui rencontre la surface de séparation en faisant un angle inférieur à α peut sortir dans l'air; si l'angle est supérieur à α le rayon se réfléchit totalement.

Calcul de α. — La seconde loi de la réfraction va nous permettre de calculer α. En effet, d'après le principe du retour inverse, l'angle limite α est l'angle de réfraction qui correspond à un rayon incident suivant la surface, c'est-à-dire à une incidence de 90°. On a donc

$$\frac{\sin 90°}{\sin α} = n.$$

Mais en se reportant à la définition du sinus (note p. 34), on voit que $\sin 90° = 1$.
donc

$$\sin α = \frac{1}{n}.$$

Connaissant sin α, des tables nous permettent de calculer α.

L'équation précédente nous montre que α dépend du milieu considéré; pour l'eau on a $\sin α = \frac{3}{4}$ d'où α = 48°; pour le verre $\sin α = \frac{2}{3}$, d'où α = 43°.

30. Phénomènes expliqués par la réflexion totale.

— 1° *Expérience.* — Fixons une épingle au centre d'un bouchon plat en liège, de façon que la droite qui joint le bord du bouchon à la tête A de l'épingle fasse avec celle-ci un angle de 48° et plaçons le tout dans un cristallisoir plein d'eau (fig. 33). L'œil situé au-dessus de l'eau ne peut voir l'épingle, quelle que position qu'il prenne, car aucun rayon parti de l'épingle ne traverse la surface de l'eau. Un rayon tel que AI se réfléchit totalement et peut arriver à l'œil s'il est situé au-dessous du niveau de l'eau. Ceci explique pourquoi dans cette position, l'œil aperçoit en A' une image virtuelle de l'épingle aussi brillante que celle que donnerait le meilleur miroir.

2° *Prisme à réflexion totale.* — Considérons un prisme triangulaire en verre dont nous ne représenterons que la section par un plan perpendiculaire aux arêtes ; supposons que cette section soit un triangle rectangle isocèle (fig. 34). Faisons arriver normalement à la face AB un faisceau étroit parti du point P. Il pénètre dans le prisme sans déviation

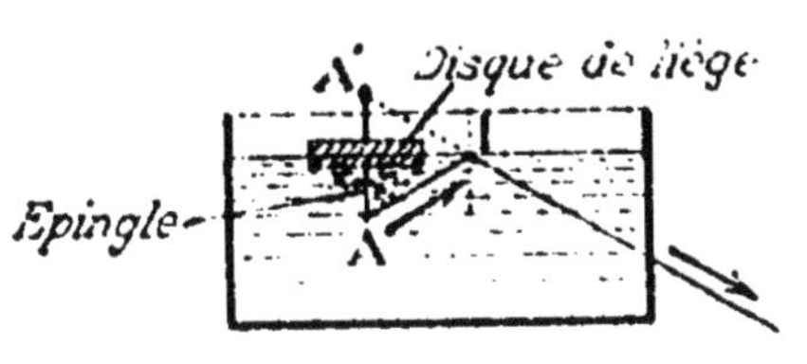

Fig. 33.

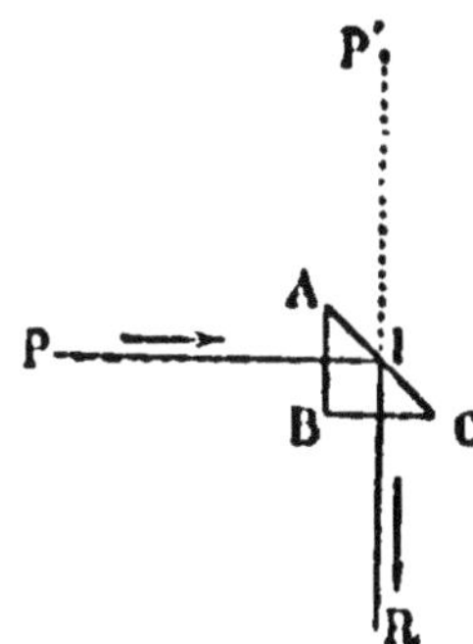

Fig. 34. — Prisme à réflexion totale.

et fait en arrivant sur la surface AC un angle d'incidence égal à 45° et par conséquent supérieur à l'angle limite dans le verre qui vaut 43°. Le faisceau subit donc la réflexion totale et sort normalement à BC. Ce faisceau semble émaner de P' symétrique de P par rapport à AC. Tout se passe comme si la face AC était un miroir plan parfait. Un tel prisme, qui est inaltérable et qui réfléchit toute la lumière, remplace avantageusement un miroir dont la surface réfléchissante imparfaite garde au moins *le dixième* de la lumière incidente.

II. — LENTILLES

31. Différentes formes de lentilles. Leur classification. — Les verres que l'on emploie dans les jumelles de théâtre, dans les loupes, sont limités par des faces *sphériques* : ce sont des *lentilles sphériques*.

Nous allons étudier ces lentilles et nous les supposerons *minces*, les *lentilles minces* donnant seules de bonnes images.

Si nous faisons arriver un faisceau de rayons parallèles sur une lentille sphérique quelle que soit sa forme, il ne se présente jamais que les deux cas suivants :

1° Le faisceau à la sortie de la lentille est devenu *convergent*. C'est le cas de toutes les lentilles sphériques qui sont plus épaisses au centre que sur les bords. A ces verres, on donne le nom général de *lentilles convergentes*.

2° Le faisceau après avoir traversé la lentille est rendu *divergent* : sa section est de plus en plus grande. C'est le cas des verres qui sont plus épais sur les bords qu'au centre : on les appelle *lentilles divergentes*.

Le tableau ci-dessous, qui tient compte des résultats précédents, indique les différentes formes de lentilles.

1° *Lentilles a bords minces ou convergentes :*

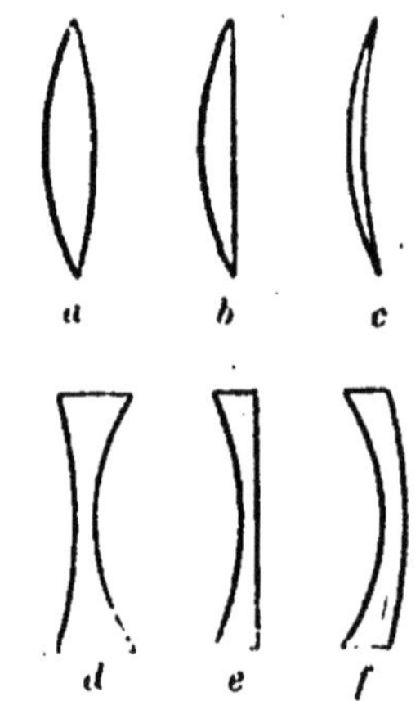

Fig. 35. — Diverses formes des lentilles.

    a. *Lentille biconvexe* (2 faces convexes, fig. 35 *a*.)

    b. *Lentille plan-convexe* (1 face convexe et 1 face plane, fig. *b*.)

    c. *Ménisque convergent* (1 face convexe et 1 face concave de moindre courbure, fig. *c*.)

2° *Lentilles à bords épais ou divergentes :*

    d. *Lentille biconcave* (fig. *d*)

    e. *Lentille plan-concave* (fig. *e*).

    f. *Ménisque divergent* (fig. *f*).

On appelle *centres de courbure* d'une lentille, les centres des faces sphériques de cette lentille. L'*axe principal* est la droite qui joint ces centres; dans le cas particulier où l'une des faces est plane, l'axe principal est la perpendiculaire menée du centre de la face courbe sur la face plane.

Comme dans le cas des miroirs sphériques nous ne représenterons jamais que la *section principale* d'une lentille, c'est-à-dire l'intersection de la lentille avec un plan passant par l'axe. L'*angle d'ouverture* correspondant à une face est l'angle formé par les droites qui joignent le centre de cette face a deux points diamétralement opposés des bords de la lentille.

Dans tout ce qui va suivre nous supposerons que nous avons à faire à des *lentilles minces*, à *angles d'ouverture faibles*.

32. Marche des rayons dans une lentille. — Nous allons essayer de nous rendre compte, en utilisant les lois de la réfraction, de l'action d'une lentille sur les rayons lumi-

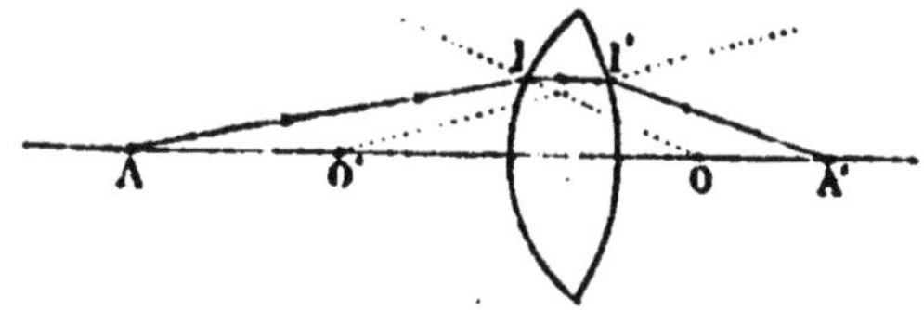

Fig. 36. — Marche des rayons dans une lentille convergente.

neux qui la traversent. Nous retrouverons ainsi, théoriquement, la distinction des deux groupes de lentilles que nous venons de faire expérimentalement.

Soit d'abord une lentille biconvexe. D'un point A situé sur l'axe part un rayon lumineux qui, arrivant sur la première face, pénètre dans la lentille suivant I I' en se *rapprochant*

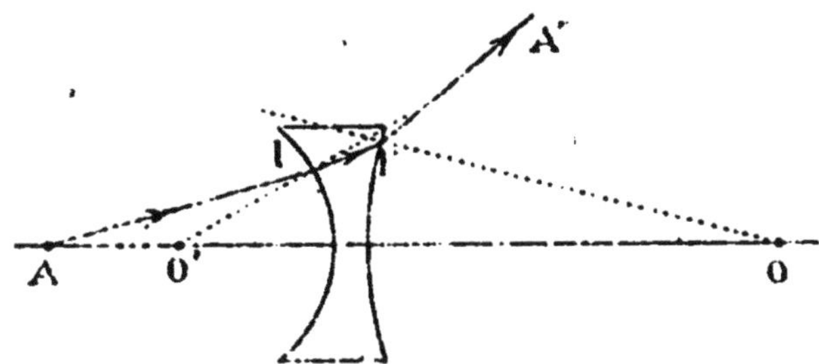

Fig. 37. — Marche des rayons dans une lentille divergente.

de la normale O I à la surface d'entrée (O est le centre de courbure de cette face). En I' le rayon rencontre la face de sortie; il sort suivant I' A' en *s'éloignant de la normale* O' I'.

Le rayon A I qui s'écartait de l'axe, s'en est donc rapproché après deux réfractions successives, c'est le cas de toutes les lentilles à bords minces qui sont par suite *convergentes*.

Une construction analogue (fig. 37) nous montre que dans

le cas d'une lentille biconcave, au contraire, un rayon tel que A 1 après deux réfractions s'éloigne de l'axe principal; c'est le cas de toutes les lentilles à bords épais qui sont par suite *divergentes*.

Dans ce qui va suivre, comme nous ne nous occuperons que des lentilles minces, nous représenterons, pour simplifier les figures, une lentille par une simple droite. Dans le tracé de la marche d'un rayon lumineux, la partie du rayon intérieur à la lentille ne sera donc pas représentée, nous nous contenterons de tracer le rayon incident et le rayon sortant.

Une lentille convergente, quelle que soit sa forme, sera réprésentée par une droite perpendiculaire à l'axe principal et terminée par deux petites flèches tournant leur pointe vers l'extérieur; ces flèches auront la disposition inverse dans le cas des lentilles divergentes.

33. Lentilles convergentes. Foyers principaux. —

Sur une lentille mince faisons tomber un faisceau parallèle à son axe principal et provenant d'une lanterne de projection. Ce faisceau après avoir traversé la lentille vient *converger* en un point unique F' situé sur l'axe principal : c'est le *foyer principal* de la lentille.

Ce foyer joue le rôle d'une image réelle ainsi que le montre la figure, d'ailleurs si on place un écran en F' on voit sur cet écran un point fortement éclairé. Il y a en F' accumulation de lumière ; il y a également accumulation de chaleur, comme le montre l'expérience effectuée avec des rayons solaires : le papier placé en F' est carbonisé.

Retournons maintenant la lentille face pour face en répétant la même expérience, nous constatons que la lentille possède un second foyer principal F réel comme le premier. En mesurant la distance des foyers F et F' à la lentille supposée mince, nous trouvons que ces distances CF et CF' sont égales et cela quelles que soient les dimensions relatives des rayons de courbure, qui peuvent être très différents[1].

1. Les foyers principaux d'une lentille ne sont donc pas au milieu des rayons comme cela a lieu dans les miroirs.

On nomme *distance focale*, la distance commune de ces deux foyers à lentille.

Convergence d'une lentille. — Plus la distance focale d'une lentille est faible, plus la déviation qu'elle fait subir à un rayon parallèle à l'axe est grande. On exprime ce fait en disant que la *lentille est d'autant plus convergente que sa distance focale est plus petite.*

Et dès lors on exprime numériquement la *convergence* d'une lentille par l'inverse de sa distance focale, c'est-à-dire par $\frac{1}{f}$.

Pour mesurer les convergences on prend comme unité la **dioptrie**, convergence d'une lentille de 1 mètre de distance focale. Dans les calculs des convergences il faudra donc toujours évaluer f en mètres.

Exemple : La convergence d'une lentille dont la distance focale est de 25 centimètres, est égale à $\frac{1}{0,25} = 4$ dioptries.

Propriétés réciproques des deux foyers. — Les deux foyers symétriques F et F'. dont nous venons de montrer l'existence, ne jouent pas le même rôle si l'on se donne un sens déterminé pour la propagation de la lumière.

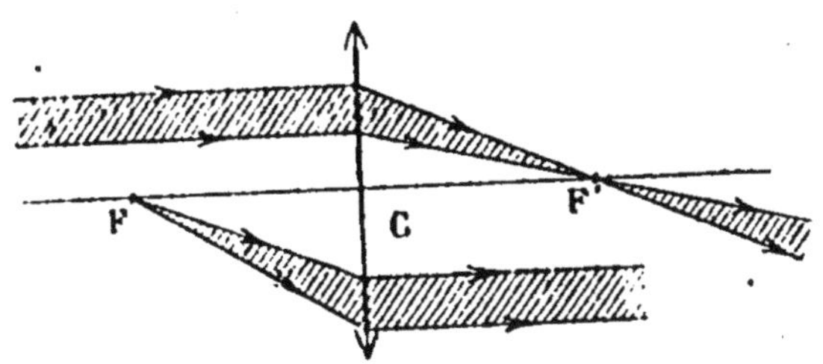

Fig. 38. — Foyers d'une lentille convergente.

Un faisceau de rayons parallèles à l'axe, venant du côté gauche, va converger après réfraction au foyer F', qu'on appelle *foyer image*. Si maintenant on place un point lumineux au foyer F, on constate que le faisceau divergent part de F est, après réfraction, parallèle à l'axe principal : F s'appelle le *foyer objet*, car dans ce cas il envoie des rayons *incidents* ; au contraire dans l'expérience précédente le foyer image F' était formé par les rayons *réfractés*.

Si on change le sens de la lumière les foyers changent de nom : c'est encore une application du principe de retour inverse.

34. Application de la propriété du foyer. Phares. — Une source lumineuse intense placée au foyer d'une lentille convergente produit à la sortie un faisceau parallèle et la lumière se trouve ainsi transmise à une grande distance sans affaiblissement sensible. C'est en raison de cette propriété que les lentilles convergentes sont employées concurremment avec les miroirs concaves dans les différents genres de projecteurs.

Dans les phares maritimes, on n'utilise que des lentilles ; certains d'entre eux sont visibles à des distances qui peuvent dépasser 100 kilomètres.

Il faut que les lentilles des phares présentent des dimensions aussi grandes que possible, pour envoyer au loin plus de lumière. On serait donc conduit à employer *une lentille de très grande ouverture*, mais une telle

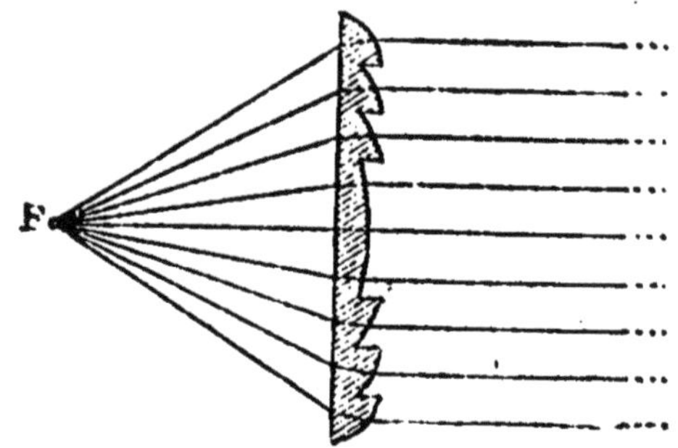

Fig. 39. — Lentille à échelons système Fresnel.

lentille n'a pas un foyer unique ; elle ne se comporte pas comme les lentilles minces à faible ouverture que nous étudions : on dit qu'elle présente des *aberrations*. Afin de pouvoir augmenter ces dimensions sans que l'aberration empêche les rayons de former un faisceau cylindrique, Fresnel a imaginé les *lentilles à échelons*.

La partie centrale est une lentille ordinaire d'assez petites dimensions (fig. 39) ; une lampe est placée à son foyer principal. Tout autour de cette lentille sont disposés des anneaux réfringents, taillés de telle façon que le foyer de chacune de ces zones soit exactement le même que celui de la lentille centrale de faible ouverture. Les rayons qui traversent les divers échelons sont donc renvoyés dans une direction parallèle à celle de l'axe de la lentille du milieu. On peut construire ainsi des lentilles très grandes sans aberration.

La source lumineuse placée dans la lanterne du phare, source généralement très intense de lumière électrique, est entourée par huit lentilles à échelons, de sorte que huit faisceaux cylindriques partent du phare pour rayonner horizontalement tout autour. Le système de ces huit lentilles tourne d'un mouvement uniforme autour du foyer lumineux : la surface de l'océan est ainsi balayée tout entière jusqu'à une grande distance.

35. Image d'un objet lumineux. — Si l'on place une bougie en avant et assez loin d'une lentille convergente, on constate qu'il se forme de l'autre côté de la lentille une *image réelle et renversée* de la bougie, qu'on peut recevoir sur un écran. Cette expérience est analogue à celle que nous avons réalisée avec un *miroir concave*, avec cette différence que les images se forment en *arrière* de la lentille au lieu de se former en avant comme dans le cas des miroirs. Cela tient à ce que dans la réfraction les rayons continuent leur route, tandis que dans la réflexion ils sont ramenés du côté des rayons incidents.

Ce que nous venons de dire pour cette expérience de la bougie est général : les *lentilles convergentes sont en tout comparables aux miroirs concaves*. Les résultats expérimentaux peuvent se résumer de la façon suivante :

L'image d'un point donnée par une lentille est nette et ponctuelle : 1° lorsque la lentille est mince et a un angle d'ouverture faible; 2° lorsque le point est peu éloigné de l'axe relativement à sa distance à la lentille.

L'image d'un objet étendu est nette dans les mêmes conditions; elle n'est pas déformée si l'objet est perpendiculaire à l'axe, son image est alors perpendiculaire à l'axe.

36. Construction géométrique des images. Centre optique. — Un point A ayant une image nette A′, il en résulte que tous les rayons partis de A vont, après deux réfractions, passer par le point A′. Pour construire cette image A′ il suffit donc de tracer deux rayons lumineux dont on puisse connaître la direction à la sortie de la lentille.

Le rayon AI parallèle à l'axe sort en passant par le foyer image F′; le rayon AF qui passe par le foyer objet va émerger de la lentille parallèlement à l'axe principal. L'image de A est donc au point de rencontrer A′ des rayons IF et IR (fig. 42). S'il s'agit d'un objet AB perpendiculaire à l'axe principal, son image est évidemment A′B′ perpendiculaire à l'axe; en effet le rayon BC qui suit l'axe principal ne subit pas de déviation car il rencontre normalement les faces de la lentille.

La construction précédente, lorsqu'elle est faite avec soin, montre que les trois points A, C et A′ sont en ligne droite. Il en résulte donc que *tout rayon incident qui arrive sur*

*une lentille mince, au point de rencontre de la lentille avec
son axe principal, sort sans déviation.* On donne le nom de
centre optique à ce point C.

La propriété du centre optique que nous venons d'énoncer
permet de simplifier la construction de l'image d'un point
A. Il suffit en effet de prendre l'intersection de la droite IF′

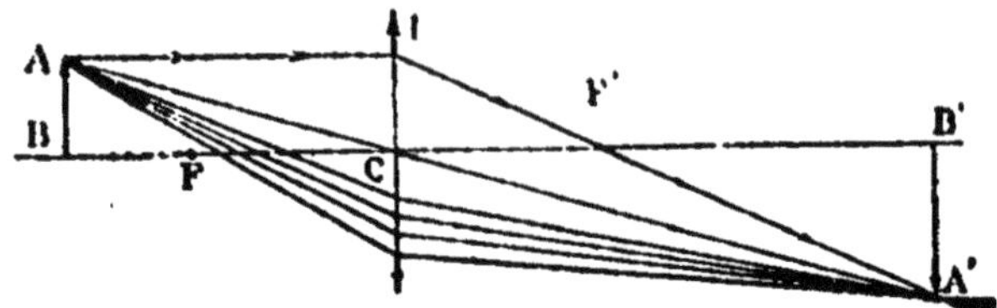

Fig. 40. — Image d'une droite, produite par une lentille convergente.

avec la droite AC qu'on appelle un *axe secondaire* (fig. 40).

*L'image d'un point donnée par une lentille se trouve donc
sur l'axe secondaire de ce point.* Cette propriété en rappelle une autre analogue rencontrée dans les *miroirs concaves : le centre optique d'une lentille joue le rôle du centre
de courbure d'un miroir.*

Plans focaux. — Les axes secondaires des lentilles jouissent

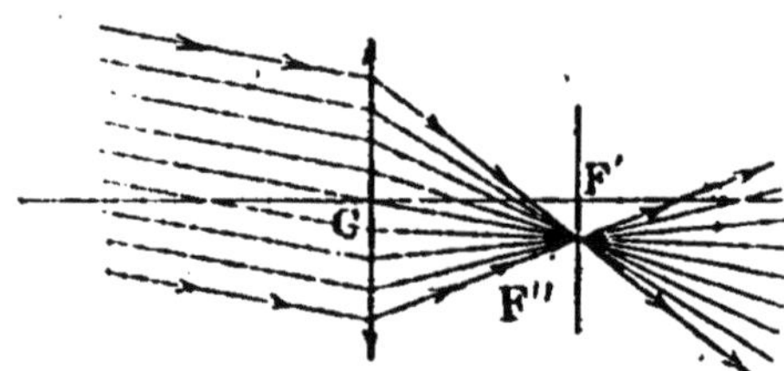

Fig. 41. — Foyer secondaire et plan focal image.

d'ailleurs des mêmes propriétés que ceux des miroirs concaves : si l'on fait arriver sur une lentille un faisceau cylindrique de rayons parallèles à un axe secondaire, les rayons
vont converger en un point F′ de l'axe secondaire, appelé *foyer
secondaire* (à condition que le faisceau considéré soit peu
incliné sur l'axe principal).

Sur chaque axe secondaire, il y a deux foyers secondaires
réels. Ils se trouvent tous dans deux plans perpendiculaires
à l'axe et passant par les foyers principaux; l'un est le *plan*

focr! image, 'autre le *plan focal objet*. Ce qui précède montr'' qu'ils jouissent des propriétés suivantes :

1° Un faisceau de rayons parallèles à un axe secondaire va, après réfraction, converger à l'intersection du plan focal image et de l'axe secondaire correspondant.

2° Si l'on place un point lumineux dans le plan focal objet, le faisceau réfracté est parallèle à l'axe secondaire de ce point.

Remarque. — Il est facile de démontrer géométriquement la propriété du centre optique d'une lentille mince. Prenons en effet sur le rayon incident AC (fig. 12) un point A tel que la perpendiculaire à l'axe, AB,

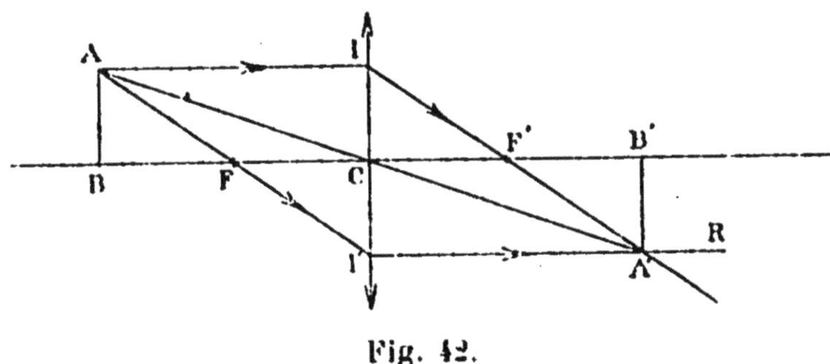

Fig. 42.

soit à une distance de la lentille égale au double de la distance focale.

Construisons l'image A' du point A à l'aide des rayons AI et AF : on en déduit que le rayon AC sort de la lentille suivant CA'. Mais la figure AI A'I' est un parallélogramme car AI = BC = CB' = A'I' : de plus, C étant le milieu de II', la diagonale AA' passe par le *centre optique*. Le rayon AB sort donc sans déviation.

37. Variation de la position et de la grandeur de l'image d'un objet.

— La bougie étant placée très loin en avant de la lentille, rapprochons la progressivement et notons chaque fois la position et la grandeur de l'image. Nous trouvons des résultats analogues à ceux obtenus avec les miroirs concaves et que nous allons résumer.

1° L'objet est très éloigné de la lentille : l'image est *réelle, renversée*, beaucoup plus petite que l'objet elle est située sensiblement au *foyer image*.

Ainsi, si l'on oriente l'axe d'une lentille de grande distance focale vers le centre du soleil, il se forme dans le plan focal un petit cercle très lumineux A'B' (fig. 43) : c'est *l'image du soleil*. Les points A' et B' se trouvent sur les axes secondaires A et B passant par le bord supérieur B et le bord inférieur A du soleil.

2° Lorsque l'objet se rapproche, l'image grandit et s'éloigne du foyer image; elle reste plus petite que l'objet, jusqu'à ce

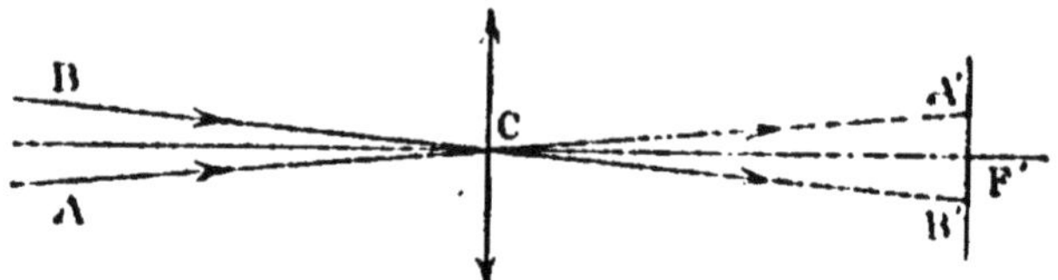

Fig. 43. — Image du soleil.

que ce dernier se trouve à *une distance de la lentille égale au double de la distance focale*. A ce moment l'image est égale à l'objet et lui est symétrique par rapport au centre optique. La figure 42 rend compte de cette propriété.

3° L'objet se *rapprochant du foyer objet*, l'image, toujours réelle et renversée devient plus grande que l'objet, elle est

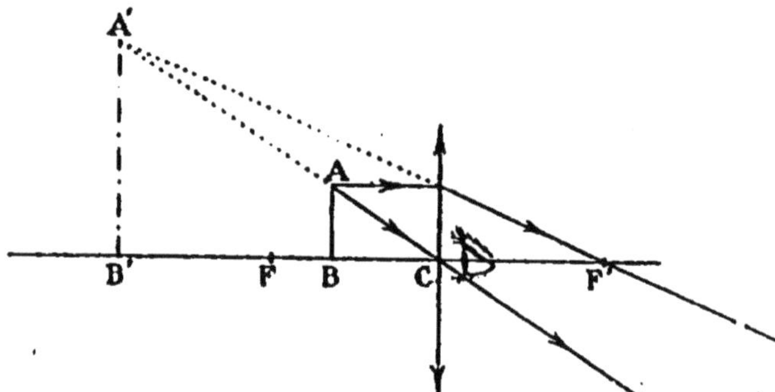

Fig. 44. — Image virtuelle donnée par une lentille convergente.

située à une distance de la lentille supérieure ou double de la distance focale. Lorsque l'objet est très près du foyer objet, mais en avant, l'image est très grande et très éloignée.

4° L'objet a dépassé F et se trouve entre le foyer objet et la lentille. A partir de ce moment, l'image ne peut plus être reçue sur un écran, mais en plaçant l'œil de l'autre côté de la lentille, sur le trajet de la lumière réfractée, on voit une image *droite, plus grande que l'objet*. Cette image qui semble placée du même côté de la lentille que l'objet lui-même est *virtuelle*.

La construction géométrique de l'image s'applique à tous ces cas et les explique théoriquement (fig. 40 et 44).

38. Lentilles divergentes. Foyers principaux. —

Nous avons vu que les lentilles à bords épais, rendaient divergent un faisceau primitivement cylindrique. Analysons ce phénomène de plus près et considérons un faisceau de rayons parallèles à l'axe principal de la lentille. Ce faisceau après avoir traversé la lentille diverge, et un observateur placé sur son trajet croit voir derrière la lentille un point lumineux F'. Ce point F' d'où semblent provenir les rayons réfractés correspondant à des rayons incidents parallèles à l'axe, est un *foyer principal virtuel* de la lentille. Par retournement de cette lentille, on montrerait qu'elle possède également un *deuxième foyer virtuel* F placé symétriquement. On nomme *distance focale* de la lentille divergente, la distance commune de ces deux foyers F et F' à la lentille.

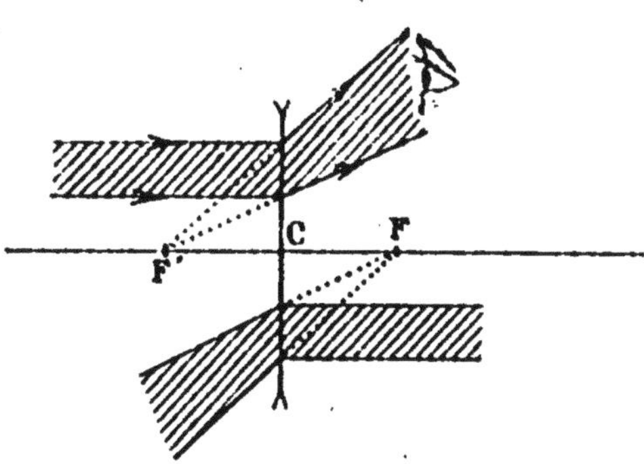

Fig. 45. — Foyers virtuels d'une lentille divergente.

Pour montrer la propriété réciproque des foyers, faisons tomber sur la lentille un faisceau convergent dont le sommet serait en F, sans réfraction. A la sortie de la lentille ce faisceau est transformé en un faisceau cylindrique, parallèle à l'axe principal.

La figure montre qu'un faisceau cylindrique tombant sur une lentille divergente est rendu d'autant plus divergent que la distance focale est plus petite. Par analogie avec les lentilles convergentes, on appelle encore convergence de la lentille le quotient $\frac{1}{f}$; f étant mesuré en mètres, $\frac{1}{f}$ est exprimé en dioptries.

Si on regarde le soleil à l'aide d'une lentille divergente, on aperçoit un petit cercle très lumineux situé du même côté de la lentille que le soleil ; cette petite surface se trouve dans le *plan focal virtuel* passant par F' : c'est l'*image virtuelle du soleil*.

39. Image d'un objet. — Si l'on place une bougie allumée devant une lentille divergente, *son image est toujours virtuelle et droite*, quelle que soit la position de la bougie devant la lentille. Cette image, qui est plus petite que l'ob-

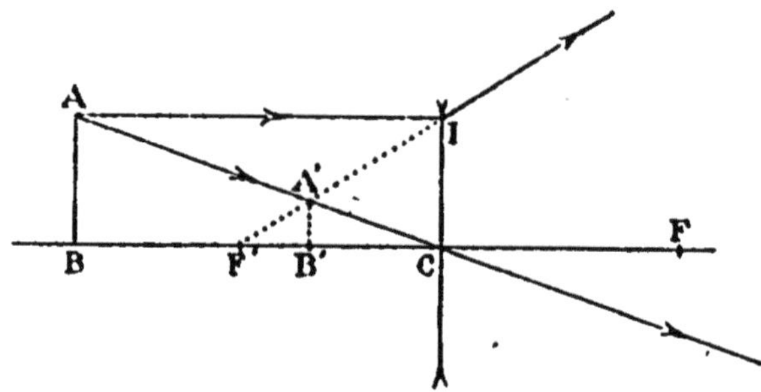

Fig. 46. — Image virtuelle donnée par une lentille divergente.

jet, paraît toujours être comprise entre le foyer image F' et la lentille.

Les rayons incidents partis d'un point A de la bougie ne vont donc pas, au sortir de la lentille, converger réellement en un point ; ils semblent tous provenir d'un point A', image virtuelle de A.

On peut construire géométriquement l'image du point A en traçant deux rayons particuliers. Le rayon AI parallèle à l'axe principal sort de la lentille comme s'il provenait du foyer F'. D'autre part, le centre optique a, dans les lentilles divergentes, les mêmes propriétés que dans les lentilles convergentes ; le rayon AC continue donc sa route en ligne droite.

Les deux rayons réfractés ne se rencontrent pas en arrière de la lentille, l'image du point A se trouve au point de rencontre A' de leurs prolongements. Si l'objet AB est perpendiculaire à l'axe, il en résulte que son image A'B' est également ment perpendiculaire à l'axe.

On construit bien ainsi une *image virtuelle, droite et plus petite que l'objet.*

40. Formules des lentilles. — Si l'on désigne par f la distance focale d'une lentille (f étant positif pour les lentilles convergentes et négatif pour les divergentes), par p la distance d'un objet de hauteur o, à la lentille ; il existe pour calculer la distance p' de l'image à la lentille, et sa grandeur i, deux formules analogues à celles des miroirs

$$\frac{1}{p} + \frac{1}{p'} = \frac{1}{f}$$

$$\frac{i}{o} = -\frac{p'}{p}.$$

Une valeur de p' positive indique que l'image est réelle, une valeur négative indique qu'elle est virtuelle. Du signe du rapport $\frac{i}{o}$, on déduit le sens de l'image : s'il est positif, ce qui est le cas des images virtuelles, l'image est droite ; lorsqu'il est négatif l'image est renversée.

41. Application numérique. — *Une lentille divergente à une distance focale de 20 centimètres, trouver la position qu'il faut donner à une bougie pour que son image se fasse à 10 centimètres de la lentille.*

Dans la formule précédente p est l'inconnue ; puisque la lentille est divergente, il faudra y faire $f = -20$: pour cette même raison, l'image de la bougie sera virtuelle et on devra prendre $p' = -10$. Il vient donc

$$\frac{1}{p} + \frac{1}{-10} = \frac{1}{-20}$$

$$\frac{1}{p} = \frac{1}{10} - \frac{1}{20} = \frac{1}{20}$$

d'où

$$p = 20 \text{ centimètres.}$$

La bougie devra être placée à 20 centimètres en avant de

la lentille : elle se trouve coïncider en position avec le foyer virtuel de la lentille.

D'après la deuxième formule, on a :

$$\frac{i}{o} = -\ \frac{-10}{20} = \frac{1}{2}$$

l'image est donc droite et égale à la moitié de l'objet.

CHAPITRE IV

INSTRUMENTS D'OPTIQUE

I. — ÉTUDE OPTIQUE DE L'ŒIL

42. Appareil optique de l'œil. — On montre en physiologie que la vision des objets lumineux est due à l'existence d'une image réelle de ces objets qui vient se faire sur une membrane douée d'une sensibilité spéciale : la *rétine*.

La formation de cette image est due à une série de milieux transparents qui, agissant par réfraction, font converger les rayons lumineux sur la rétine. Ce sont dans l'ordre où ils sont traversés : la *cornée transparente*, l'*humeur aqueuse*, le *cristallin et le corps vitré*.

L'ouverture de l'*iris*, la *pupille*, sert de diaphragme ; elle règle la quantité de lumière qui pénètre dans l'œil et ne laissse tomber des rayons lumineux que sur la partie centrale du cristallin ; diminuant l'ouverture de cette lentille, elle contribue à la *netteté de l'image*.

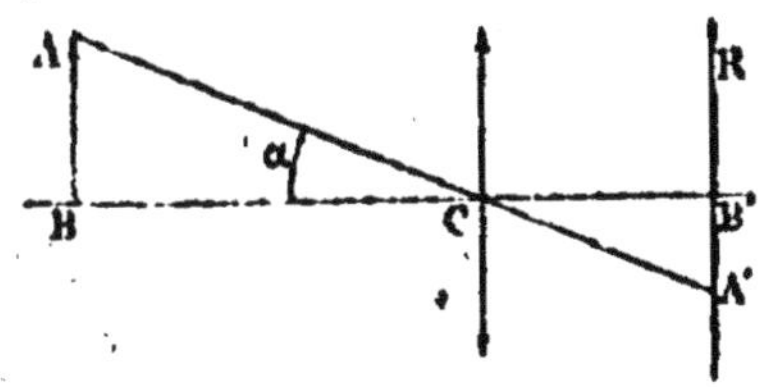

Fig. 47. — Schéma de l'appareil optique de l'œil.

Une étude approfondie du phénomène montre que les images formées sur la rétine sont les mêmes que celles qui seraient obtenues au moyen d'une lentille unique, mince et convergente, de 15 millimètres environ de distance focale et placée dans l'air à 15 millimètres de la rétine. Cette lentille occuperait sensiblement la place du cristallin.

Nous représenterons donc schématiquement l'œil optique par la lentille L et l'écran sensible ou rétine R. Un objet tel que AB a son image sur la rétine en A'B'. Cette image est *très petite et renversée*. Si nous voyons les objets droits et avec leur grandeur naturelle, c'est à la suite d'une *éducation physiologique* de l'œil.

43. Accommodation. — Si l'objet AB se rapproche de l'œil, nous savons que son image A'B' doit s'éloigner et passer, par suite, derrière la rétine. Il en résulte que la vision cesserait d'être nette.

Or c'est un fait d'observation courante que la majorité des gens peuvent voir *nettement* un objet situé très loin, puis aussitôt après voir, avec non moins de netteté, un objet rapproché.

L'objet se déplaçant, son image reste donc sur la rétine ; comme la distance de la rétine au système optique de l'œil n'a pas varié, il faut en conclure que ce système s'est modifié, s'est *accommodé* à la distance des objets.

L'accommodation est donc la faculté que possède le système optique de l'œil de modifier sa *convergence* de façon à maintenir constamment l'image d'un objet sur la rétine, malgré les déplacements de cet objet : *lorsque l'objet se rapproche, la convergence de l'œil augmente.*

On montre en physiologie que l'accommodation résulte d'une modification de la courbure de la face antérieure du cristallin. Inconsciemment, lorsque nous examinons un objet qui s'approche, la courbure de cette face s'accentue progressivement.

Latitude d'accommodation. — L'accommodation de l'œil résulte d'une contraction musculaire d'autant plus prononcée que l'objet est plus voisin ; elle a par conséquent une limite correspondant à l'effort maximum.

Il en résulte que pour un œil déterminé la vision nette sera limitée par deux distances extrêmes :

1° La distance la plus grande correspondant au cas où l'œil n'accommode pas, où il est au repos : c'est la *distance maxima de vision distincte* D.

2° La distance la plus petite correspondant à l'accommodation maximum : c'est la *distance minima de vision distincte* d.

Le point le plus éloigné qu'un œil peut voir distinctement, celui qui se trouve à la distance D de l'œil, s'appelle le *punctum remotum*. Le point le plus rapproché qui peut être vu distinctement est le *punctum proximum*, il est à la distance *d*. La distance des deux punctums, variable pour chaque observateur, est la *latitude d'accommodation* de cet observateur ; elle est égale à D — *d*.

La considération des punctums des différentes vues permet de les classer en 4 catégories que nous allons étudier.

44. 1° Œil normal ou emmétrope. — La plupart des personnes voient les objets infiniment éloignés, et dans ces

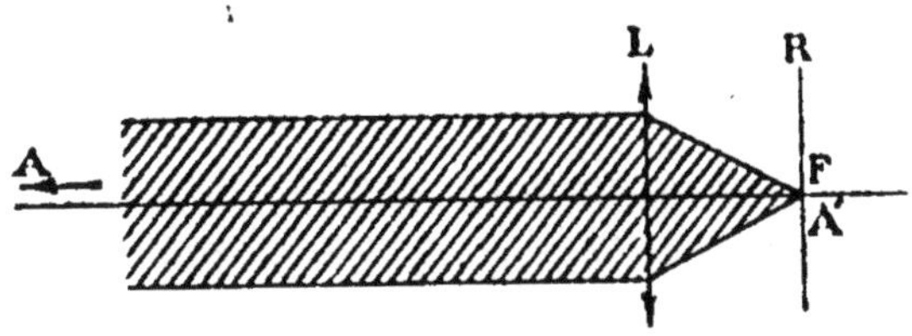

Fig. 48. — Œil normal. Marche d'un faisceau cylindrique.

conditions, elles ont la sensation de se reposer la vue. Les yeux qui voient très loin sans fatigue sont des yeux normaux ou emmétropes.

Un œil normal a son punctum remotum infiniment éloigné, sa distance maxima de vision distincte est infiniment grande. Sa distance maxima d est de l'ordre de 20 centimètres.

Autrement dit : *pour un œil normal qui n'accommode pas, les objets situés à l'infini ont leur image sur la rétine ; lorsqu'il accommode au maximum, les objets situés à 20 centimètres environ ont leur image sur la rétine.*

Il faut du reste remarquer qu'un œil normal doit exercer un effort musculaire fatigant pour maintenir l'accommodation à 20 centimètres ; c'est pourquoi les gens à vue normale travaillent en général en plaçant leur ouvrage à une distance de 30 à 40 centimètres.

Il résulte de ces considérations que le foyer du système optique d'un œil normal est exactement sur la rétine lorsqu'il

est au repos ; il est en avant de la rétine lorsqu'il accommode.

D'où cette définition un peu plus théorique :

*Un œil normal ou emmétrope est tel qu'un faisceau de
rayons parallèles va exactement converger sur la rétine si
l'œil est au repos (fig. 48).*

45. 2° Œil myope. — Des personnes, en nombre relativement grand, ne peuvent pas voir des objets éloignés avec
netteté.

Lorsqu'elles regardent dans le vague, sans fatigue, elle ne
voient distinctement que des objets situés à une distance rela-

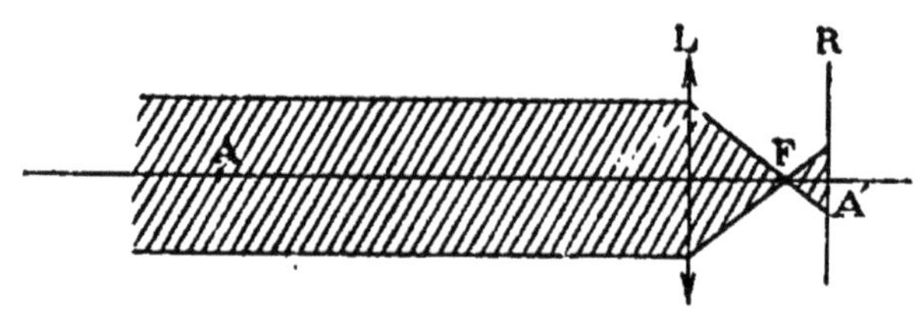

Fig. 49. — Œil myope. Marche d'un faisceau cylindrique.

tivement faible, variable dans chaque cas. Ces personnes
sont dites *myopes*.

*Un œil myope a donc son punctum remotum à distance
finie.* — La distance maxima de vision distincte est très
variable suivant les individus : souvent de l'ordre du mètre,
elle peut cependant descendre au-dessous de 50 centimètres.

Chacun sait que les myopes approchent très près des yeux
les objets qu'ils veulent examiner : *Le punctum proximum
d'un œil myope est beaucoup plus près que celui d'un œil
normal.*

Cette propriété est à peu près évidente, si l'on remarque
qu'un œil myope voit distinctement, sans accommoder, à une
distance où un œil normal est obligé d'accommoder.

En résumé, la latitude d'accommodation d'un myope est
très restreinte. Si l'on admet que ses punctums sont à des
distances respectives de 60 et 10 centimètres, cette latitude
est de 50 centimètres.

Correction de la myopie. — Du fait qu'un objet A placé au

punctum remotum a son image en A' sur la rétine, il en résulte que le *foyer de l'œil myope au repos est en avant de la rétine : un faisceau de rayons parallèles va converger en avant de la rétine* (fig. 49).

Ceci montre bien que l'œil myope ne pourra jamais voir à l'infini par ses propres moyens ; plus il accommodera, plus son foyer F s'éloignera de la rétine, plus les objets éloignés paraîtront flous.

L'œil myope étant trop convergent, il est naturel de remédier à la myopie par l'emploi de lentilles divergentes. Une

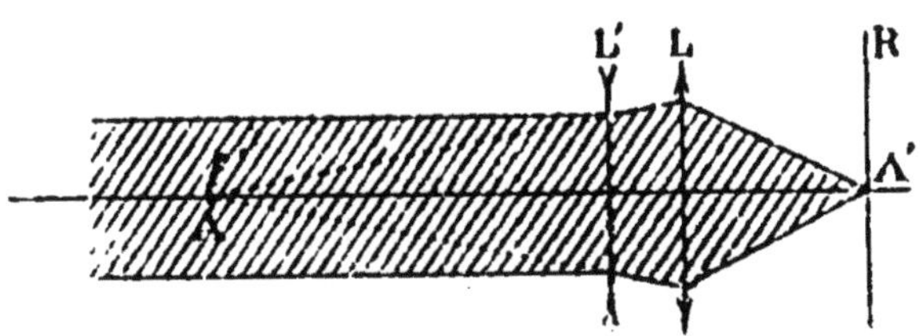

Fig. 50. — Correction de la myopie.

lentille divergente, pour corriger la myopie, c'est-à-dire pour permettre la vision nette et sans fatigue des objets éloignés, devra substituer à ces objets une image située à la distance maxima de vision distincte de l'œil. Comme on sait d'autre part qu'une lentille divergente donne, des objets très éloignés, une image virtuelle située dans son plan focal, il en résulte que pour donner à un œil myope une vision normale, il faut lui adjoindre une lentille divergente dont le foyer *f'* coïncide avec son punctum remotum A (fig. 50).

C'est pour cette raison que les myopes emploient des lunettes dont les verres sont des lentilles divergentes et d'autant plus divergentes que la myopie est plus accentuée.

46. 3° Œil hypermétrope. Correction de l'hypermétropie. — *L'hypermétropie* est un défaut beaucoup moins connu que la *myopie ;* cela tient à ce que les hypermétropes voient nettement à l'infini comme les emmétropes, mais cette vision n'est pas sans fatigue : *pour voir à l'infini un œil hypermétrope doit accommoder*.

Comme conséquence immédiate, un œil hypermétrope verra

moins près qu'un œil normal. En résumé un œil hypermétrope voit à l'infini en accommodant, et a distance minima de vision distincte est supérieure à 20 centimètres.

Une personne jeune s'aperçoit qu'elle e hypermétrope lorsqu'elle ne peut lire de près.

De ce qui précède, il résulte que le *foyer a un œil hypermétrope au repos est en arrière de la rétine.* En accommodant, il augmente sa convergence et par conséquent peut amener le foyer sur la rétine et voir ainsi les objets éloignés.

Un œil hypermétrope n'étant pas assez convergent, on lui

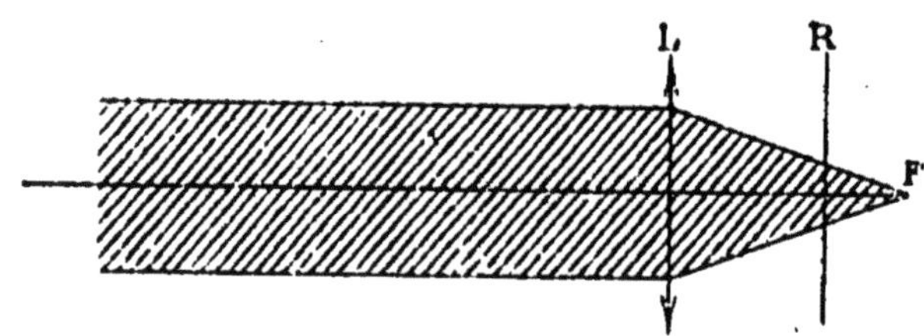

Fig. 51. — Œil hypermétrope. Marche d'un faisceau cylindrique.

donnera les qualités d'un œil normal en le munissant d'une lentille convergente convenablement choisie (fig. 52).

47. 4° Œil presbyte. Correction de la presbytie. — La faculté d'accommodation, étant un exercice musculaire, s'affaiblit avec l'âge : il en résulte une diminution de la *latitude d'accommodation.* Le punctum remotum reste fixe, mais le punctum proximum s'en rapproche.

Un vieillard reste ce qu'il était étant jeune (emmétrope, myope ou hypermétrope) mais sa distance minima de vision distincte augmente.

La presbytie, qui est presque insensible chez un myope, devient un défaut très gênant chez un emmétrope et à plus forte raison chez un hypermétrope. Un vieillard presbyte ne voit nettement qu'à des distances supérieures à un mètre; il ne peut plus lire.

On corrige la *presbytie* comme l'*hypermétropie* par l'emploi de verres convergents.

Supposons qu'un hypermétrope ou un presbyte ne voie nettement qu'à partir d'un point A (punctum poximum) situé à

1 mètre. S'il veut lire facilement en plaçant son livre en A_1 à une distance normale (30 centimètres par exemple), il devra employer une lentille convergente telle que les rayons partis du point A_1 du livre semblent provenir du point A après avoir traversé la lentille L'. De cette façon, ces rayons iront converger en A' sur la rétine et l'œil verra distinctement les caractères du livre.

L'examen de la figure montre que la lentille corrective L'

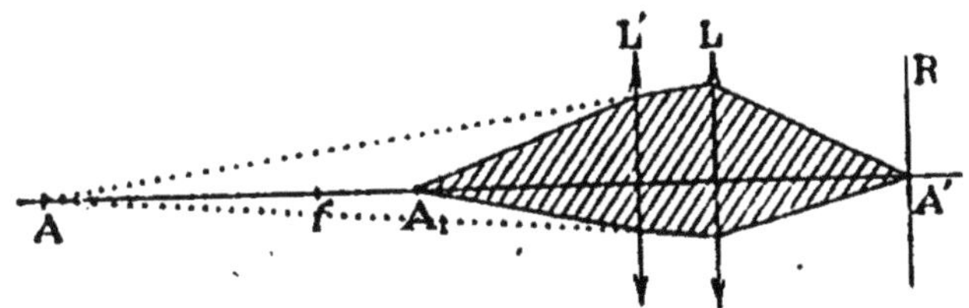

Fig. 52. — Correction de l'hypermétropie et de la presbytie.

devra donner de l'objet A_1 situé à 30 centimètres, une image virtuelle A ; A_1 devra donc être placé entre la lentille et son foyer objet f.

Dans le cas qui nous occupe, la lentille devra avoir une distance focale supérieure à 30 centimètres. La valeur de cette distance sera donnée par la formule générale

$$\frac{1}{p} + \frac{1}{p'} = \frac{1}{f}$$

ici f est l'inconnue, $p = 30$ cm. et $p' = -100$ cm. puisque l'image est virtuelle. Donc

$$\frac{1}{f} = \frac{1}{30} - \frac{1}{100} = \frac{10-3}{300} = \frac{7}{300}$$

d'où

$$f = 43 \text{ centimètres environ.}$$

48. Pouvoir séparateur et Puissance de l'œil. — Prenons un double décimètre gradué en millimètres et éloignons-le progressivement ; nous constatons qu'à partir de 3 mètres environ, on ne voit plus qu'une teinte uniforme : l'œil ne sépare plus deux traits voisins.

Or, au fur et à mesure qu'on éloigne la graduation, les

images rétiniennes des différents traits se rapprochent. Si l'on prend deux traits A et B, il faut en conclure que l'œil les séparera si leurs images rétiniennes A′ et B′ ne sont pas trop voisines.

Le *pouvoir de séparation* d'un œil pourrait donc se mesurer par la distance A′B′, mais comme cette distance n'est pas accessible, on prend l'angle A′ C B′ qui lui est proportionnel et qu'on appelle le *diamètre apparent sous lequel on voit de l'œil la longueur* A B.

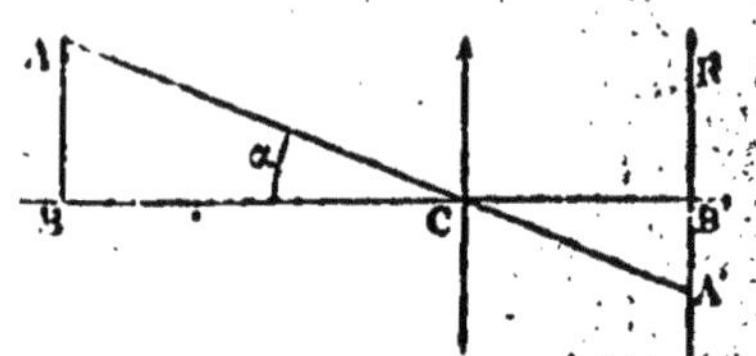

Fig. 53. — Diamètre apparent d'un objet.

Le pouvoir de séparation d'un œil ou acuité visuelle est donc mesuré par le diamètre apparent minimum sous lequel deux points doivent être vus, pour que l'œil les distingue l'un de l'autre.

Dans l'exemple précédent, ce pouvoir est égal à l'angle sous lequel on voit 1 millimètre à 3 mètres : il est d'environ une minute. C'est là une acuité visuelle normale.

Si nous considérons un petit détail d'un objet, compris entre deux points A et B, ce détail nous échappera si l'objet est placé à une distance de l'œil telle que l'angle A C B soit inférieur à une minute. Si nous voulons voir ce détail dans les meilleures conditions possibles, il nous faudra placer l'objet au punctum poximum. Dans cette position, l'image rétinienne a sa grandeur maximum et le diamètre apparent A C B, qui est aussi grand que possible, peut être supérieur au pouvoir séparateur. Un œil verra donc d'autant mieux les détails que sa distance minima de vision distincte sera plus petite.

Cette qualité qu'a l'œil de voir plus ou moins bien les détails caractérise sa *puissance*. La visibilité d'un détail dépendant de son diamètre apparent, on mesure la *puissance d'un œil* par le plus grand angle sous lequel il permet de voir une longueur déterminée que l'on prend égale à l'unité : 1 centimètre par exemple.

La droite A B (AB = 1) étant placée à la distance minima de vision distincte (BC = d), la puissance est mesurée par l'angle A C B. Pratiquement, pour la commodité des calculs, on remplace cet angle par le rapport $\frac{AB}{BC}$ qui lui est proportionnel. On a donc

$$P = \frac{AB}{BC} = \frac{1}{d} \cdot$$

La puissance d'un œil est donc égale numériquement à l'inverse de sa distance minima de vision distincte.

Remarque. — La puissance d'un œil est, comme la convergence d'une lentille, l'inverse d'une longueur. Aussi évalue-t-on couramment les *puissances en dioptries*, à condition que *d* soit exprimé en mètres.

Remarquons du reste qu'un œil est d'autant plus puissant qu'il est plus convergent.

49. Insuffisance de l'œil. Rôle des instruments d'optique.

— La puissance d'un œil est limitée par ce fait que l'on ne peut rapprocher les objets au delà du punctum proximum ; il y aura donc des détails qui échapperont faute de pouvoir être vus sous un angle supérieur au pouvoir séparateur de l'œil.

Les instruments d'optique ont justement pour but de nous montrer les objets sous un diamètre apparent plus grand que celui correspondant à la vision directe ; ils *donnent tous des images virtuelles* vues par l'œil sous un plus grand angle que celui sous lequel il voit l'objet. On les divise en deux grands groupes suivant les objets qu'ils servent à examiner.

Premier groupe : Loupes et microscopes. Ces instruments sont destinés à l'observation des petits objets qu'on peut approcher à volonté de l'œil.

Deuxième groupe : Lunettes. Ce sont des instruments destinés à l'observation des astres et des objets éloignés. Les lunettes augmentent le diamètre apparent de ces objets, ce qui équivaut à un rapprochement.

II. — INSTRUMENTS A VISION RAPPROCHÉE

50. Loupe.

— Nous savons qu'une lentille convergente donne d'un objet A B une image virtuelle droite et agrandie, lorsqu'on place l'objet entre le foyer et la lentille (37). L'œil placé contre la lentille voit très facilement cette image virtuelle et il la voit sous un angle qui peut être bien supérieur à celui qui correspond à la vision directe. Une lentille convergente nous apparaît donc comme un instrument d'optique d'une grande simplicité, destiné à examiner les petits objets dont on a la libre disposition : on lui donne le nom de *loupe*.

Mise au point. — Pour se servir d'une loupe, on place en général l'œil contre la loupe, puis on déplace l'objet A B en

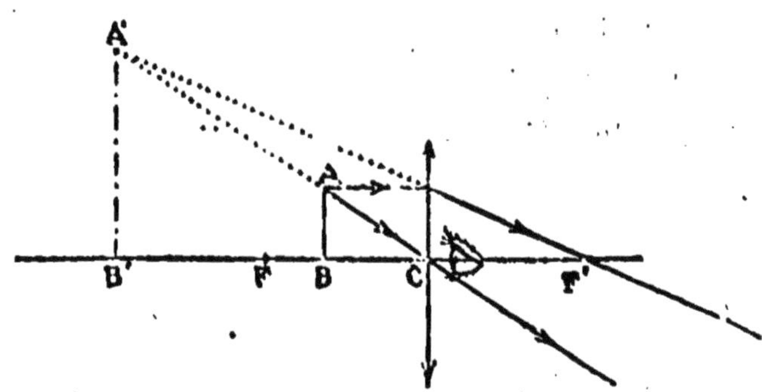

Fig. 51. — Marche des rayons dans la loupe.

avant de la loupe jusqu'à ce qu'on voie son image virtuelle A' B' dans les meilleures conditions possibles (maximum de netteté et de diamètre apparent). On a ainsi effectué la *mise au point* de l'image.

Dans ces conditions, l'objet A B est au voisinage du foyer objet F, entre le foyer et la lentille, et l'image A' B' est comprise entre les deux punctums de l'œil.

51. Qualités d'une loupe. — 1° *Puissance*. — Une loupe étant destinée à l'observation des détails est d'autant meilleure que le diamètre apparent de l'image d'un objet déterminé est plus grand.

Cette qualité se mesure par la *puissance* dont la définition est identique à celle de l'œil.

La puissance d'une loupe est égale à l'angle sous lequel on voit, à travers l'instrument, l'unité de longueur de l'objet.

Supposons donc l'objet A B égal à l'unité et l'œil de l'observateur collé contre la loupe. On a

$$P = \widehat{A'CB'} = \widehat{ACB}.$$

La puissance de la loupe, dans ce cas particulier, est donc égale à la puissance de l'œil examinant directement l'objet à la distance BC. Il semble donc que la loupe n'augmente pas la puissance de l'œil ; mais si l'on remarque que les loupes ordinairement employées ont une distance focale de 2 à 5 centimètres, on voit que l'œil ne pourrait examiner l'objet dans ces conditions, et la loupe apparaît comme très avantageuse.

On peut donner une expression simple de la puissance en remplaçant l'angle $\widehat{ACB}$ par le rapport

$$\frac{AB}{BC}$$

On a donc

$$P = \frac{AB}{BC} = \frac{1}{BC} \cdot$$

Si l'on remarque que la distance focale est petite, on voit qu'il faut placer l'objet très près du foyer pour faire former l'image à une distance au moins égale à la distance minima de vision distincte d : par conséquent BC est très voisin de la distance focale f et l'on peut écrire :

$$P = \frac{1}{f} \cdot$$

La puissance d'une loupe est donc, dans la plupart des cas, très voisine de sa convergence.

Comme la convergence, la puissance s'évalue en dioptries. Une loupe de 4 centimètres de distance focale a une puissance d'environ $\frac{1}{0,04} = 25$ dioptries, tandis que la puissance d'un œil normal est au maximum de

$$\frac{1}{0,20} = 5 \text{ dioptries.}$$

Remarque. — La puissance d'une loupe est toujours limitée par la déformation des images. Une lentille de grande convergence aurait des faces de grande courbure et par conséquent un grand angle d'ouverture ; nous savons que dans ce cas les images sont déformées et manquent de netteté.

2° *Grossissement.* — La puissance d'une loupe, dans le cas où l'œil est contre la lentille, est sensiblement indépendante de la vue de l'observateur : elle caractérise l'instrument.

Il y a souvent intérêt à considérer une autre qualité qui montre l'avantage qu'a, un œil déterminé, à se servir d'une loupe : c'est le *grossissement.*

Le grossissement d'un instrument d'optique est le rapport de l'angle sous lequel on voit l'image donnée par cet instrument, à l'angle sous lequel on voit l'objet à l'œil nu dans les meilleures conditions, c'est-à-dire en le plaçant à la distance minima de vision distincte.

Autrement dit *le grossissement d'un instrument utilisé par un observateur déterminé est le rapport de la puissance de l'instrument à la puissance de l'œil de l'observateur.*

On a :

$$G = \frac{\dfrac{1}{f}}{\dfrac{1}{d}} = \frac{d}{f} \cdot$$

On a donc le grossissement approximatif d'une loupe, en faisant le quotient de la distance minima de vision distincte par la distance focale de la lentille. On évaluera évidemment ces deux longueurs avec la même unité.

On voit d'après cela qu'un œil myope aura moins d'avantages qu'un œil normal à se servir d'une loupe.

Si l'on considère une loupe de 20 dioptries ($f = 5$ centimètres) et trois observateurs : l'un emmétrope ($d = 20$ centimètres), le deuxième myope ($d = 10$ centimètres) et le dernier hypermétrope ($d = 1$ mètre), on voit que le grossissement de la loupe sera égal à $\dfrac{20}{5} = 4$ pour l'emmétrope ; $\dfrac{10}{5} = 2$ pour le myope ; $\dfrac{100}{5} = 20$ pour l'hypermétrope.

52. Microscope. — La loupe devient insuffisante lorsqu'il s'agit d'examiner des objets presque invisibles à l'œil nu. On a alors recours à un instrument plus complexe : le microscope, qui, au moyen de plusieurs lentilles, parvient à donner des images de diamètre apparent beaucoup plus grand.

En principe, le microscope se compose de deux lentilles convergentes.

La première lentille L, appelée *objectif*, a une distance

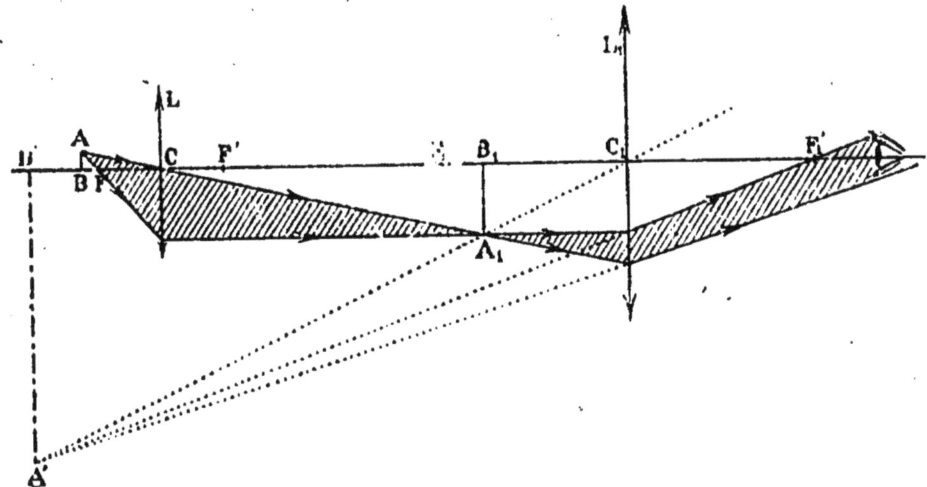

Fig. 55. — Construction de l'image et marche des rayons
dans un microscope.

focale très faible (0,5 cm. par exemple). Elle est destinée à donner de l'objet très petit AB *une image réelle très agrandie* $A_1 B_1$.

L'objet doit donc être placé très près du foyer objet F de l'objectif, mais légèrement en avant.

La deuxième lentille L_1, appelée *oculaire*, est moins convergente que l'objectif (f = 2 centimètres par exemple). L'oculaire est placé à une distance de 20 à 25 centimètres de l'objectif et va jouer le rôle de loupe vis-à-vis de l'image réelle $A_1 B_1$.

Cette image $A_1 B_1$ devra donc se former au voisinage du foyer F_1 de l'oculaire, mais entre F_1 et l'oculaire. Ce dernier L_1 donne de $A_1 B_1$, qui joue le rôle d'objet, une image virtuelle agrandie A'B'. L'œil qui est placé derrière l'oculaire examine cette image A'B' qui est renversée par rapport à l'objet AB.

Dans la figure, on a construit les deux images successives

en traçant le rayon incident AF qui sort de l'objectif parallèlement à l'axe et va passer par le foyer image F'_1 de l'oculaire. Les constructions sont ainsi un peu simplifiées. On a représenté également la marche d'un petit faisceau lumineux parti du point A.

53. Description du microscope. Mise au point — L'objectif n'est pas une lentille simple mais un système de lentilles qui permet d'avoir une grande convergence tout en donnant des images nettes et non déformées. L'objectif A et l'oculaire B sont fixés aux deux extrémités d'un tube de laiton de 20 à 25 centimètres de longueur (fig. 56).

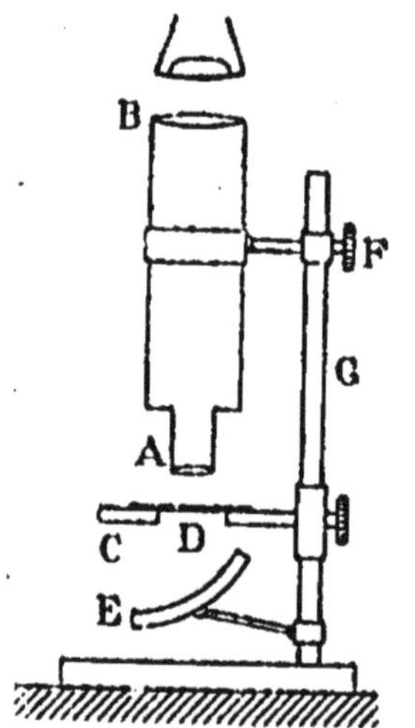

Fig. 56. — Schema du microscope.

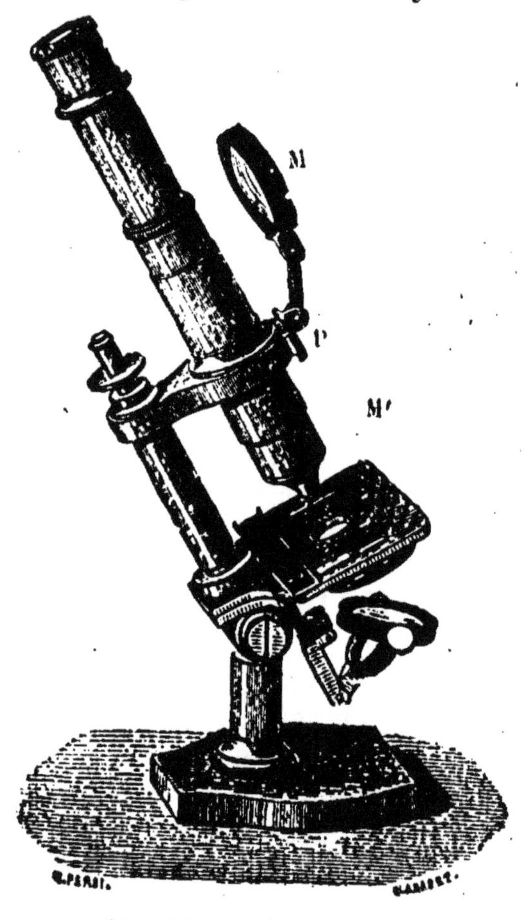

Fig. 57. — Microscope.

L'ensemble du tube et des lentilles peut recevoir un mouvement très lent au moyen d'un bouton F qui agit sur une crémaillère cachée dans la tige G. Cette tige porte également le support C appelé *porte objet* destiné à recevoir une plaque de verre D sur laquelle est placé l'objet à examiner. Le porte objet reçoit le plus souvent des *préparations microscopiques*, coupes minces faites dans différents tissus ou animaux et placées entre deux lames de verre.

Au-dessous du porte objet se trouve un miroir concave E que l'on oriente de façon à faire converger sur la préparation la lumière du jour ou celle d'une lampe. Cet éclairage intense de l'objet est nécessaire; sans cela l'image qui est beaucoup plus grande serait trop sombre.

Pour se servir du microscope, on fixe la préparation sur le porte objet de façon que la partie utile soit sur l'axe de l'objectif; on règle alors l'orientation du miroir de façon que la plage circulaire que l'œil aperçoit, en se plaçant contre l'oculaire, ait le maximum d'éclairement.

On effectue ensuite la *mise au point* en déplaçant très lentement l'ensemble de l'objectif et de l'oculaire au moyen du bouton F. On arrive ainsi, par tâtonnement, à voir dans l'instrument une image nette qui se trouve alors entre les deux punctums de l'œil. Ce résultat est difficile à atteindre, parce que le moindre déplacement du système optique produit un déplacement considérable de l'image $A'B'$ qui peut dès lors sortir de la région de vision distincte : la *latitude de mise au point* du microscope est très faible, un déplacement d'un dixième de millimètre suffit en général pour détruire la mise au point.

54. Qualités du microscope. Puissance et grossissement. — Les qualités du microscope se définissent d'une façon identique à celles de la loupe.

Si l'objet AB est supposé égal à l'unité de longueur et si l'œil est en C_1 contre l'oculaire, on a :

$$P = \widehat{A'C_1B'} = \widehat{A_1C_1B_1}$$

ou en calculant comme précédemment :

$$P = \frac{A_1B_1}{C_1B_1}.$$

Nous pouvons calculer d'une façon approchée cette puissance en remarquant que B_1 est très voisin de F_1 et en écrivant que $A_1 B_1$ est l'image de AB.

Soient f et f_1 les distances focales de l'objectif et de l'oculaire et l la longueur du tube.

On a sensiblement $C_1 B_1 = f_1$, puis

$$\frac{A_1 B_1}{AB} = \frac{A_1 B_1}{1} = \frac{CB_1}{CB} = \text{sensiblement } \frac{l - f_1}{f}$$

d'où

$$P = \frac{l - f_1}{f f_1}.$$

Quant au grossissement du microscope, si l'on désigne par d la distance minima de l'œil de l'observateur, on a :

$$G = \frac{P}{\frac{1}{d}} = P \times d = \frac{(l - f_1) d}{f f_1}.$$

En remplaçant les lettres par les valeurs que nous avions prises comme exemple, il vient

$$G = \frac{(20 - 2)\, 20}{0,5 \times 2} = 360.$$

Le grossissement est beaucoup plus grand que celui de la loupe ; on construit des microscopes qui grossissent jusqu'à 3.000 fois.

On peut du reste adapter à un même tube de microscope des objectifs et des oculaires différents de façon à avoir toute une série de grossissements.

II. — INSTRUMENTS A VISION ÉLOIGNÉE. LUNETTES

55. Lunette astronomique. — Le but des lunettes est de faire voir sous un *diamètre apparent* grandi, un objet éloigné dont on n'a pas la libre disposition.

La lunette astronomique, le plus simple de ces instruments, se compose en principe de deux lentilles convergentes, comme le microscope.

La première lentille L, *l'objectif*, donne de l'objet examiné, lequel est le plus souvent un astre, une image réelle très petite $A_1 B_1$ située dans son plan focal F'. L'image $A_1 B_1$ étant d'autant plus grande que la distance focale CF' est elle-même plus grande, l'objectif sera une lentille de faible convergence ($f = 1$ mètre par exemple). L'*oculaire* L_1, qui ressemble à un oculaire de microscope, joue le rôle de loupe vis-à-vis de A_1B_1 et en donne une image virtuelle agrandie A'B' qui est directement visible par l'œil placé derrière l'oculaire.

Pour simplifier la construction des images, supposons que

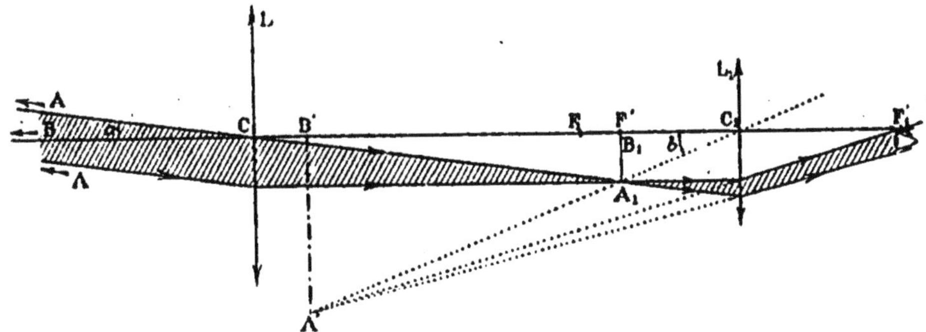

Fig. 58. — Marche des rayons dans une lunette astronomique.

l'objet examiné soit la lune et que l'axe de la lunette passe par le bord inférieur de la lune.

La lune ayant un diamètre apparent d'environ $\frac{1}{2}$ degré, l'image du bord supérieur, se trouve sur l'axe secondaire CA de l'objectif, qui fait avec l'axe un angle de $\frac{1}{2}$ degré. L'image réelle de la lune, donnée par l'objectif, est donc en A_1B_1 dans son plan focal F". L'image A_1B_1 doit être située entre l'oculaire L_1 et son foyer F_1. La construction habituelle nous donne l'image virtuelle finale A'B' qui est une image *renversée* de la lune.

Remarque. — La marche des rayons est sensiblement la même dans un microscope et dans une lunette astronomique. La seule différence tient à ce que, dans la lunette, l'objectif a une grande distance focale et l'objet est très éloigné.

56. Description sommaire de la lunette. Mise au point. — Les deux lentilles d'une lunette, L et L_1, sont fixées aux deux extrémités d'un tube de laiton à coulisse. La longueur de l'instrument est donc variable, mais elle est toujours sensiblement égale à la somme des distances focales de l'objectif et de l'oculaire : cette longueur peut dépasser deux mètres.

La mise au point ne pouvant se faire, comme dans le microscope, en déplaçant le tube par rapport à l'objet, on agit sur le tirage de façon à amener le foyer de l'oculaire

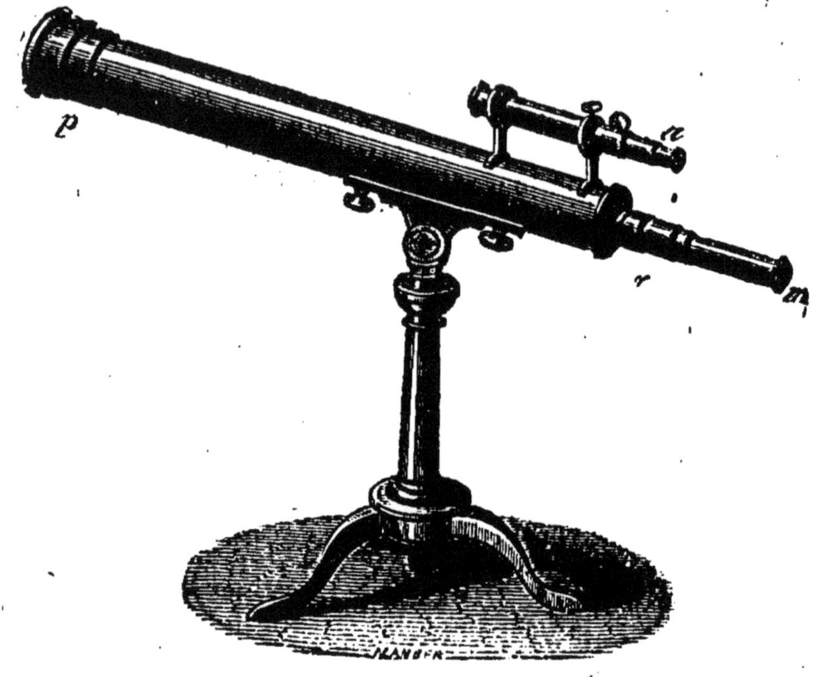

Fig. 59. — Lunette astronomique.

dans une position convenable par rapport au foyer de l'objectif.

Remarque. — L'objectif de la lunette ayant une grande distance focale, le *champ* de la lunette est compris dans un cône d'angle ou sommet très petit. Il serait donc très difficile de mettre directement au point sur un objet de faible diamètre apparent tel qu'une étoile. Pour obvier à cet inconvénient, à la lunette est adjoint un viseur *a* (fig. 59). Ce viseur est une lunette dont l'objectif a une faible distance focale et par conséquent dont le *champ* est beaucoup plus étendu.

On commence donc par viser l'objet à l'aide du viseur, et

lorsque l'image est bien au centre, si l'appareil est bien réglé, l'objet se trouve dans le champ de la lunette.

57. Réticule de la lunette astronomique. — L'objet essentiel de la lunette astronomique est la détermination exacte de la position d'un astre et la mesure de la distance angulaire de deux points. A cet effet la lunette porte un *réticule* (anneau métallique traversé par deux fils très fins tendus en croix) qui se trouve dans le plan focal de l'objectif. Quand on vise une étoile, on déplace la lunette, jusqu'à ce que l'image de l'étoile vienne coïncider avec le point de croisement des fils de réticule. L'étoile se trouve alors sur l'*axe optique de la lunette*, ligne droite qui joint le centre du réticule au centre optique de l'objectif.

Si l'on vise successivement deux astres, leur distance angulaire est donnée par l'angle dont a tourné l'axe optique de la lunette, angle qui est mesuré au moyen d'un cercle gradué. C'est sur ce principe que sont construits le *théodolite*, la *lunette méridienne*, le *cercle mural*, l'*équatorial*, instruments qui se trouvent dans tous les observatoires.

58. Grossissement de la lunette astronomique. — La lunette astronomique ne servant qu'à l'observation des objets éloignés dont on ne peut s'approcher, la *puissance* est une qualité qui n'a plus de sens pour un tel instrument (on ne saurait parler de l'unité de longueur de l'objet).

La qualité principale d'une lunette est mesurée par le *grossissement qui est le rapport entre les diamètres apparents de l'objet vu à travers la lunette et vu à l'œil nu.*

Si l'on se reporte à la figure 58, et si l'on suppose, pour simplifier, l'œil placé contre l'oculaire, on voit que

$$G = \frac{\widehat{A'C_1B'}}{\widehat{ACB}} = \frac{b}{a}.$$

Nous pouvons évaluer facilement les angles b et a,

$$a = \widehat{B_1CA_1} = \frac{A_1B_1}{CF} = \frac{A_1B_1}{f}$$

$$b = \widehat{B_1C_1A_1} = \frac{A_1B_1}{C_1B_1} = \text{sensiblement } \frac{A_1B_1}{f_1}$$

donc

$$G = \frac{f}{f_1}.$$

Le grossissement d'une lunette est sensiblement égal au rapport des distances focales de l'objectif et de l'oculaire. C'est pourquoi les lunettes à fort grossissement sont très longues. Une lunette, dont l'objectif aurait une distance focale de 1,50 m., et l'oculaire une distance focale de 3 centimètres, grossirait 50 fois. Avec une telle lunette on verrait la lune sous un diamètre apparent de $50 \times \frac{1}{2} = 25$ degrés.

En résumé on voit que la lunette grossit l'apparence des objets, bien qu'elle fournisse des images beaucoup plus petites que ces objets.

59. Lunette terrestre. — La lunette astronomique, donnant des images renversées et étant très encombrante, n'est jamais employée pour exami- ner les objets éloignés. On lui subs- titue la lunette terrestre ou la lunette de Galilée.

La lunette terrestre est une lu- nette astronomique munie d'un *redresseur d'images*. Soit $A_1 B_1$ l'image renversée fournie par l'ob- jectif. Au lieu de regarder directe- ment cette image avec l'oculaire, on place entre les deux une lentille con-

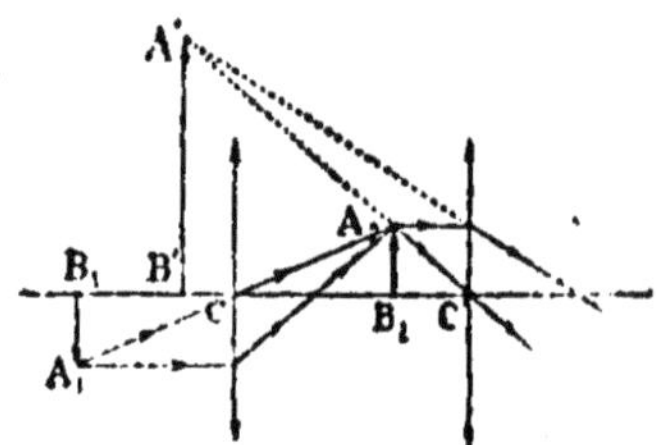

Fig. 60. — Redressement de l'image renversée fournie par l'objectif.

vergente supplémentaire qui en fournit une image redressée $A_2 B_2$; l'oculaire C' joue le rôle de loupe par rapport à l'image droite $A_2 B_2$; l'image finale $A'B'$ est donc également droite.

Le grossissement de la lunette terrestre est encore égal au rapport des distances focales de l'objectif et de l'oculaire, si $A_1 B_1$ se trouve à une distance de la lentille supplémentaire égale au double de sa distance focale ; l'image redressée $A_2 B_2$ est alors égale à $A_1 B_1$.

60. Lunette de Galilée. — La lunette terrestre, si elle a un fort grossissement, est très encombrante et a un champ restreint. On lui préfère un instrument de dimensions plus petites : la *lunette de Galilée,* lorsqu'un grossissement moyen est suffisant. En général on emploie deux lunettes de Galilée associées, une pour chaque œil, d'où le nom de *jumelles* donné à l'instrument.

Fig. 61. — Jumelles.

Pour la lunette de Galilée il y a encore un *objectif convergent* ($f =$ environ 20 centimètres) qui donne de l'objet éloigné AB une image réelle $A_1 B_1$ située dans son plan focal F (fig. 62).

Seulement *l'oculaire* est une *lentille divergente* L_1, qu'on

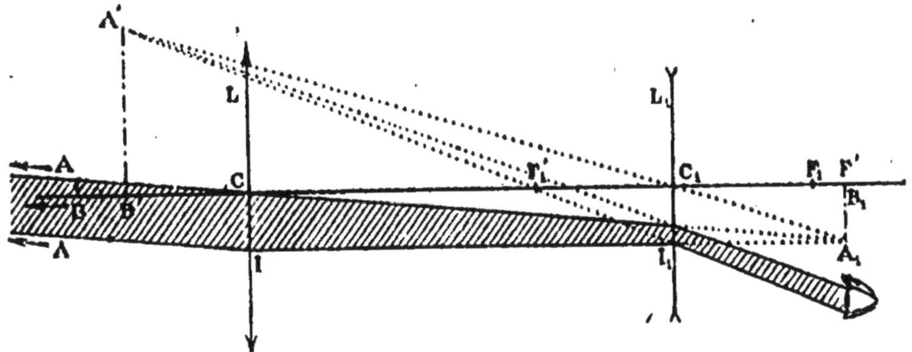

Fig. 62. — Marche des rayons dans la lunette de Galilée.

place de telle façon que son foyer objet F_1 soit un peu en avant de l'image $A_1 B_1$.

Les rayons qui formaient cette image $A_1 B_1$ sont donc arrêtés par *l'oculaire* ; en $A_1 B_1$, il n'y a plus d'image. Dans la *lunette astronomique* et *dans le microscope*, l'image A_1B_1 donnée par l'objectif jouait le rôle d'*objet réel* par rapport à l'*oculaire convergent*; dans la lunette de Galilée, l'image A_1B_1 va jouer le rôle d'*objet virtuel* par rapport à l'*oculaire divergent*.

On peut encore construire la position de l'image définitive en opérant suivant la méthode habituelle.

L'image du point A_1 est toujours sur l'axe secondaire $C_1 A_1$ correspondant; si maintenant nous considérons le rayon II_1 parallèle à l'axe qui irait passer par A_1, si la lentille L_1 n'existait pas; après réfraction, il semblera provenir du foyer image F'_1 de la lentille divergente. L'image de A_1 devant se trouver à la fois sur l'axe $C_1 A_1$ et sur le rayon $I_1 F'_1$ se trouve à leur intersection en A'. L'image finale $A' B'$ est donc redressée; elle est virtuelle et agrandie.

Le *grossissement* de la lunette de Galilée se définit et se calcule comme pour la lunette astronomique ; *il est encore égal au rapport des distances focales de l'objectif et de l'oculaire.*

61. Lanterne de projection. — Les instruments que nous avons étudiés jusqu'ici donnent toujours, de l'objet, une image finale virtuelle qui ne peut être examinée que par une personne à la fois. La lanterne de projection dont nous allons donner le principe donne, d'un objet, une image réelle agrandie sur un écran; elle permet par suite une vision détaillée pour un groupe de personnes.

Dans une lanterne close se trouve un foyer lumineux puissant, L, tel que la lumière électrique, ou simplement la lumière fournie par une bonne lampe. La lumière venue de cette source est renvoyée dans une direction horizontale par un miroir concave M, dont le foyer est justement en L; ce miroir se nomme le *réflecteur*.

Dans les bonnes lanternes, on se sert, pour condenser la lumière, de deux grosses lentilles accolées placées entre la source L et l'objet AB ; on donne le nom de *condenseur* à ce système.

Le dessin de la photographie transparente que l'on veut *projeter* se trouve en AB à une petite distance de L; il est par suite fortement éclairé grâce au réflecteur ou au condenseur.

Un peu plus loin est la lentille convergente ou objectif qui doit déterminer la formation de l'image. Cette image se forme en A'B', sur une toile blanche placée à une assez grande distance dans la pièce obscure.

Il faut par conséquent que AB soit à une distance de l'objectif un peu supérieure à sa distance focale.

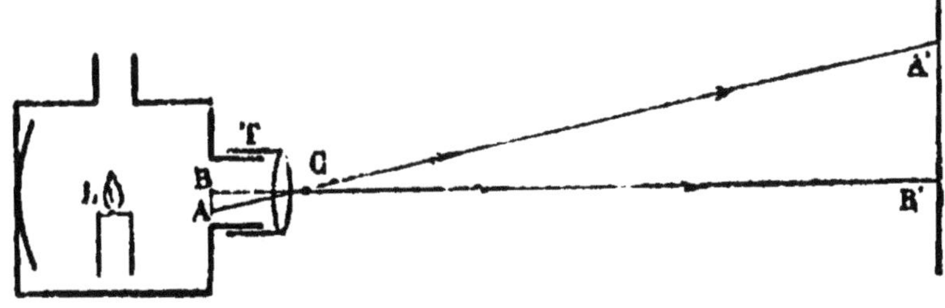

Fig. 63. — Schéma de la lanterne de projection.

Pour *mettre un point*, c'est-à-dire pour obtenir une image nette, on agit sur un tirage T, qui permet de faire varier la distance comprise entre la lentille et le dessin.

L'image A'B' est droite si l'on a eu le soin de placer l'objet renversé en AB.

La lanterne magique est une lanterne de projection analogue à celle que nous venons de décrire.

Remarque. — L'appareil précédent est principalement employé à projeter des vues et des objets, mais on s'en sert aussi pour obtenir des faisceaux lumineux et en particulier des faisceaux cylindriques dans les expériences de cours.

CHAPITRE V

PRISME. ÉTUDE DES DIFFÉRENTES SOURCES LUMINEUSES

62. Déviation et dispersion de la lumière blanche par un prisme. — On désigne en optique sous le nom de *prisme*, un bloc de verre, ou d'une substance transparente, limitée par deux surfaces planes qui se coupent. L'intersection de ces deux faces est l'*arête* du prisme.

On utilise toujours en optique des prismes à trois faces, mais le plus souvent deux des faces sont seules utilisées.

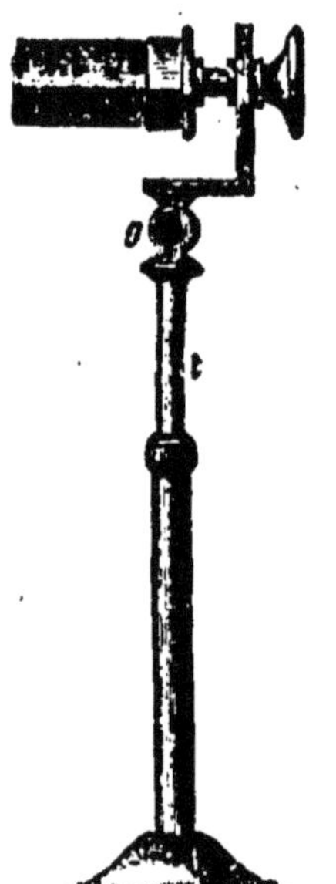

Fig. 64. — Prisme avec son support.

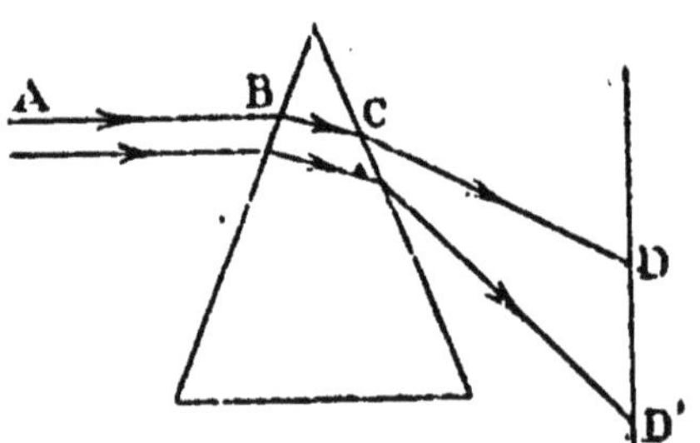

Fig. 65. — Dispersion de la lumière blanche.

Sur l'une des faces d'un prisme placé dans une chambre obscure, faisons arriver un faisceau étroit de rayons parallèles venant du soleil ou d'une lanterne de projection ; à la sortie du prisme *le faisceau est dévié* de sa direction première. Si l'on reçoit ce faisceau émergent sur un écran blanc, il y produit une bande éclairée d'une hauteur beaucoup plus grande que celle du faisceau primitif et cette hauteur augmente avec la distance; de plus cette bande lumineuse est colorée ainsi qu'un arc-en-ciel : les couleurs y passent insensiblement du *rouge au violet* par toute une série de nuances.

On conclut de cette expérience que le prisme a la propriété de *dévier* et de *disperser* la lumière blanche et on donne le nom de *dispersion* à ce phénomène de divergence et de coloration.

63. Déviation de la lumière jaune du sodium. —

Répétons l'expérience précédente, en éclairant la lanterne de projection au moyen de la flamme d'un fort bec Bunsen, colorée en jaune par du sel marin.

Nous constatons alors que l'étroit faisceau parallèle de lumière jaune qui tombe sur une face du prisme est encore dévié de sa direction primitive ; seulement, et c'est là un fait capital, la tache reçue sur l'écran placé en arrière du prisme a la même largeur et la même coloration jaune que le faisceau incident.

Il faut en conclure qu'un *faisceau parallèle de lumière jaune* (du sodium), *tombant sur un prisme, est dévié mais non dispersé: le faisceau émergent est encore parallèle.*

64. Interprétation par les lois de la réfraction. —

Pour indiquer la marche des rayons à travers un prisme, nous supposerons ces rayons situés dans un plan perpendiculaire à l'arête du prisme appelé *plan de section principale*. En confondant ce plan avec celui de la figure, le prisme sera représenté par un triangle A B C (fig. 66).

Le rayon incident SI qui tombe sur la face AB (nous le supposerons toujours dans le plan de section principale) pénètre dans le prisme suivant II', en se rapprochant de la normale IN. Puis ce rayon II' rencontre la face AC du prisme et sort dans l'air suivant I'S', en s'éloignant de la normale I'N' à la face A C.

D'après la première loi de la réfraction, les rayons II' et I'S' sont également dans le plan de section principale.

D'après la deuxième loi, on a entre les divers angles d'incidence et de réfraction les relations :

$$\frac{\sin i}{\sin r} = n, \qquad \frac{\sin i'}{\sin r'} = n$$

n étant l'indice de réfraction de la substance du prisme.

Le rayon lumineux SI a donc été deux fois rabattu du côté de la *base* BC du prisme ; il a subi une *déviation* D mesurée

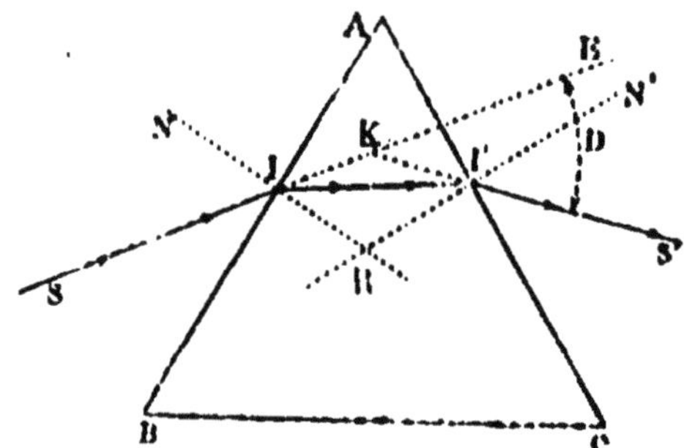

Fig. 66. — Déviation de la lumière par le prisme.

par l'angle que forment les rayons incidents SI et émergents I'S' prolongés.

Les lois de la réfraction appliquées au prisme nous expliquent donc les *déviations* constatées dans les deux expériences précédentes. Ces mêmes lois montrent également qu'un faisceau parallèle tombant sur le prisme doit également donner à la sortie un faisceau parallèle (l'angle i étant commun à tous les rayons, il en est de même des angles r, r' et i') ; l'expérience effectuée, avec la lumière jaune du sodium est donc complètement interprétée.

Pour rendre compte de la dispersion subie par la lumière blanche, il est naturel de faire les hypothèses suivantes :

La lumière jaune du sodium qui n'est pas dispersée par le prisme est une lumière simple qui, par rapport au verre du prisme, a un indice de réfraction déterminé qui la caractérise.

La lumière blanche qui, au contraire, est décomposée par le prisme en une gamme continue de couleurs différemment déviées, est composée d'un grand nombre de couleurs caractérisées chacune par un indice de réfraction variable d'une couleur à l'autre.

Avant de vérifier ces hypothèses et de comparer les différentes sources lumineuses au moyen du *prisme*, nous allons étudier cet appareil et voir dans quelles conditions il doit être employé pour donner les meilleurs résultats.

I. — PROPRIÉTÉS DU PRISME

Pour étudier dans les meilleures conditions les propriétés optiques du prisme, nous utiliserons comme source lumineuse un brûleur à flamme jaune (obtenu avec du chlorure de sodium) ; la lumière jaune du sodium étant simple, un rayon lumineux incident ne donnera qu'un rayon émergent.

65. Images données par un prisme. — Prenons comme objet lumineux une fente étroite F horizontale derrière laquelle se trouve un brûleur à flamme jaune, et examinons cette fente à travers un prisme dont l'arête A située en haut est parallèle à la fente. Nous avons l'illusion de voir une fente en F', du même côté que la source F mais un peu plus haut.

Un prisme donne donc d'un objet, une image virtuelle relevée du côté de l'arête.

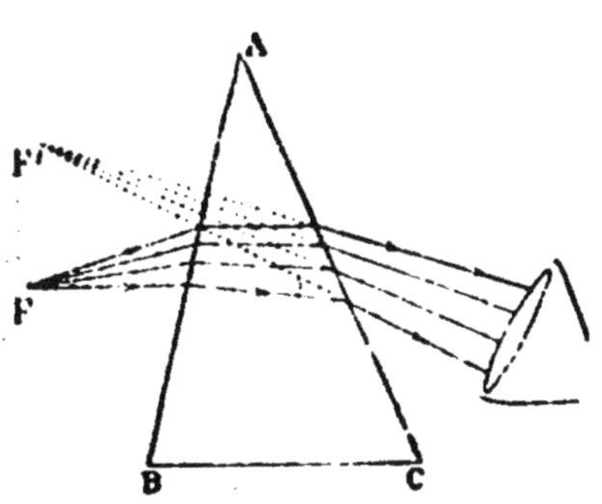

Fig. 67. — Image virtuelle fournie par un prisme.

La figure 67, qui indique la marche des rayons partis d'un point F de la fente situé dans un plan de section principale, rend compte de cette expérience. Un petit faisceau divergent parti de F est encore divergent à la sortie du prisme, mais est dévié vers la base. L'œil qui reçoit ce faisceau, croit voir le point lumineux en F' sur le prolongement des rayons.

Le principe du retour inverse nous montre qu'il serait possible d'obtenir une image réelle de la fente en F, si l'on pouvait réaliser un faisceau convergent qui, si le prisme n'existait pas, irait passer par F''.

La figure 68 montre cette expérience réalisée. La fente F horizontale est toujours éclairée en jaune; une lentille L placée en avant en donne une image F_1, sur un écran E_1. Si l'on vient à interposer un prisme sur le trajet du faisceau qui va converger en F_1, ce faisceau est dévié vers la base du prisme et l'on peut recevoir sur un écran E une image réelle

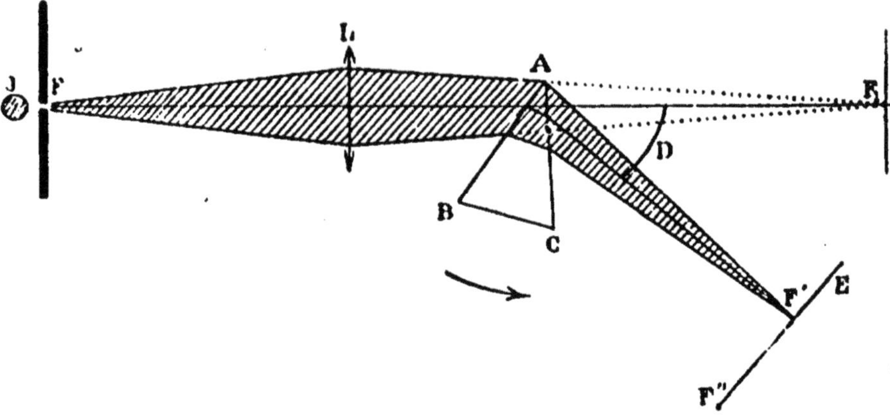

Fig. 68. — Production d'une image réelle à l'aide d'un prisme.
F, fente étroite parallèle à l'arête A du prisme.

F' de la fente F. Cette image est sensiblement à la même distance du prisme que F_1.

Remarque. — Le dispositif précédent joue un rôle *capital* dans l'étude expérimentale du prisme ainsi que dans les applications relatives à l'étude des sources lumineuses. Cette méthode permet en effet d'obtenir sur un écran des images très lumineuses et assez nettes, lesquelles par conséquent se prêtent facilement à une étude expérimentale.

Ainsi les expériences de déviation et de dispersion que nous avons vues au début de ce chapitre (**62**) ne se font jamais en lumière parallèle comme nous l'avons supposé. On n'aurait de cette façon que peu de lumière et les bandes obtenues sur l'écran seraient peu visibles et manqueraient de netteté. On emploie le dispositif de la figure 68.

66. Étude de la déviation dans le prisme. — L'action

exercée par un prisme sur un rayon lumineux est mesurée par l'*angle de déviation* D. Nous allons étudier quels sont les différents facteurs qui peuvent influer sur la déviation d'un rayon d'une lumière simple déterminée, la lumière jaune du sodium par exemple.

Pour faire cette étude, nous utiliserons le dispositif précédent, le petit faisceau convergent qui sort de la lentille L nous tenant lieu de rayon lumineux. La déviation D du rayon moyen du faisceau pourra être mesurée approximativement par l'écart des deux images de la fente F_1 et F''[1].

1° *Influence de l'angle du prisme sur la déviation.* — Si nous répétons l'expérience précédente (fig. 68) en substituant à l'angle A du prisme, l'angle B plus grand de façon que le faisceau arrive encore sous la même incidence, nous constatons que l'image F' de la fente est déplacée vers le bas. *La déviation produite par un prisme de substance déterminée sur un rayon arrivant sous une incidence donnée, croît avec l'angle du prisme.*

Remarquons du reste que si l'angle du prisme devient trop grand le faisceau ne sortira plus par la face AC car il se produira sur cette face le phénomène de réflexion totale (voir prisme à réflexion totale § 30).

2° *Influence de la substance qui constitue le prisme.* — Plaçons sur le trajet du faisceau convergent deux prismes, l'un de *crown* l'autre de *flint*, de même angle et accolés de façon à former un prisme d'apparence unique.

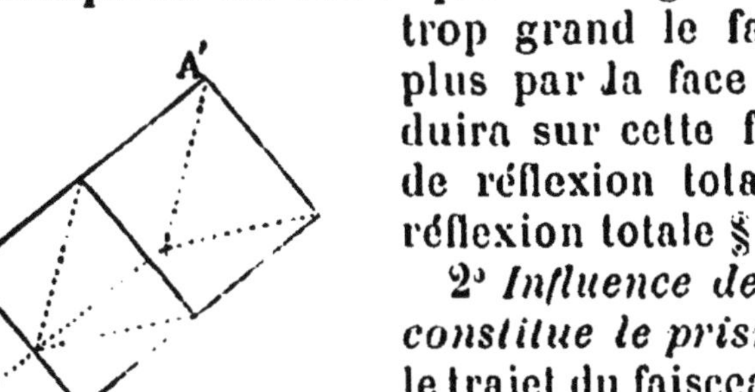

Fig. 69. — Double prisme, en crown et en flint.

On aperçoit alors sur l'écran E deux images de la fente, celle qui est donnée par le prisme de flint est plus déviée que celle provenant du crown. L'indice de réfraction du flint pour la lumière jaune étant plus grand que celui du crown, il en résulte que : *la déviation produite par un prisme*

---

1. L'image F_1 subsiste encore après l'introduction du prisme si le faisceau incident n'est pas complètement arrêté.

*d'angle déterminé sur un rayon arrivant sous une inci-
dence donnée, croît avec l'indice de réfraction de la substance qui constitue le prisme.*

3° *Influence de la déviation. Déviation minimum.* — Si
avec le dispositif précédent nous faisons tourner le prisme
autour de son arête, nous constatons que l'image F' se
déplace. *La déviation d'un rayon varie donc avec l'angle
d'incidence.*

Si l'on fait varier l'incidence d'une façon bien continue,
en plaçant d'abord le prisme sous l'incidence rasante (la

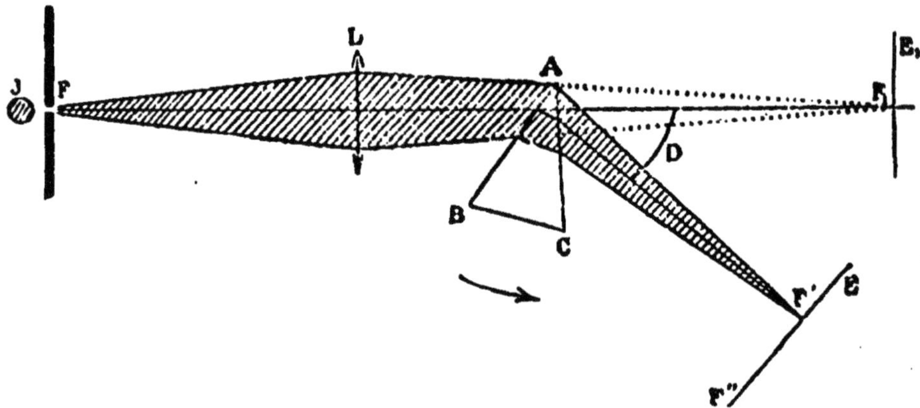

Fig. 70. — Minimum de déviation.

face BA parallèlement à l'axe du faisceau) et le faisant
ensuite tourner dans le sens de la flèche, on constate que
l'image d'abord en F' (fig. 70) monte lentement jusqu'en F,
puis, le prisme continuant à tourner dans le même sens,
l'image semble s'arrêter un moment en F' et redescend
pour disparaître en F'' lorsque le faisceau sort en rasant la
face AC.

*Lorsque dans un prisme donné, l'incidence décroît d'une
façon continue depuis 90°, la déviation diminue, passe par
un minimum pour une position particulière du prisme,
puis croît jusqu'à sa valeur primitive.*

L'expérience montre que *le minimum de déviation se
produit lorsque l'angle d'émergence est égal à l'angle d'incidence* : le prisme occupe alors une position symétrique
par rapport au faisceau. De plus, on constate que *l'image de*

*la fente a son maximum de netteté lorsque le prisme est
dans la position du minimum de déviation.*

II. — ÉTUDE DES DIFFÉRENTES SOURCES LUMINEUSES. SPECTRES D'ÉMISSION.

67. Lumières simples ou monochromatiques. Spectres discontinus. — Reprenons encore l'expérience du paragraphe 65; si la fente est éclairée par la flamme sodée et si le prisme A est placé au *minimum de déviation*, nous obtenons sur l'écran E une *image jaune très nette de la fente.*

Nous disons que *la lumière jaune du sodium est une lumière simple ou monochromatique : avec le prisme, nous obtenons une seule image déviée de la fente,* (voir la planche colorée, raie D).

Substituons maintenant au *chlorure de sodium,* qui se trouvait dans la flamme du brûleur, du *chlorure* de *lithium :* la flamme prend une coloration rouge et nous obtenons sur l'écran une image *rouge* très nette, moins déviée que l'image jaune donnée par la flamme sodée. Le chlorure de *thallium* donne à la flamme une teinte verte et produit sur l'écran une image *verte* très nette de la fente, et plus déviée que l'image jaune due au chlorure de sodium.

Ces expériences nous conduisent donc à énoncer le résultat suivant : *Il existe d'autres lumières simples que celle de la flamme sodée, chacune d'elles a une coloration particulière et subit une déviation différente en traversant un prisme.*

Si la flamme contient à la fois deux des chlorures précédents, on obtient simultanément sur l'écran les deux images que nous obtenons séparément avec chacun d'eux.

Éclairons maintenant la fente avec une flamme contenant du chlorure de potassium, ce sel donne à la flamme une couleur violet pourpre et nous obtenons sur l'écran simultanément deux raies lumineuses, une rouge moins déviée que l'image jaune donnée par la flamme sodée, l'autre violette plus déviée[1].

---

1. En réalité, on obtient, avec un sel de potassium, un grand nombre

Nous devons en conclure que la lumière produite par le chlorure de potassium est une lumière *complexe* dans laquelle existent *simultanément* deux lumières simples qui sont séparées par le prisme.

Dans les rayons qui arrivent sur le prisme, les deux lumières simples se trouvent superposées, mais dès la première réfraction sur la face d'entrée, les rayons simples se séparent, le rayon violet étant plus rapproché de la normale que le rouge. La réfraction sur la face de sortie accentue encore cette séparation.

En plaçant dans la flamme du brûleur d'autres sels métalliques, nous obtenons toujours sur l'écran des lignes lumineuses colorées, le nombre d'images de la fente indiquant le nombre de couleurs simples contenues dans la source lumineuse étudiée.

Le même résultat aurait encore été obtenu en plaçant devant la fente un tube de Geissler renfermant un gaz sous une très faible pression. Dans le cas de l'hydrogène on aurait vu sur l'écran une série d'images nettes de la fente, dont trois plus lumineuses que les autres : une *raie rouge* la moins déviée, une *verte* et une *bleue* (voir la planche colorée).

Nous donnerons le nom de *spectres purs* aux différentes séries d'images obtenues dans les expériences précédentes; le mot *pur* indique que les différentes images de la fente sont bien nettes pour chacune des couleurs et bien séparées les unes des autres.

En résumé, *les gaz ou les vapeurs métalliques portés à l'incandescence émettent une lumière composée d'un nombre limité de radiations. Les spectres d'émission qu'elles donnent sont discontinus et formés de raies brillantes colorées : ce sont des spectres de raies*

68. Lumière blanche. Spectres continus. — Éclairons maintenant la fente F (fig. 68) avec de la lumière blanche provenant, soit d'un bec Auer, soit d'un arc électrique, soit d'un bloc de chaux incandescent (lumière Drummond). Nous

de raies lumineuses, mais deux de ces raies, la violette et la rouge, sont particulièrement visibles.

voyons alors se dessiner sur l'écran une *bande lumineuse et continue*, beaucoup plus jolie et beaucoup plus nette que celle qu'on obtiendrait avec un faisceau parallèle (fig. 65).

Dans cette bande lumineuse, dont la largeur est égale à la longueur des raies brillantes précédemment obtenues, les couleurs se fondent d'une façon continue et il y en a d'une *infinité de nuances*. On les classe en sept régions principales qui sont, en allant des plus déviées aux moins déviées :

Régions *violette*, *indigo*, *bleue*, *verte*, *jaune*, *orangée*. *rouge*. Remarquons du reste qu'il n'y a pas une couleur violette, mais une infinité de violets, il y a de même une infinité d'indigos, de bleus, etc., et il est impossible de dire avec précision où finit le bleu et où commence le vert, par exemple.

Si l'on avait marqué sur l'écran E (fig. 70), la ligne où se formait la raie jaune du sodium, on constaterait maintenant que cette ligne se trouve dans une région de couleur identique. De même pour les raies rouge, verte et bleue de l'hydrogène. Toutes ces couleurs se trouvent donc dans la lumière incidente.

Si l'on prend un rayon de lumière blanche tombant sur un prisme, dès la première réfraction les différentes couleurs qui le composent se séparent, les violettes plus *réfrangibles* se rapprochant plus de la normale que les rouges dont l'indice de réfraction est le plus faible ; à la sortie le phénomène s'accentue. Il en résulte un *étalement* du faisceau incident : il s'est *dispersé*. Grâce au dispositif que nous employons pour obtenir cette dispersion, chaque couleur donne sur l'écran une image nette de la fente. Ces différentes raies lumineuses, qui dans le cas d'un nombre limité de radiations forment une suite discontinue, donnent ici un *spectre continu : elles sont donc en nombre infini.*

En résumé, *la lumière blanche qui nous vient des diverses sources lumineuses usuelles est constituée par une infinité de lumières simples colorées dont chacune est différemment déviée par le prisme*, la déviation variant d'une manière insensible quand on passe de l'une à l'autre.

De plus l'expérience montre que, d'une façon générale,

tous les solides ou liquides portés à l'incandescence donnent également un spectre continu (voir la planche colorée).

69. Synthèse de la lumière blanche. — Dans l'expérience précédente, le *prisme* nous a permis *d'analyser* la lumière blanche et d'en séparer les différentes lumières simples composantes. Pour vérifier plus complètement notre hypothèse sur la complexité de la lumière blanche, nous allons essayer de la reconstituer en superposant les couleurs simples que nous avons obtenues. Nous aurons fait ainsi la *synthèse*[1] de la lumière blanche.

Pour cela modifions légèrement le dispositif qui nous a donné un spectre pur en plaçant la lentille en arrière du prisme A B C.

La fente F, éclairée en lumière blanche (bec Auer), envoie un petit faisceau sur le prisme que nous supposons toujours au minimum de déviation. Dans ces conditions (65) le prisme A donne de la fente F autant d'images virtuelles qu'il y a de couleurs. En particulier on a une image rouge F'r et une image violette F'v. La lentille L donne, de ce spectre virtuel, une image *réelle* sur l'écran E; ainsi on a en Fr une image rouge de la fente et en Fv une image violette, en E se trouve donc un spectre pur.

Éloignons de la lentille l'écran E : la netteté du spectre diminue car les divers faisceaux colorés divergent en arrière du spectre pur et se mélangent nécessairement. Il apparaît bientôt sur l'écran une tache blanche dans la partie centrale, irisée sur les bords (rouge en haut), puis on finit par trouver une position particulière E₁ de l'écran qui donne une *plage blanche à bords nets.*

1. C'est Newton qui le premier a réalisé l'analyse de la lumière blanche en 1668 en produisant un spectre continu. Il en effectua la synthèse d'une manière approchée en faisant tourner rapidement un disque de carton partagé en plusieurs séries de sept secteurs, présentant approximativement les couleurs des différentes régions du spectre. Dans la rotation rapide du disque, chaque couleur vient agir sur l'œil avant que l'impression produite par les autres ait disparu. A cause de cette *persistance des impressions lumineuses*, toutes les couleurs se superposent dans l'œil et reproduisent une sensation qui rappelle la lumière blanche : le disque paraît d'un blanc grisâtre.

A ce moment les couleurs simples, qui étaient bien séparées en E, se sont superposées en reproduisant la lumière blanche.

La marche des rayons (fig. 71) nous montre que le plan E_1 peut être considéré comme l'image de la face A C du prisme (les points Ir et Iv sont en réalité très voisins). On comprend alors comment toutes les couleurs, dont chacune couvre entiè-

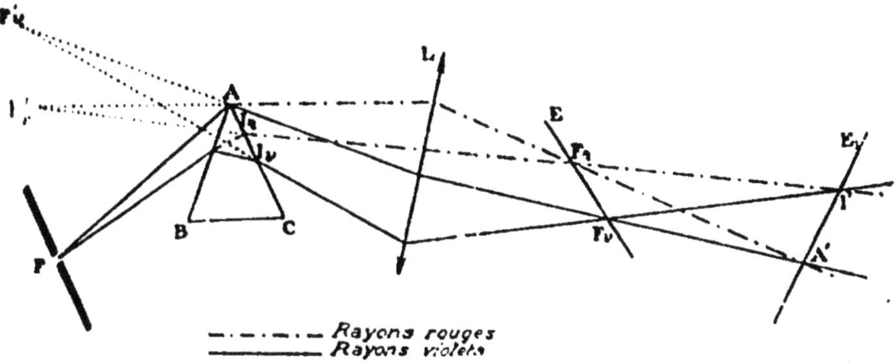

Fig. 71. — Recomposition de la lumière blanche par une lentille.

rement la partie A Ir du prisme, viennent se superposer exactement sur l'écran E, où se forme l'image A′ I′ de A I.

Remarque. — Pour que l'expérience réussisse, il faut que l'image réelle A′ I′ existe, ce qui nécessite que la distance du prisme à la lentille soit supérieure à la distance focale de celle-ci.

70. Couleurs complémentaires. — Dans l'expérience précédente (fig. 71), si l'on place dans la région du spectre pur E, un petit écran opaque O, qui intercepte un certain nombre de couleurs, on obtient sur l'écran E_1 une teinte T résultant de la superposition des couleurs non interceptées.

Si l'on avait arrêté, à l'aide de l'écran O, les couleurs qui donnent la teinte T, on aurait obtenu en E_1 une teinte T′. Il est bien évident que les teintes T et T′ renferment, à elles deux, toutes les couleurs du spectre ; par leur superposition, elles donneront donc du blanc : on dit qu'elles sont *complémentaires.*

En faisant varier la position de l'écran opaque O, on obtiendra en E₁ toute une gamme de teintes, complémentaires des couleurs supprimées. Chaque couleur, simple ou composée, a donc une couleur complémentaire.

Il n'est pas nécessaire de superposer toutes les couleurs du spectre pour régénérer la lumière blanche.

Ainsi la lumière *jaune* et la lumière *bleue* du spectre forment la lumière blanche par leur superposition.

De même le *rouge* et le *bleu verdâtre*, l'*orangé* et le *bleu de Prusse*, sont des couleurs complémentaires qui, par leur superposition, régénèrent la lumière blanche.

Tous les blancs que l'on obtient ainsi sont équivalents au point de vue *physiologique* ; ils ne le sont pas au point de vue de la composition spectrale.

Les uns donnent un spectre continu (lumière solaire), les autres peuvent donner des spectres discontinus (2 raies s'il s'agit de la superposition de deux lumières simples).

71. Aberration chromatique dans les lentilles. — D'après ce qui précède on voit qu'une lumière simple ou radiation est caractérisée par ce fait qu'un rayon de cette lumière ne donne naissance par réfraction qu'à un seul rayon. En optique géométrique, dans l'étude de la réfraction et des lentilles, nous nous sommes toujours supposés placés dans ce cas simple.

En réalité un rayon solaire tombant à la surface de l'eau ou sur un bloc de verre donne naissance après réfraction à une infinité de rayons, mais comme la dispersion est très faible, elle est difficile à mettre en évidence ; c'est pourquoi on s'adresse toujours à des prismes pour décomposer la lumière blanche, car ils donnent à la suite des deux réfractions une dispersion très notable.

Si l'on considère un faisceau de lumière blanche tombant sur une lentille convergente, il est légèrement dispersé par son passage à travers la lentille, le foyer des rayons rouges étant plus loin de la lentille que le foyer violet, au lieu d'avoir un point blanc au foyer, on a un petit spectre. De même on n'obtient jamais une image parfaitement blanche avec une lentille : elle est toujours *irisée* sur les bords. Cette impuissance d'une lentille à réunir les différentes couleurs en un foyer commun est appelée *aberration chromatique*.

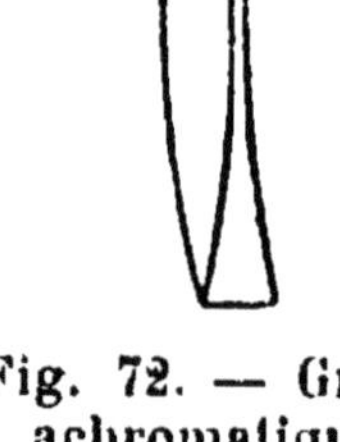

Fig. 72. — Groupe achromatique de deux lentilles faites de verres différents.

Pour corriger l'*aberration chromatique* on emploie une combinaison de deux lentilles dont l'une diminue les colorations dues à l'autre: l'ensemble forme une *lentille achromatique.*

Les objectifs des lunettes sont formés de deux lentilles accolées, *l'une divergente en flint, l'autre convergente en crown* (fig. 72). Lorsque les rayons de courbure de ces deux lentilles sont convenablement choisis, l'ensemble forme une lentille convergente dans laquelle la dispersion des couleurs a presque complètement disparu : elle est *achromatique.*

III. — SPECTRE SOLAIRE

72. Raies du spectre solaire. — La lumière du soleil qui est la source lumineuse par excellence, donne comme toutes les lumières blanches un spectre continu.

Il suffit pour l'obtenir de diriger un faisceau de rayons solaires sur la fente F (fig. 70).

Si l'on vient à diminuer la largeur de la fente et si l'on emploie un prisme très dispersif qui donne un spectre plus étalé, on constate que le spectre cesse d'être continu. Il se forme à l'intérieur des *raies noires* à la place d'autant d'images colorées de la fente. Ces raies indiquent, avec une grande précision, l'absence de radiations bien déterminées dans la lumière du soleil. Les raies obscures qu'on observe sont d'autant plus nombreuses que l'appareil dispersif (fente et prisme) est mieux réglé.

Ces raies obscures du spectre solaire ont été étudiées avec soin par Frauenhofer qui leur a donné son nom.

Une expérience très importante, dite *expérience du renversement de la raie jaune du sodium,* va nous permettre d'expliquer la présence des raies dans le spectre du soleil.

73. Spectres d'absorption. — Réalisons le spectre du sodium sur l'écran E (raie jaune en D, fig. 73) en éclairant la fente F au moyen de la flamme sodée S_2, puis, laissant S_2 contre la fente, plaçons au delà de S_2, en S_1, une source de lumière blanche (lampe à arc ou bec Auer). Nous voyons alors sur l'écran E un spectre continu présentant une *raie sombre* en D, là où se trouvait la raie jaune du sodium.

Si la source S_2 avait été une flamme colorée par un sel de potassium, le spectre continu dû à S_1 aurait été sillonné par des *raies sombres* en nombre égal aux raies brillantes du potassium et occupant les mêmes positions.

Ce fait est général. *Chaque fois qu'une lumière capable de produire un spectre continu, traverse des gaz ou des vapeurs*

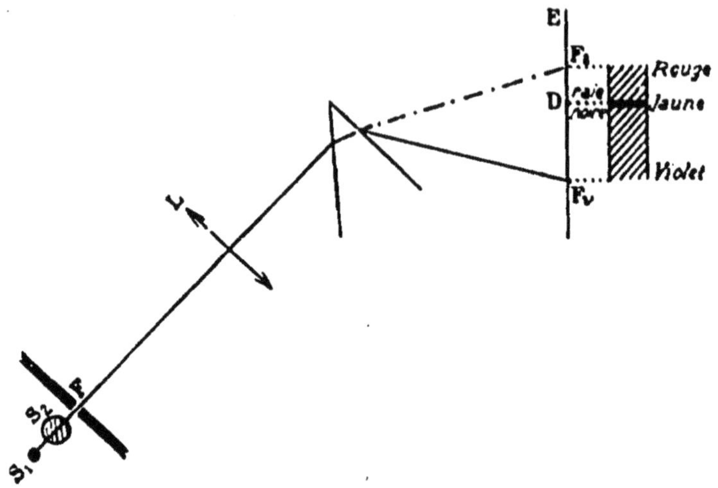

Fig. 73. — Spectre d'absorption du sodium.

incandescents, ces corps absorbent les radiations qu'ils sont susceptibles d'émettre. Le spectre continu est donc traversé par des raies sombres correspondant, comme situation, aux raies brillantes émises par le gaz ou la vapeur.

On a des *spectres d'absorption*.

74. Hypothèse sur la constitution du soleil. — L'existence des raies d'absorption dans le spectre solaire a conduit à admettre que cet astre se compose d'un noyau solide et liquide incandescent (la *photosphère*) pouvant produire un spectre continu, entouré d'une atmosphère (la *chromosphère*) dans laquelle se trouvent des gaz et des vapeurs métalliques qui absorbent les radiations absentes.

Nous allons voir que cette hypothèse sur la constitution physique du soleil peut être complétée par la recherche des corps qui entrent dans sa constitution : c'est le but de l'*analyse spectrale*.

75. Analyse spectrale. — Les raies colorées qui constituent les spectres discontinus sont *caractéristiques* des vapeurs métalliques ou des gaz qui les produisent. Si deux ou plusieurs métaux sont introduits à la fois dans une flamme, le spectre obtenu contient à la fois les raies de chaque métal : ces raies se produisent aussi lorsqu'on remplace les métaux par des sels métalliques de ces métaux, volatilisables ou décomposables par la chaleur.

On conçoit donc que l'étude des *spectres d'émission* constitue un mode d'analyse chimique très sensible. Si, en introduisant une parcelle minérale dans la flamme incolore d'un bec Bunsen placé devant la fente F (fig. 70), on obtient un certain nombre de raies lumineuses, on peut en déduire, par comparaison avec d'autres spectres, la nature des métaux qui se trouvent dans le minéral.

Cette analyse spectrale, imaginée par Kirchoff et Bunsen, a conduit à la découverte de quelques métaux, *rubidium*, *thallium*, etc.

Si nous remarquons que les *spectres d'absorption des gaz et des vapeurs sont aussi caractéristiques que leurs spectres d'émission*, nous voyons que *l'analyse spectrale* permettra également de déterminer les différents corps qui entrent dans la constitution du soleil et plus généralement des étoiles.

La comparaison du spectre solaire avec les spectres des différentes vapeurs métalliques a démontré, en effet, que toutes les raies données par la lumière solaire correspondent à des raies de gaz ou de vapeurs métalliques. Parmi les raies de Frauenhofer, on trouve en particulier les raies caractéristiques de l'hydrogène (C, F, G,) du sodium (D), du calcium, du magnésium, de l'aluminium, du fer, du cuivre, etc. (Planche, page 84),

Mais pour que cette comparaison délicate des différents spectres puisse se faire, il faut un appareil qui permette de repérer d'une façon très précise la position des raies : c'est pour cet usage qu'a été construit le spectroscope.

76. Spectroscope. — Dans ses organes principaux, le spectroscope ne diffère pas essentiellement du dispositif que nous avons employé pour obtenir un *spectre pur*. Au lieu de

projeter le spectre sur un écran, on le regarde directement
au moyen d'une lunette.

La partie du spectroscope destinée à l'obtention du spectre
pur se compose de 3 pièces : le *collimateur*, le *prisme*, et la
lunette.

Le *prisme* repose par sa base sur une petite plate-forme
D mobile autour d'un axe vertical; les arêtes du prisme
sont réglées verticalement.

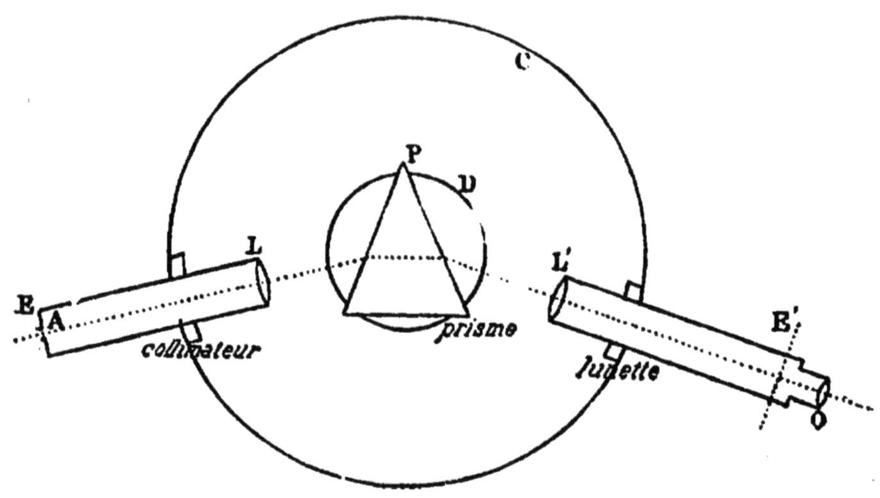

Fig. 74. — Spectroscope.

Le *collimateur* se compose d'un tube de laiton portant à
une extrémité une lentille L et à l'autre extrémité, dans le
plan focal de la lentille, une fente A réglable à volonté. C'est
en arrière de A que l'on place la lumière à étudier. Le collimateur est porté par un cercle métallique C autour duquel il
peut tourner.

Le cercle C porte également une *lunette* mobile dont l'objectif L' reçoit les rayons lumineux à leur sortie du prisme,
l'œil est placé contre l'oculaire O.

La source étant placée en A, on oriente le collimateur de
façon que les rayons parallèles qui en émergent tombent sur
le prisme sous l'incidence du *minimum de déviation*; puis
on fait tourner la lunette bien réglée jusqu'à ce que le spectre
soit dans le champ.

Les différents faisceaux colorés qui sortent du prisme

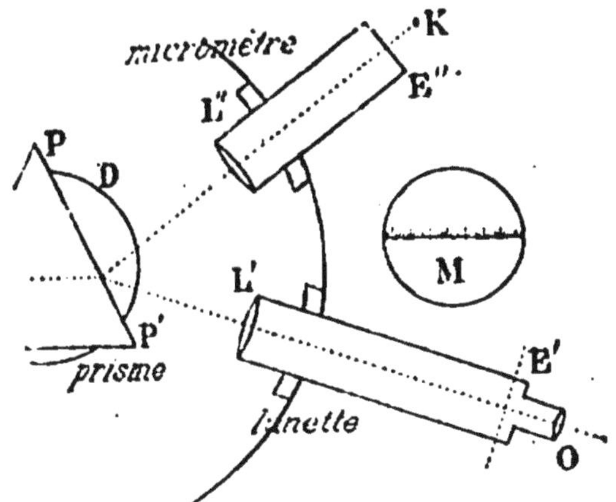

Fig. 75. — Micromètre du spectroscope.

sont formés par des rayons parallèles; ces différents faisceaux vont donc converger dans le plan focal E' de l'objectif. *On a*

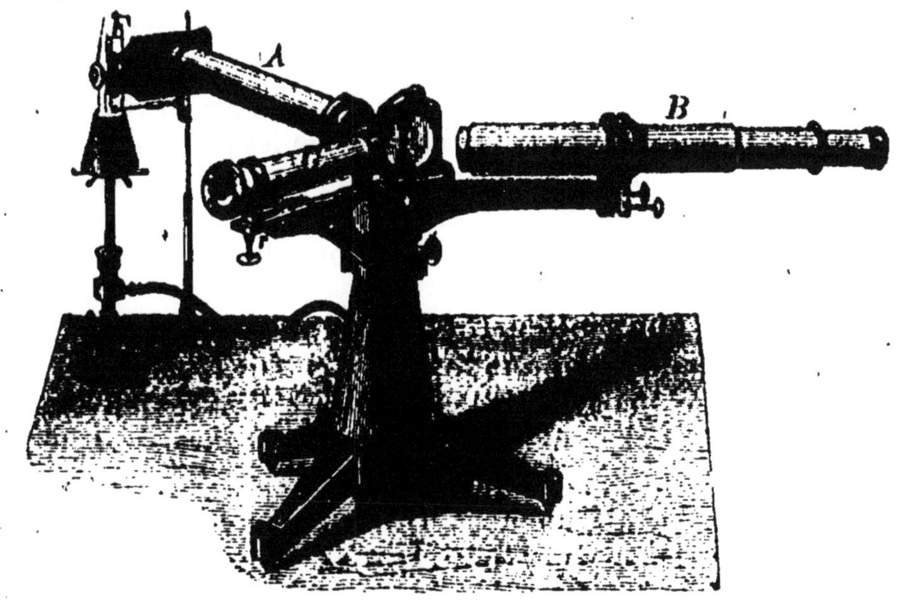

Fig. 76. — Vue d'ensemble d'un spectroscope.

A, collimateur ; B, lunette ; C, micromètre.

donc dans le plan focal de l'objectif de la lunette, une série d'images colorées de la fente, c'est-à-dire un spectre pur.

L'oculaire, qui joue le rôle de loupe, permet d'examiner commodément ce spectre.

Il nous reste à décrire l'organe essentiel du spectroscope, qui sert à repérer les raies : c'est le *micromètre*.

Une plaque de verre dépoli E″ qui porte une graduation très fine (reproduite en M) est placée dans le plan focal d'une lentille L″, une petite lampe K éclaire cette graduation. Les rayons partis d'une division quelconque du micromètre, forment à la sortie de L″ un faisceau parallèle qui se réfléchit sur la face P P′ du prisme, pénètre dans la lunette et vient converger dans le plan E′.

On a donc dans le plan focal de la lunette une image réelle du micromètre laquelle, se superposant au spectre pur étudié, permet d'en repérer exactement les différentes raies.

77. Couleurs des corps. — Le gaz et les vapeurs métalliques ne sont pas seuls à avoir des spectres d'absorption ; si l'on remplace la source S_2 (fig. 73) par une petite cuve en verre renfermant un liquide coloré, une solution de *chlorophylle* par exemple, on observe un spectre sillonné de *bandes obscures* beaucoup plus larges que les raies observées précédemment (voir Planche hors texte) ; de même avec une solution étendue de permanganate. Ces corps ont absorbé un très grand nombre de radiations : ils ont des spectres d'absorption.

Ces phénomènes expliquent la coloration des corps vus *par transparence.*

Une substance colorée transparente absorbe inégalement les diverses lumières simples ; sa couleur provient de la superposition des lumières simples qu'elle laisse passer.

Si par exemple on interpose un verre rouge entre la source S_1 et la fente F, la région rouge du spectre apparaît seule ; ne laissant passer que les radiations rouges, ce verre éclairé en lumière blanche nous apparaîtra rouge. Si on l'avait éclairé en lumière bleue ou verte il nous aurait semblé noir.

La couleur des corps opaques s'explique d'une façon analogue ; il se produit une sélection *par réflexion et par diffusion* entre les différentes radiations contenues dans la lumière incidente. La couleur d'un corps opaque dépend encore de sa nature et de la lumière incidente.

Si un corps opaque éclairé en lumière blanche paraît blanc, c'est qu'il renvoie toute la lumière ou qu'il absorbe également toutes les radiations; s'il paraît bleu, c'est qu'il absorbe les radiations rouges et jaunes; s'il paraît noir, c'est qu'il absorbe complètement toutes les radiations. Il est du reste évident qu'*éclairé en lumière blanche un corps a une couleur complémentaire de celle qui proviendrait de la superposition des radiations absorbées*.

78. Propriétés de la lumière solaire. Spectre infra rouge et spectre ultra violet. — Chacun sait que la lumière et particulièrement la lumière solaire est toujours accompagnée de chaleur. Qu'est devenue cette chaleur lorsqu'on a dispersé la lumière au moyen d'un prisme?

Si nous promenons un thermomètre très sensible dans l'espace occupé par le spectre solaire, nous constatons que la température s'élève graduellement lorsqu'on passe du violet au rouge. Si l'on a produit la dispersion au moyen d'un prisme de *sel gemme*, on constate que, *au delà du rouge*, dans l'espace obscur, le thermomètre accuse encore une élévation de température et cela jusqu'à une certaine distance au delà du rouge.

Nous devons conclure de cette expérience que *les radiations calorifiques sont dispersées par le prisme aussi bien que les radiations lumineuses et que la plupart sont des radiations obscures et moins réfrangibles que toutes les autres.*

L'ensemble des radiations calorifiques constitue, après la dispersion, un *spectre calorifique* continu qui ne coïncide pas avec le spectre lumineux. On donne le nom de *spectre infra-rouge* à la région de ce spectre qui se trouve dans la partie obscure, au delà du rouge.

L'étendue du spectre infra-rouge dépend beaucoup de la nature du prisme qui nous a servi à faire l'expérience. Cela tient à ce que les substances les plus transparentes à la lumière absorbent une très notable partie de la chaleur qui accompagne la lumière solaire. Cette proportion de chaleur absorbée est encore plus grande avec les sources artificielles de lumière. Le *sel gemme* est la substance qui absorbe le moins les radiations calorifiques, d'où son emploi dans l'étude de l'infra-rouge.

La lumière blanche ne possède pas uniquement des propriétés calorifiques, on sait que certaines combinaisons chimiques se produisent sous l'action de la lumière : c'est le cas de la formation d'acide chlorhydrique à partir du chlore et de l'hydrogène.

Inversement la lumière peut produire des décompositions comme celle du *chlorure d'argent* qui noircit à la lumière, par suite de la formation d'argent pulvérulent.

En recevant le spectre sur un écran formé d'une feuille imprégnée de chlorure d'argent, on constate que la feuille noircit au bout de quelques minutes.

Dans la région rouge, le papier reste intact, puis le noircissement, presque imperceptible jusqu'au vert, augmente d'intensité dans les régions bleues et violettes.

Si l'on a eu soin d'employer un prisme de *quartz*, on s'aperçoit que le maximum de décomposition a lieu dans la région obscure située au *delà du violet* et que cette décomposition se continue assez loin.

Il en résulte que *le prisme disperse les radiations chimiques dont la plupart sont obscures et plus réfrangibles que toutes les autres radiations.*

La partie invisible du spectre chimique, située au delà du violet, s'appelle *spectre ultra-violet.*

L'étendue de l'ultra-violet dépend de la nature du prisme, elle est maximum avec un prisme en quartz.

On peut également mettre en évidence le spectre chimique au moyen de *substances fluorescentes* (platinocyanure de baryum, solution de fluorescéine). De telles substances placées dans la partie ultra-violette du spectre, deviennent lumineuses.

Remarque. — Les corps solides et liquides incandescents, qui donnent des spectres lumineux continus, donnent aussi des spectres calorifiques et chimiques continus.

Au contraire, les vapeurs métalliques incandescentes fournissent des spectres chimiques et calorifiques discontinus comme le spectre visible. On a, par exemple, des raies ultraviolettes qu'on peut mettre en évidence au moyen du chlorure d'argent ou de substances fluorescentes.

79. Identité des trois radiations. — L'expérience vient de nous montrer qu'une lumière blanche donne lieu à trois spectres (*lumineux*, *calorifique*, et *chimique*) de positions et d'étendues très différentes, les trois maximums étant assez éloignés les uns des autres.

Il y a lieu de rechercher si ces propriétés différentes sont dues à des radiations différentes ou sont les propriétés diverses d'une seule et même radiation.

L'expérience suivante va nous montrer qu'il y a identité entre les trois radiations.

Plaçons devant la fente F (fig. 70) un fil de platine dont nous élèverons progressivement la température et étudions les diverses propriétés du spectre produit sur l'écran E.

Lorsque le fil est chaud, mais encore sombre, le spectre se compose uniquement de radiations obscures peu réfrangibles (infra-rouge) : on a affaire a de la *chaleur rayonnante*.

Au fur et à mesure que la température s'élève, apparaissent dans le spectre, des radiations de plus en plus réfrangibles, les rouges d'abord, puis les jaunes etc.

Si l'on s'arrête de chauffer à un moment quelconque, par exemple au moment où le jaune apparaît, on constate que, au delà du jaune, où il n'y a pas de lumière, il n'y a ni radiations calorifiques, ni radiations chimiques. Les propriétés qui existent simultanément dans une région déterminée du spectre, prennent donc aussi naissance simultanément.

IV. — PHOTOGRAPHIE

80. Opération fondamentale de la photographie. — Nous venons de voir que la lumière pouvait produire des décompositions chimiques. En photographie on utilise cette propriété pour fixer les images réelles fournies par les lentilles. Il y aura donc, en principe, trois séries d'opérations.

1° Formation d'une image réelle, nette et bien éclairée, sur une plaque sensible à l'action de la lumière. C'est le but de *l'appareil photographique.*

2° Manipulations chimiques effectuées sur la plaque, de manière à rendre durable la transformation qu'elle a subie; on obtient ainsi un cliché. C'est le *développement* de la plaque.

3° Utilisation du cliché pour obtenir un nombre d'épreuves aussi grand que l'on veut. C'est le *tirage des épreuves.*

81. Appareil photographique. — La plaque sensible, fabriquée et conservée à l'abri de la lumière, est placée dans la *chambre noire photographique.*

Cette chambre est formée par une boîte parallélépipédique

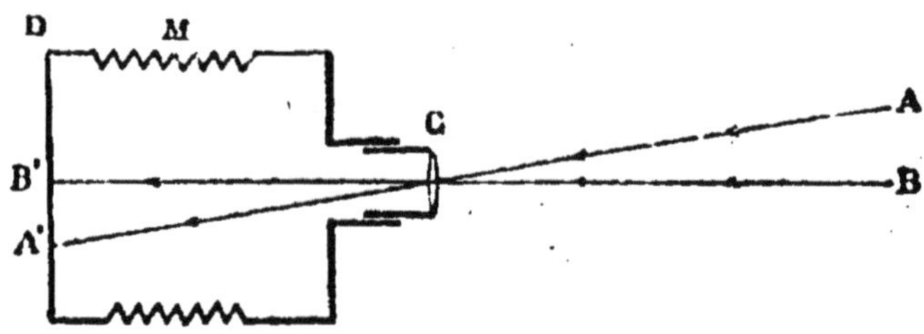

Fig. 77. — Chambre noire à tirage.

opaque; elle porte sur la face antérieure l'*objectif* (lentille ou système de lentilles convergentes) masqué par un obturateur; la face postérieure est constituée tantôt par une plaque de verre dépoli, tantôt par un *chassis* contenant la plaque et l'abritant de toute lumière.

Selon les cas, l'objectif ou la face postérieure de la chambre peuvent se déplacer l'un par rapport à l'autre. De cette façon on peut toujours *mettre au point* l'image de l'objet qu'on désire photographier, en utilisant le verre dépoli.

Lorsque la mise au point est bonne, on remplace le verre dépoli par un chassis et on obture l'objectif. Puis ayant enlevé le volet du chassis, on démasque l'objectif pendant un temps variable et on referme le chassis. Le *temps de pose* varie avec l'éclairement du sujet, avec la clarté de l'objectif et avec la sensibilité de la plaque. Souvent, au moyen d'un obturateur spécial, on peut faire des *photographies instantanées.*

82. Objectif photographique. — La partie la plus importante et en général la plus coûteuse d'un bon appareil photographique est son objectif. Des qualités de cet objectif dépendent, et la netteté des photographies, et la possibilité de prendre des instantanés rapides.

Si l'on n'avait à s'occuper que de la netteté dans la photographie, une simple chambre noire à trou (5) suffirait. Mais dans ce cas, l'ouver-

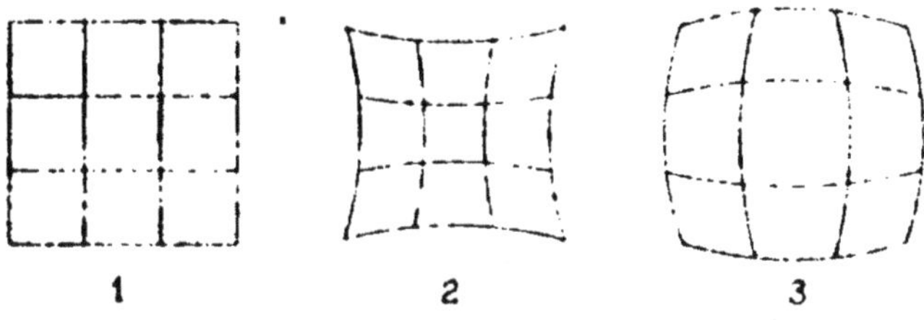

Fig. 78. — Distorsion produite par un objectif ordinaire.

1, objet quadrillé. — 2, distorsion en croissant. — 3, distorsion en barillet.

ture devant être très étroite, on serait obligé de poser très longtemps, ce qui est souvent impossible.

On est donc conduit à employer une grande ouverture et une lentille. Mais les lentilles ordinaires ont de graves défauts, car la théorie que nous avons étudiée ne s'applique qu'aux lentilles minces.

1° *L'aberration de sphéricité.* — L'image d'un point n'est pas un point, car les rayons centraux ne vont pas se couper au même point que les rayons arrivant sur les bords. Une lntille donne donc une image floue. On y remédie à l'aide d'un *diaphragme* qui ne laisse passer que les rayons centraux.

2° *La courbure et la distorsion.* — Une lentille munie de son diaphragme donne des images nettes, mais si l'objet est plan et formé de droites parallèles, son image est courbe et les droites sont transformées en des courbes qui sont en forme de *croissant* ou de *barillet*, selon que le diaphragme est placé derrière ou devant la lentille (fig. 78).

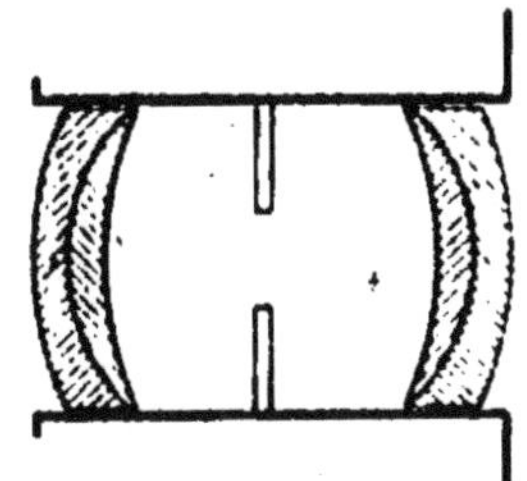

Fig. 79. — Objectif photographique, achromatique, rectilinéaire.

3° *L'aberration chromatique.* — De même qu'un rayon de lumière blanche tombant sur un prisme donne à la sortie une infinité de rayons colorés, de même un objet placé devant une lentille quelconque a une infinité d'images colorées qui sont très rapprochées, ce qui a pour effet de donner une image résultante blanche mais irisée sur les bords. On corrige ce défaut à l'aide d'une lentille *achromatique* formée d'une *lentille biconvexe en crown* accolée à *un ménisque divergent en flint* (71).

En résumé, pour avoir un bon objectif *achromatique*, *rectilinéaire* (c'est-à-dire ne présentant pas de distorsion), on place le diaphragme entre deux systèmes achromatiques bien symétriques. La distorsion changeant de sens quand le diaphragme passe d'arrière en avant, on comprend que les distorsions sont de sens contraires pour les deux systèmes de lentilles et s'annulent (fig. 79).

83. Développement du cliché. — Les plaques sensibles, utilisées en photographie sont en général des plaques de verre imprégnées d'un mélange de gélatine et d'*un sel d'argent sensible à la lumière*. Actuellement on emploie beaucoup les plaques au *gélatino-bromure d'argent*. La gélatine sert de support.

La plaque, ayant subi l'action de la lumière dans un appareil photographique, est portée avec son chassis dans un laboratoire éclairé en *lumière rouge* [1] (chambre noire).

La décomposition de cette plaque n'est pas sensible à la vue : elle est à peine commencée. Pour la *développer*, il faut la plonger dans un liquide *révélateur* [2].

Les révélateurs sont des liquides qui possèdent la propriété de *réduire le bromure d'argent à l'état d'argent métallique pulvérulent*, lorsque ce sel a été impressionné par la lumière : le révélateur continue l'action commencée par la lumière. La réduction en un point se fait d'autant plus rapidement et d'autant plus profondément que ce point a été plus éclairé. Ceci explique pourquoi, en développant, on voit apparaître sur la plaque des plages noires aux endroits de l'image qui correspondent aux parties bien éclairées de l'objet : ces plages noires sont constituées par de l'argent pulvérulent. Les plages blanches, au contraire, qui correspondent aux parties sombres de l'objet, sont constituées par du bromure d'argent non réduit.

On a donc sur la plaque une image dont les nuances sont inverses de celles de l'objet : c'est une *épreuve négative*.

La plaque une fois développée, si on la sortait à la lumière, deviendrait uniformément noire : elle serait voilée. Il faut donc, avant de la sortir du cabinet noir, éliminer le *bromure d'argent* non réduit. A cet effet on la plonge pendant dix

---

1. Nous savons que la lumière rouge n'a pas de propriétés chimiques.

2. Les révélateurs sont des solutions de corps organiques tels que : *l'acide pyrogallique, l'hydroquinone*, le *diamidophénol*. On y ajoute aussi quelques sels minéraux : *carbonate de soude, sulfite de soude*.

minutes dans une solution d'*hyposulfite de soude* qui dissout le bromure non décomposé. Le cliché est *fixé*.

84. Tirage des épreuves. — Le cliché une fois fixé est lavé à grande eau, puis séché. On peut alors tirer autant d'épreuves positives que l'on veut. À cet effet on se sert en général de papier sensible qui peut être un papier au *bromure d'argent*.

La feuille de papier sensible est posée dans le cabinet noir sur la gélatine du cliché et le contact est assuré au moyen d'un *chassis-presse*. On expose un temps très court à l'action de la lumière, puis on fait subir à la feuille impressionnée les opérations déjà subies par la plaque (développement et fixage).

Il est bien évident qu'aux parties sombres de la plaque correspondent des parties blanches du papier et réciproquement ; on a maintenant une épreuve *positive* présentant les mêmes nuances que l'objet.

Ce papier au bromure est rapide, mais on lui préfère quelquefois un papier moins sensible au *lactate d'argent* qui peut se tirer sans faire usage du cabinet noir ; le papier est exposé à la lumière du jour au contact du cliché pendant un temps assez long : l'image se développe seule reproduisant les clairs et les ombres de l'objet. Lorsqu'elle est assez tirée, on la met dans un bain de *virage-fixage,* qui contient du *chlorure* d'or et de l'*hyposulfite de soude*. L'hyposulfite seul fixerait le positif en lui donnant une teinte jaune désagréable ; le chlorure d'or est destiné à faire virer cette teinte.

Après un lavage d'une heure à l'eau courante, la photographie est terminée.

85. Chronophotographie. Cinématographie. — La *chronophotographie* (mesure de la durée des mouvements, et étude de leurs particularités par la photographie) est due au docteur Marey. Elle a reçu de nos jours de nombreuses applications.

Le procédé consiste à prendre, d'un objet en mouvement, des photographies instantanées, à intervalles égaux, très rapprochés, et exactement connus. La vue de ces photographies successives indiquera ensuite, avec une précision absolue, les phases successives du mouvement, et permettra d'en mesurer la durée.

Une chambre noire photographique est munie d'un obturateur constitué par un disque percé d'ouvertures équidistantes. Un moteur convenable communique à ce disque un mouvement de rotation uniforme et assez rapide, de telle sorte que l'admission de la lumière dans la chambre noire se fasse dans des temps extrêmement courts, et à des intervalles bien réguliers. Il y aura, par exemple, quinze admissions par seconde, chacune d'entre elles durant un centième de seconde.

Au foyer de la chambre noire se déroule une bande pelliculaire sensible. Le mouvement de cette pellicule, réglé par le moteur qu'actionne l'obturateur, est tel que cette bande reste immobile au fond de la chambre noire au moment précis où a lieu l'admission de la lumière et pendant toute la durée de celle-ci, et qu'elle se déroule ensuite de façon à mettre en place, pour l'admission suivante, une région sensible nouvelle de la bande.

Si l'objet à photographier se déplace par rapport à l'objectif, comme cela a lieu pour une personne qui marche, ou pour un cheval au galop, il faut, bien entendu, que la chambre noire soit portée de telle façon qu'on puisse la faire tourner sur elle-même pour que l'image se forme toujours sur la pellicule sensible.

Cette *analyse* si curieuse des mouvements par la photographie peut être complétée par la *synthèse,* basée sur la persistance des impressions lumineuses.

Supposons qu'on ait tiré, des divers négatifs échelonnés sur la pellicule de gélatine, une épreuve positive sur une bande de pellicule transparente, et qu'on projette successivement les images positives sur un écran, à l'aide d'une lanterne de projection. Le spectateur verra, avec l'agrandissement que comporte la lanterne. toute la série des positions successives de l'objet en mouvement. Et si ces images se succèdent sur l'écran à des intervalles assez rapprochés (un quinzième de seconde, par exemple), il résultera de cette rapide succession une image synthétique qui montrera l'objet d'une *manière continue,* avec le mouvement qu'il avait dans la réalité.

C'est le principe du *cinématographe.*

DEUXIÈME PARTIE

ACOUSTIQUE

CHAPITRE PREMIER

NATURE ET PROPAGATION DU SON

86. Le son est dû à un mouvement vibratoire. —
On appelle *acoustique* l'étude particulière des *sons*, le *son*
étant une impression produite sur l'oreille.

Tendons un fil d'acier entre deux points fixes A et B, écartons-le de sa position d'équilibre et abandonnons-le à lui-même : il rend un *son*. En même temps, le fil paraît renflé

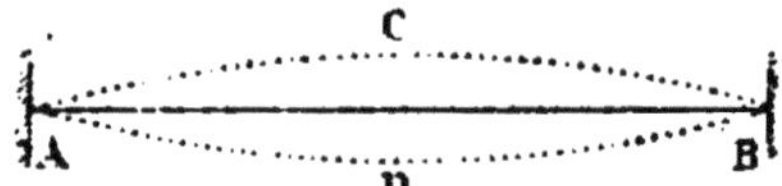

Fig. 80. — Vibration d'une corde tendue AB.

vers le milieu (fig. 80) ; tout corps léger amené à son contact
se met à danser. Si on en approche le doigt, on sent un
léger frémissement qui cesse en même temps que le son si
le contact est prolongé.

Le son semble donc lié intimement aux rapides *mouvements de va-et-vient* de la corde, à son *mouvement vibratoire*.

Examinons d'autres *corps sonores* et montrons que dans
tous les cas le son est produit par le mouvement.

Fixons dans un étau à main une lame d'acier AB (fig. 81),
déplaçons l'extrémité B jusqu'en B' et abandonnons la lame à
elle-même. La lame se met à exécuter des mouvements de
va-et-vient autour de sa position d'équilibre et si elle est
assez courte, on entend en même temps un son.

Un verre en cristal rend un son quand on le frappe. Il en est de même d'une cloche en verre, d'un timbre métallique, d'un diapason. Si l'on approche l'extrémité d'un petit fil à plomb[1] de ces différents corps, la petite balle se trouve pro-

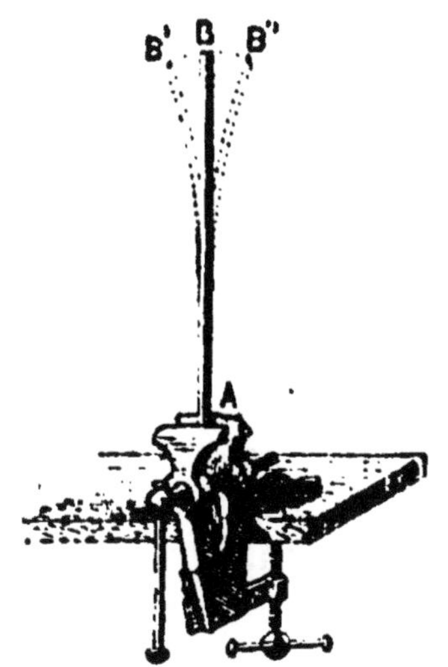

Fig. 81. — Vibration d'une lame
d'acier AB.

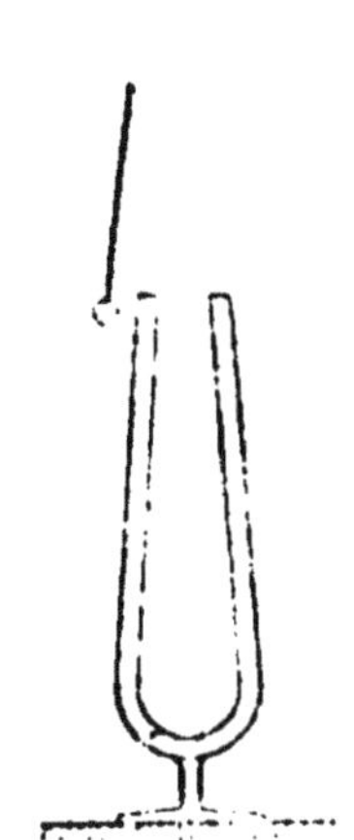

Fig. 82. — Vibration d'un
diapason.

jetée un grand nombre de fois, et cela tant que le son dure (fig. 82).

Prenons enfin un *tuyau sonore*, tel qu'il y en a dans les *orgues* et plaçons-le verticalement sur une soufflerie. Dès qu'on fait arriver de l'air par l'embouchure, le tuyau rend un son. Un petit pendule acoustique approché des parois du tuyau ne bouge pas, le son n'est donc pas produit par le mouvement du tuyau. Mais si nous descendons à l'intérieur du tuyau, un petit tambour bouché par une mince membrane de caoutchouc sur laquelle on a placé du sable fin, nous voyons immédiatement les grains de sable s'agiter. *L'air contenu dans le tuyau est donc en mouvement.*

---

1. Pour mettre en évidence le mouvement des corps sonores, on emploie souvent une petite balle de sureau fixée à l'extrémité d'un fil. A ce léger fil à plomb, on donne souvent le nom de *pendule acoustique.*

En résumé, ces diverses expériences nous conduisent à conclure que *le son est dû au mouvement vibratoire du corps sonore* (solide, liquide ou gaz); si ce mouvement passe souvent inaperçu, c'est qu'il est *petit* et *rapide*. Proposons-nous d'étudier la nature de ces petits mouvements.

87. Enregistrement d'un mouvement vibratoire.

— La rapidité des mouvements vibratoires qui produisent des sons est telle que l'œil est impuissant à les *analyser*. Si l'on veut, par exemple, avoir des renseignements précis sur la *durée* et la *grandeur* des mouvements de va-et-vient des branches d'un diapason, l'observation directe est insuffisante : on a en général recours à l'*inscription du mouvement* par le corps lui-même.

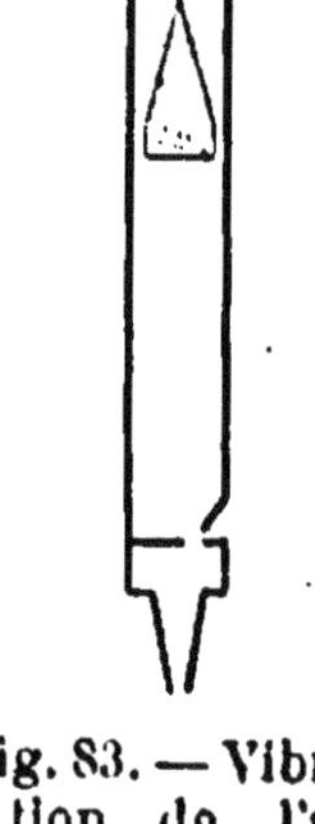

Fig. 83. — Vibration de l'air d'un tuyau.

Prenons pour simplifier une tige d'acier dont l'une des extrémités est fixée en A dans un étau; proposons-nous d'inscrire les mouvements qu'elle effectue sous l'action de son élasticité, lorsqu'on l'écarte de sa position d'équilibre. A cet effet fixons à l'extrémité B de la tige un poil de brosse BC, à l'aide d'une

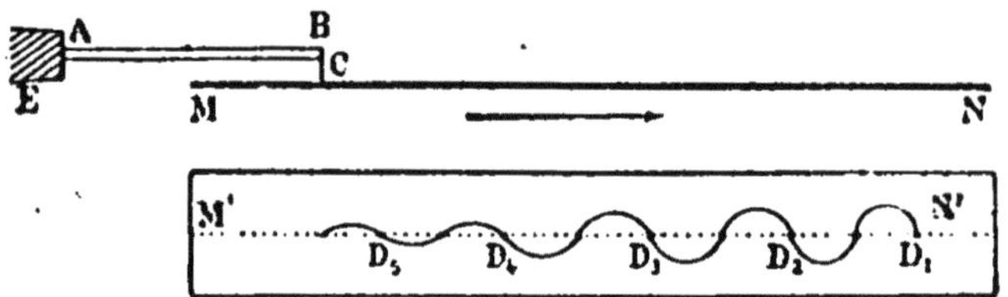

Fig. 84. — Principe de l'inscripteur graphique.

goutte de cire, et amenons au-dessous de ce *stylet* inscripteur, en léger contact avec lui, une *plaque de verre MN noircie* par une bougie.

Si la tige est mise en mouvement, la plaque restant immobile, le stylet trace sur cette dernière une petite ligne de quelques millimètres en repassant constamment aux mêmes points. Mais si nous communiquons à la plaque de verre un déplacement de vitesse constante perpendiculairement aux déplacements du stylet, ce dernier trace sur le verre fumé une ligne sinueuse $(D_1D_2D_3)$.

Cette courbe nous donne à chaque instant la position de la tige si l'on connaît la vitesse du déplacement de la plaque de verre. Soit, en effet, un point P de la courbe agrandie (fig. 86); abaissons de ce point la perpendiculaire Pp sur la droite Ox, droite qui serait tracée sur la plaque par le stylo immobile.

La distance Op est proportionnelle au temps qui s'est écoulé entre le début du phénomène et l'arrivée du style en P ; quant à l'*ordonnée* Pp elle représente l'écart que fait la tige avec sa position d'équilibre à l'instant t. Cet écart se nomme l'*élongation* au temps t considéré.

Cylindre enregistreur. — L'appareil que nous venons de décrire n'est pas facile à réaliser. On arrive plus facilement

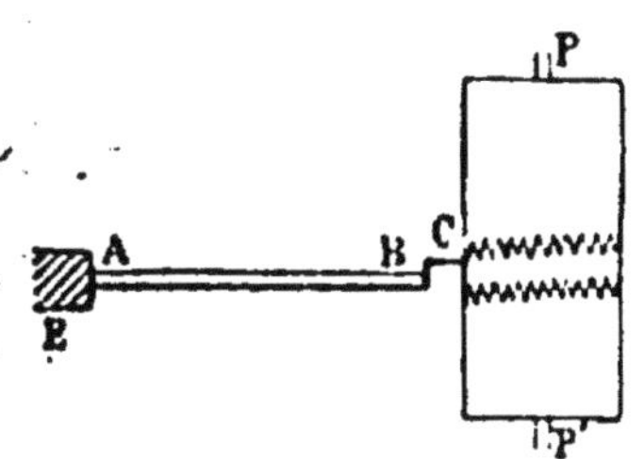

Fig. 85. — Inscripteur cylindrique. Le cylindre a un mouvement uniforme de rotation autour de l'axe PP', qui se déplace lui-même lentement, de bas en haut.

à obtenir le mouvement uniforme de rotation d'un cylindre et ce mouvement a l'avantage de pouvoir durer un temps aussi long que l'on veut.

Aussi un appareil enregistreur est-il en général constitué par un cylindre recouvert d'une feuille de papier enfumé ; la tige d'acier ou la branche du diapason dont on veut enregistrer le mouvement sont munies d'un style et placées de telle façon que le mouvement du style soit parallèle à l'axe du cylindre. A chaque instant, le mouvement est donc, comme dans le cas de la plaque de verre, perpendiculaire au déplacement du cylindre. De plus, l'axe du cylindre est fileté à sa partie supérieure et s'engage dans un écrou.

Une manivelle M mue à la main, ou mieux un mouvement d'horlogerie, communique à ce cylindre un double mouvement de rotation et de progression dans le sens de l'axe. L'inscription se trace alors en spirale et le cylindre peut tourner plusieurs tours sans que les sinuosités se superposent.

L'enregistrement terminé, on fend la feuille de papier suivant une génératrice du cylindre et on la développe. La courbe (qu'elle soit produite par la tige ou le diapason) a la même forme que dans le cas précédent et elle renseigne encore, à chaque instant, sur la position du corps. Il nous reste à examiner les particularités de cette courbe.

88. Caractéristiques d'un mouvement vibratoire.

— Reprenons la courbe enregistrée par la tige d'acier. Au début du phénomène (temps zéro), le style est supposé dans la position d'équilibre O ; puis il se déplace vers la gauche, l'élongation croissant jusqu'en un certain point A_1 ; il revient

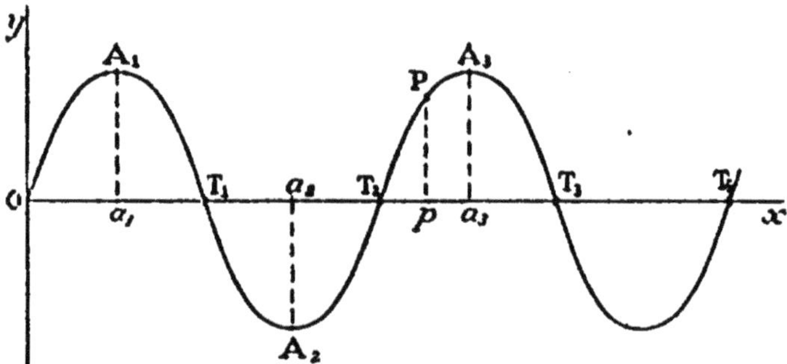

Fig. 86. — Courbe d'inscription agrandie.

ensuite vers sa position d'équilibre, qu'il atteint au bout d'un temps proportionnel au déplacement OT_1 de la plaque. Le style se déplace alors de la gauche vers la droite ; il atteint une élongation maximum A_2a_2, puis revient à sa position d'équilibre au bout d'un temps qui peut être représenté par OT_2. A ce moment, la tige métallique a effectué une allée et venue complète, revenant à sa position d'équilibre en se déplaçant dans le même sens : on dit que la tige a fait une *oscillation ou vibration complète*.

Le temps qu'elle a mis pour effectuer cette oscillation est représenté par OT_2. Les élongations maximum A_1a_1, A_2a_2 qu'elle a atteint, donnent l'*amplitude de la vibration*.

Après cette première oscillation, la tige en effectue une deuxième pendant un temps T_2T_4 avec une amplitude A_3a_3, puis une troisième, etc...

On constate du reste que les longueurs OT_2, T_2T_1, T_1T_3, etc., sont égales : *la durée d'une oscillation complète de la tige est donc toujours la même : On a un mouvement vibratoire périodique. La période de ce mouvement vibratoire est le temps qui s'écoule entre deux passages consécutifs de la tige à sa position d'équilibre et dans le même sens.*

Le temps qui s'écoule entre deux passages consécutifs et de sens contraire de la tige à sa position d'équilibre est égal à une *demi-période* $\left(OT_1 = \dfrac{OT_2}{2}\right)$.

Un mouvement vibratoire est d'abord caractérisé par sa *période*, durée d'une vibration complète. On utilise, plus souvent, comme caractère d'un mouvement vibratoire, la *fréquence* de ce mouvement : c'est le nombre N des vibrations complètes effectuées en une seconde. Comme la durée de chaque vibration est égale à T, la durée de N vibrations est égale à NT et si N représente la fréquence, on a évidemment,

$$NT = 1 \text{ d'où } N = \frac{1}{T}$$

Ainsi, la période du mouvement de la tige étant supposée égale à $\dfrac{1}{50}$ de seconde, sa *fréquence* est de 50, c'est-à-dire qu'elle effectue 50 vibrations par seconde.

Une autre grandeur caractéristique d'un mouvement vibratoire est l'écart maximum subi par le corps vibrant, écart compté à partir de sa position d'équilibre ; cet écart A_1a_1 (fig. 86) mesure l'*amplitude* du mouvement. S'il n'y avait pas de frottements et si la résistance de l'air était nulle, la tige vibrerait en gardant une amplitude constante ; mais à cause des frottements et de l'air, l'amplitude diminue de plus en plus : on dit que les vibrations s'amortissent [1]. Malgré cet amortissement, la période des vibrations reste toujours la même : on a un *mouvement périodique amorti.*

Ce que nous avons dit du mouvement de la tige d'acier, s'applique à tout corps solide qui émet un son (diapason, timbre, corde, etc...).

---

1. Cet amortissement de vibrations est exagéré sur la figure 84. En réalité si l'on prend quelques vibrations consécutives (4 ou 5), l'amplitude y est sensiblement constante.

Remarque. — Si nous augmentons la longueur de la lame vibrante (fig. 81) nous constatons que la fréquence du mouvement diminue ; à partir d'une certaine longueur le son a complètement disparu mais les oscillations périodiques n'en subsistent pas moins. Il faut donc en conclure qu'un mouvement périodique n'engendre un son perceptible que s'il a une fréquence suffisante (15 ou 16 vibrations par seconde).

En résumé : *un son est dû à un mouvement vibratoire périodique, de grande fréquence et de petite amplitude.*

89. Phonographe. — L'inscription graphique des vibrations sonores a été utilisée dans le phonographe pour permettre ensuite de reproduire le son primitif avec tous ses caractères.

Dans sa forme courante, le phonographe ressemble à un cylindre enregistreur. Le cylindre l'enregistrement est cons-

Fig. 87. — Principe du phonographe (cylindre et manchon.)

titué par un manchon cylindrique en cire qui s'adapte exactement sur un cylindre métallique M animé d'un mouvement uniforme de rotation autour de son axe AB, mouvement produit par un système d'horlogerie.

L'inscription graphique de la vibration se fait *dans l'épaisseur* même du manchon de cire, au moyen d'un organe appelé *enregistreur.* Il se compose d'une membrane vibrante A formée d'un cercle de verre très mince et fixée au fond d'une capsule d'ébonite B (fig. 88). Un style très court DD' est fixé au centre D' de la plaque de verre et est maintenu par une tige CD' qui le relie à la capsule. L'extrémité D de ce style, qui est un saphir et qui a la forme d'un burin, appuie constamment et assez fortement sur le manchon.

Le même moteur qui fait tourner le cylindre donne au système enregistreur un mouvement de progression dans le sens de l'axe. Si l'on met le moteur en mouvement, le burin D

va tracer dans la cire un sillon de profondeur constante, en
forme d'hélice.

Mais si l'on vient à produire un son devant l'embouchure E,
les vibrations se transmettent, par l'intermédiaire de l'air du
conduit E, à la lame de verre. Le burin vibre alors suivant
une direction perpendiculaire au manchon et produit un

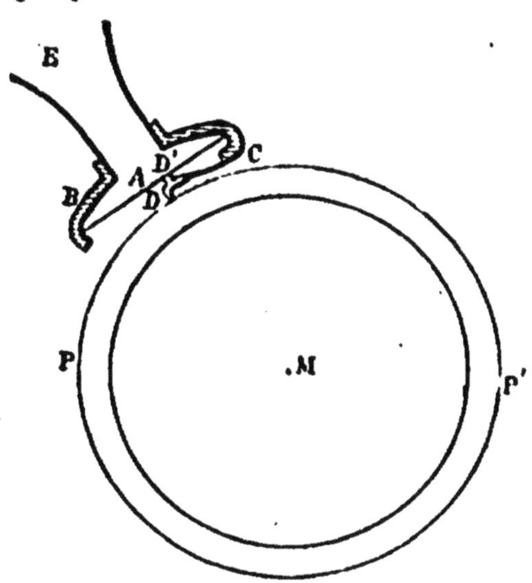

Fig. 88. — Enregistreur du phonographe.

sillon de profondeur variable. L'inscription de la vibration
s'est donc faite en profondeur, au lieu d'être faite sur la surface du cylindre comme précédemment (fig. 85).

L'inscription terminée, pour reproduire le son primitif
avec toutes ses particularités, il suffit de remplacer la capsule
A par une autre dont le style est constitué par une *pointe
mousse* en saphir. On adapte le pavillon au conduit qui part
du *diaphragme reproducteur* et après avoir ramené le cha-
riot au point de départ, on met en marche le mouvement
d'horlogerie. La pointe mousse suivant exactement les sinuosités du fond du sillon tracé par l'enregistreur, la membrane
est animée des mêmes vibrations que pendant l'inscription
et on entend les mêmes sons (chant, morceaux de musique, etc...).

On emploie également comme enregistreurs des disques
plans circulaires au lieu de cylindres.

II. — PROPAGATION DU SON

90. Nécessité d'un milieu élastique pour la propagation du son. — C'est ordinairement à travers l'air que se transmettent, jusqu'à la membrane du tympan, les vibrations des corps sonores. L'observation courante montre qu'elles mettent un temps appréciable pour arriver jusqu'à nous. Ainsi quand on regarde de loin tirer un coup de fusil, on voit la fumée avant d'entendre le son ; de même on voit la hache du bûcheron frapper un arbre avant d'entendre le bruit.

L'eau peut aussi nous transmettre les sons : un baigneur dont la tête est plongée sous l'eau entend très bien les bruits extérieurs. A travers les solides, le son se propage mieux encore : en appliquant l'oreille sur une table, on entend le bruit produit par les plus légers chocs à l'autre extrémité. De même en appliquant l'oreille contre le sol, on entend le roulement d'une voiture bien

Fig. 89. — Le son ne se transmet pas dans le vide.

m, marteau. — T, timbre.

avant de l'entendre dans l'air. Remarquons cependant que certains solides mous, tels que les tissus, le caoutchouc, la cire transmettent très mal les sons.

Ainsi les différents corps conduisent plus ou moins bien le son. Nous pouvons chercher si la propagation des vibrations sonores peut se faire dans le vide. Pour cela plaçons un timbre électrique entretenu par un mouvement d'horlorie, sous la cloche de la machine pneumatique et faisons le vide : nous constatons que le son paraît de plus en plus affaibli et qu'il s'éteint même complètement si le timbre est isolé au moyen d'une substance mauvaise conductrice du son (caoutchouc par exemple). Si nous laissons rentrer l'air ou un autre gaz dans la cloche, le son est de nouveau entendu. Ainsi *le son ne se propage pas dans le vide.*

91. État vibratoire du milieu de propagation. — Le milieu pondérable qui doit être interposé entre le corps et l'oreille pour que le son soit transmis, entre lui-même en vibration. L'observation courante montre par exemple que le bruit du canon ou du tonnerre ébranle les vitres des maisons, qu'un cri un peu fort produit dans le voisinage d'un piano en ébranle les cordes. L'expérience suivante s'explique de la même manière : on place dans une position verticale une membrane tendue sur un cadre rigide (fig. 90) ; sur cette membrane s'appuie légèrement un petit fil à plomb. Quand un diapason résonne dans le voisinage de la membrane, le fil à plomb se met en mouvement.

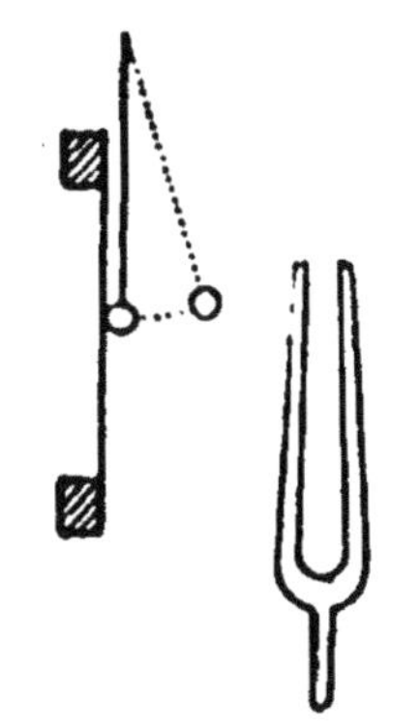

Fig. 90. — Les vibrations de l'air se communiquent à une membrane tendue.

Le mouvement vibratoire de l'air à travers lequel se propage un son peut être mis en évidence aussi au moyen de *flammes sensibles* obtenues en enflammant le gaz à l'orifice de tubes effilés. Si l'on produit un son dans le voisinage, les flammes qui sont allongées et très étroites s'abaissent immédiatement. Si plusieurs sons se succèdent le mouvement est répété chaque fois. Si ces flammes étaient très éloignées l'une de l'autre, on pourrait constater que leurs mouvements ne se font pas au même instant, mais qu'ils sont séparés par un intervalle de temps d'autant plus grand que les flammes sont plus éloignées l'une de l'autre, ce qui montre que le son met un certain temps pour traverser l'espace qui les sépare. Étudions la nature de ce mouvment et le mécanisme de la propagation.

92. Vitesse de propagation du son dans l'air. — *Le son se propage d'un mouvement uniforme.* Supposons qu'un observateur situé à 1 kilomètre d'un endroit où l'on tire un coup de canon, entende le bruit t secondes après qu'il est produit. L'expérience montre que des observateurs placés à 2, 3, 4 ... kilomètres entendent le même son au bout de $2t$, $3t$, $4t$ ... secondes.

En d'autres termes, on constate que la distante devenant 2, 3, 4, ... fois plus grande, la durée de la propagation devient aussi 2, 3, 4, ... fois plus grande, le son se propage donc d'un mouvement uniforme. On appelle vitesse de propagation l'espace qu'il parcourt en une seconde.

Mesure de la vitesse de propagation. — Les expériences de mesure de cette vitesse s'appuient sur la remarque suivante : la vitesse de propagation de la lumière étant excessivement grande (300 000 kilomètres par seconde), on peut admettre que la lumière se propage instantanément. Il en résulte que si en un point A on produit simultanément un phénomène lumineux et un son, le temps qui s'écoule entre les deux perceptions éprouvées par un observateur placé en B est le temps mis par le son pour parcourir la distance AB.

Les premières mesures directes de la vitesse de propagation du son dans l'air remontent au xvii* siècle.

Mais les expériences réellement précises datent seulement de 1822; elles furent faites par une commission dans laquelle se trouvaient Arago, Gay-Lussac et de Humboldt.

On opéra entre les collines de *Villejuif* et de *Montléry*, près de Paris ; ces deux stations étaient à une distance l'une de l'autre voisine de 19 kilomètres.

À chaque station était un canon. On opéra la nuit, au moment où l'air est plus calme. Quand un coup de canon était tiré de Villejuif, les opérateurs de Montléry voyaient *instantanément* une lueur provenant de la combustion de la poudre; ils entendaient le son à peu près 55 secondes plus tard.

On tirait alternativement un coup de canon de Villejuif, et un de Montléry.

La nuit où furent faites ces expériences, la température était de 15°9, et on trouva comme vitesse moyenne de toutes les expériences 340^m,9.

D'autres expériences de mesure furent faites, par un grand nombre d'opérateurs, dans des conditions telles qu'on pouvait faire varier la température, la pression et la nature du gaz.

Citons en particulier celles de Regnault, réalisées en 1862. Ce physicien mesurait la vitesse de propagation de l'air dans des tuyaux de grande longueur destinés à la conduite du gaz d'éclairage à Paris. A l'une des extrémités était tiré un coup de pistolet; à l'autre extrémité une membrane de caoutchouc tendue vibrait quand le mouvement lui arrivait. Le départ et l'arrivée de ce mouvement étaient d'ailleurs inscrits automatiquement sur un cylindre enregistreur, ce qui permettait de mesurer exactement la durée de propagation du mouvement. C'est sur le même principe que des expériences furent faites plus récemment avec d'autres gaz que l'air.

Résultats des expériences. — Voici les conclusions principales :

1° La vitesse de propagation d'une vibration dans l'air et dans les différents gaz est constante, c'est-à-dire que le mouvement de propagation est uniforme.

2° La vitesse du son dans l'air, à la température de 0°, est égale à $330^m,7$.

3° Cette vitesse augmente avec la température ; à $t°$ elle est égale à $330^m,7 \times \sqrt{1 + \alpha t}$, α étant le coefficient de dilatation des gaz $\left(\alpha = \frac{1}{273} \right)$.

4° Elle est indépendante de l'intensité du son et de sa période. Nous savons en effet qu'un morceau de musique n'est pas altéré par la distance ; tous les sons, graves ou aigus, forts ou faibles, ont donc mis le même temps pour franchir la même distance.

5° Elle est indépendante de la pression atmosphérique.

6° La vitesse de propagation du son dans les gaz simples et dans leurs mélanges varie en raison inverse de la racine carrée de leurs densités.

Ainsi la densité de l'oxygène étant 16 fois plus grande que celle de l'hydrogène, la vitesse de propagation du son est fois plus faible dans l'oxygène que dans l'hydrogène.

93. Vitesse de propagation du son dans les liquides.

Les sons se propagent beaucoup plus vite dans les liquides et dans les solides que dans les gaz.

l'eau est le seul liquide sur lequel on ait fait des mesures expérimentales précises. En 1827, Colladon et Sturm mesurèrent la vitesse de propagation du son dans l'eau du lac de Genève.

Deux bateaux étaient amarrés à 13.487 mètres l'un de l'autre. Le premier portait une grosse cloche, immergée dans l'eau ; le second un grand cornet acoustique, également plongé dans l'eau. Ce cornet acoustique était formé d'un pavillon fermé par une membrane tendue A, et d'un tuyau B dont l'extrémité C, située hors de l'eau, était introduite dans l'oreille de l'observateur.

On opérait la nuit. Un coup de marteau était donné sur la cloche. Le marteau était manœuvré par un levier dont le mouvement déterminait l'inflammation d'un tas de poudre

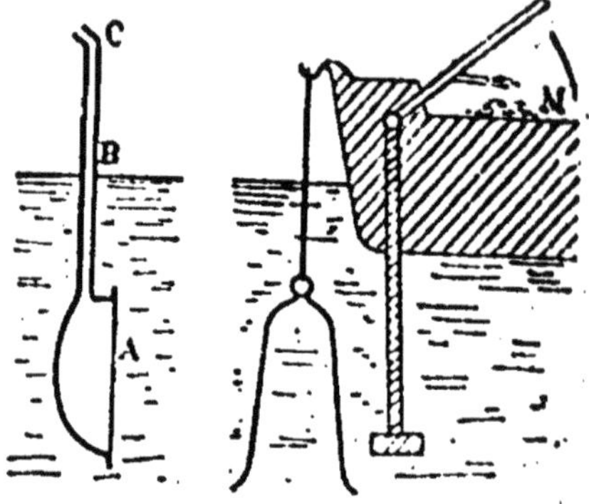

Fig. 91. — Cornet acoustique et cloche de l'expérience de Colladon et Sturm.

M, au moment précis où le marteau frappait la cloche.

Quand un coup de marteau était frappé au premier bateau, l'observateur du second voyait la lueur résultant de la combustion de la poudre, et entendait ensuite le son, quelques secondes plus tard. Il mesurait au chronomètre l'intervalle compris entre la vue de la lueur et l'arrivée du son.

Connaissant la distance des deux bateaux, on en déduisait la vitesse de propagation du son dans l'eau. On trouve ainsi 1.435 mètres par seconde à la température de 8°.

94. Vitesse de propagation du son dans les solides.

— Dans les solides, la vitesse de propagation est plus grande encore. Les expériences réalisées par Biot ont permis de mesurer cette vitesse dans la fonte. Il utilisa à cet effet les tuyaux de conduite d'eau qu'on installait entre Arcueil et Paris pour amener l'eau de la Vanne. A l'extrémité d'un tuyau mesurant 951^m,25, on frappait sur un timbre. A l'autre extrémité un observateur percevait successivement deux sons à 2^s,5 d'intervalle, le premier était transmis par la fonte, le 2e transmis par l'air du tuyau. Les résultats trouvés pour l'air permettent de connaître le temps mis par le son pour parcourir l'air du tuyau; il est égal à :

$$\frac{1^s \times 951,25}{340}$$

Le son transmis par la fonte est arrivé 2^s,5 plus tôt: il a donc mis :

$$\frac{1^s \times 951,25}{340} - 2^s,5$$

Il en résulte que la vitesse de propagation du son dans la fonte est :

$$\frac{951,25}{\dfrac{951,25}{340} - 2,5} = 3,200 \text{ m. environ}$$

95. Mécanisme de la propagation du son. — Nous savons que le son est tranmis, du corps sonore à l'oreille, par l'intermédiaire d'un milieu qui est généralement l'air. Nous allons donner une idée du mécanisme de cette propagation.

L'idée la plus simple d'un transport de matière du corps sonore à l'oreille doit être écartée, l'arrivée des sons se faisant sans déplacement d'air et n'étant pas empêchée par l'interposition d'un écran.

Mais nous avons montré que *le son est dû au mouvement vibratoire d'un corps, propagé par un milieu élastique*. Pour nous rendre compte de la nature de ce phénomène de propagation du son, il est donc naturel de chercher d'abord comment se propage un ébranlement unique à travers un milieu ou une suite de milieux élastiques visibles.

Suspendons à un support horizontal des billes d'ivoire de façon qu'elles soient en contact et que les fils de suspension soient verticaux; écartons la première bille A de sa position d'équilibre et laissons-la retomber, nous voyons la dernière A' seule s'écarter de sa position d'équilibre, comme si elle recevait directement le choc de la première, puis retomber. La première s'écarte de nouveau, retombe sur la deuxième et ainsi de suite, la hauteur à laquelle s'élèvent les deux billes allant progressivement en diminuant. Ainsi le mouvement s'est transmis le long de la rangée de billes; la deuxième recevant le choc de la première ne pouvait s'écarter parce qu'elle était arrêtée par la troisième, elle s'est seulement comprimée, la diminution de volume étant évidemment très faible. Puis à cause de son élasticité, elle a repris son volume initial en repoussant la troisième bille qui s'est comprimée à son tour, transmettant ainsi le choc à la suivante. La dernière seule a pu obéir à l'impulsion reçue puisque rien ne s'opposait à son déplacement.

Les particules élastiques des différents corps peuvent jouer le même rôle que les billes d'ivoire et par suite un ébranlement se transmettre par un mécanisme

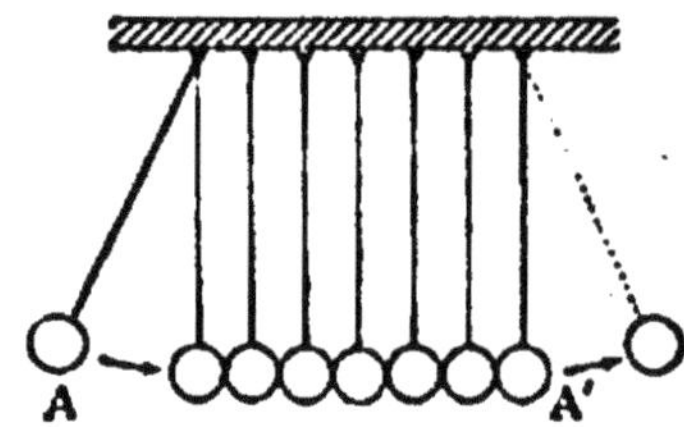

Fig. 92. — Propagation d'un choc.

analogue au précédent. Considérons par exemple un tuyau cylindrique très long, plein d'air et fermé à une extrémité par un piston mobile A. Déplaçons très rapidement le piston vers l'intérieur de A en A' (fig. 93). La tranche d'air en contact avec le piston est comprimée, et comme elle est élastique, elle reprend ensuite son volume primitif en comprimant la tranche suivante comme pour les billes d'ivoire : la *compression* se transmet ainsi de proche en proche, inaltérée, avec une vitesse V qui dépend de la nature du fluide élastique contenu dans le tuyau, et qu'on nomme la *vitesse de propagation* de l'ébranlement. Dans le cas de l'air, cette vitesse est égale à 340 mètres par seconde.

Si nous déplaçons rapidement le piston en sens inverse, la tranche d'air qui touche le piston se dilate et, par un mécanisme analogue, *une dilatation se transmet dans le tuyau avec la même vitesse que la compression*. Dans les deux cas le mouvement s'est propagé par suite de l'élasticité du milieu, sans qu'il y ait transport de matière.

Communiquons alors au piston, non plus un ébranlement

unique, mais un mouvement vibratoire régulier entre les positions extrêmes A et A', la demi-période de ce mouvement étant par exemple $\frac{1}{100}$ de seconde.

La compression produite au début du déplacement se propage dans le tuyau avec une vitesse de 340 mètres à la seconde, mais elle est suivie immédiatement d'autres compressions provenant du déplacement progressif du piston. Au bout de $\frac{1}{100}$ de seconde, alors que le piston s'arrête en A', la première compression est arrivée à une distance de :

$$340 \text{ m.} \times \frac{1}{100} = 3^{\text{m}},40 ;$$

la dernière compression est encore en contact avec le piston. Il y a donc dans le tuyau une colonne d'air A' B, de $3^{\text{m}},40$ de long, dont toutes les tranches sont à une pression supérieure à la pression atmosphérique. Cette condensation qui se produit sur une longueur de $3^{\text{m}},40$ pendant un temps égal à une demi-période est appelée *demi-onde condensée*.

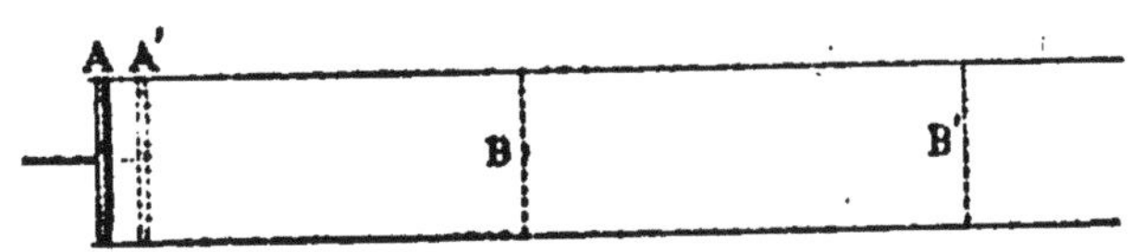

Fig. 93. — Propagation du son dans un tuyau.

Si le piston s'arrêtait en A', la demi-onde condensée A' B se propagerait sans altération, ni dans sa longueur, ni dans la distribution de ses pressions, avec une vitesse de 340 mètres à la seconde.

Mais le piston revient immédiatement en arrière et se déplace de A' vers A en $\frac{1}{100}$ de seconde. A la demi-onde condensée, succède une *demi-onde dilatée*, et quand le piston est revenu en A, la demi-onde condensée occupe la position BB' et la demi-onde dilatée la position AB.

L'ensemble de ces deux demi-ondes constitue une onde, laquelle est produite par une oscillation complète du piston.

La longueur AB', se nomme la *longueur d'onde*[1] ; elle mesure la longueur de l'onde et indique la distance à laquelle s'est propagée la compression initiale pendant la période du mouvement.

Cette longueur d'onde est égale ici à 6ᵐ,80, mais d'une façon générale, si l'on désigne par T la période du mouvement, par N la fréquence et par V la vitesse de propagation, on a :

$$\lambda = V \times T = \frac{V}{N}$$

Chaque vibration complète du piston donne lieu à une onde, ces ondes se déplaçant l'une à la suite de l'autre avec la même vitesse. Au bout d'un certain temps, tout l'air du tuyau est en mouvement. Chaque tranche d'air est successivement comprimée et dilatée et la dernière tranche du tuyau effectue les mêmes déplacements que la première, au bout d'un temps qui croît avec la longueur du tuyau.

Si nous supposons le piston remplacé par une lame vibrante ou par l'une des branches d'un diapason rendant un son déterminé, la dernière tranche du tuyau a, au bout d'un temps d'autant plus long que le tuyau est plus long, le même mouvement que le corps sonore. Si donc on place l'oreille à l'extrémité du tuyau, ce mouvement est transmis à la membrane du tympan et le son est perçu.

96. Propagation du son dans l'espace. — La propagation du son dans un milieu indéfini s'explique comme dans le cas d'un tuyau. Il suffit de supposer que le corps sonore est une petite sphère vibrante, tel qu'un ballon de caoutchouc, qui éprouve des augmentations et des diminutions de volume périodiques. La tranche sphérique d'air qui entoure le ballon transmet aux tranches voisines les condensations et les dilations successives. La vitesse de propagation étant la même dans toutes les directions, toutes les molécules d'air qui sont sur la même sphère ont à chaque instant le même mouvement vibratoire.

1. Deux tranches du tuyau dont la distance est égale à une longueur d'onde sont évidemment, à chaque instant, dans le même état vibratoire.

On a donc une série *d'ondes sphériques sonores*, formées de demi-ondes *condensées* et de *demi-ondes dilatées*, qui se propagent les unes à la suite des autres avec une vitesse de 340 mètres à la seconde.

On a une représentation matérielle d'un phénomène dans un plan, en considérant la formation d'ondes à la surface de l'eau. Sitôt qu'une pierre pénètre dans l'eau, des séries de cercles concentriques se forment autour du point frappé et paraissent s'éloigner du centre. En réalité il n'y a pas déplacement d'eau, pas plus qu'il n'y a déplacement d'air dans la propagation des ondes sonores. Un bouchon de liège jeté sur les rides se soulève et s'abaisse sans être entraîné.

Remarque I. — Il y a une différence à signaler entre les ondes sonores et les ondes liquides. Tandis que les dernières se propagent dans une direction horizontale, perpendiculaire à la direction du mouvement vibratoire, les premières se propagent dans le sens même de la vibration qui est le sens des rayons de la sphère vibrante. Pour différencier les deux phénomènes, on dit que les vibrations sonores sont *longitudinales* et que les vibrations des molécules d'eau sont *transversales*.

Remarque II. — Si l'on examine les rides circulaires produites à la surface de l'eau, on s'aperçoit que leur hauteur diminue lorsqu'elles s'éloignent du centre. Il en est de même pour les ondes sphériques sonores : à mesure que ces ondes s'éloignent de la source, l'amplitude du mouvement diminue et le son s'affaiblit. Au contraire dans un tuyau cylindrique, l'amplitude des vibrations reste constante ; il n'y a aucune déperdition du son.

97. Réflexion du son. — Nous avons vu que le mode de propagation du son dans l'air à partir d'un point était analogue au phénomène produit par une pierre tombant à la surface de l'eau : les ondes sonores sphériques jouent le rôle des rides circulaires.

Cette analogie se poursuit encore lorsqu'on arrête les ondes par un obstacle rigide.

Produisons en effet des ondes liquides dans un bassin rectangulaire ; lorsque ces ondes rencontrent le bord le plus procho, elles reviennent sur elles-mêmes en changeant de direction.

Elles forment encore des cercles concentriques, dont le centre serait en un point A′ symétrique du centre origine A par rapport au bord du bassin. On dit que ces ondes liquides se sont *réfléchies*.

Si nous considérons maintenant un corps sonore A, placé à une certaine distance d'un mur vertical dont la trace horizontale est KL (fig. 95), les ondes vibrantes se propagent dans l'air, autour de A, dans toutes les directions, avec une vitesse d'à peu près 340 mètres par seconde. Après leur arrivée sur l'obstacle, elles sont réfléchies, et se trouvent dans les mêmes conditions

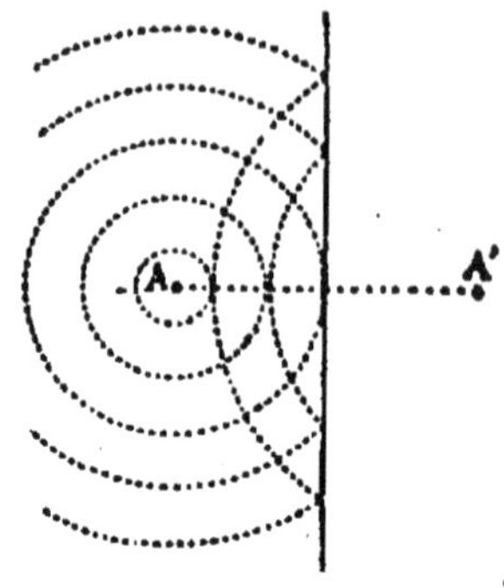

Fig. 94. — Réflexion d'un mouvement vibratoire.

que si elles provenaient du point A′, symétrique de A. Il y a dès lors dans l'espace deux systèmes d'ondes, qui se superposent, les *ondes directes*, provenant de A, et les *ondes réfléchies*, qui semblent provenir de A′.

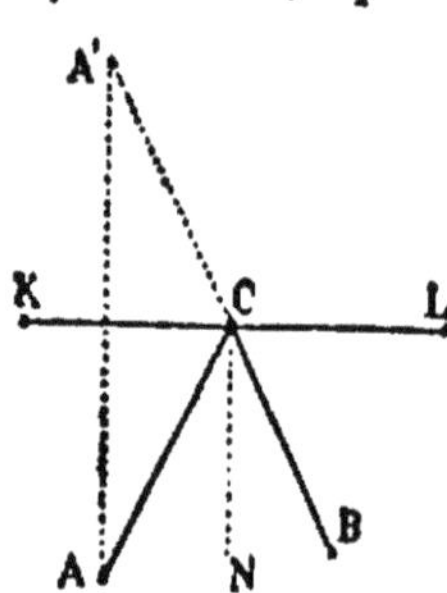

Fig. 95. — Réflexion du son.

Un observateur placé en B reçoit d'abord l'onde directe, c'est-à-dire que le son produit en A s'est propagé directement de A vers B en ligne droite. Puis il reçoit l'onde réfléchie, comme si elle provenait de A′ ou en d'autres termes, comme si le son avait suivi la ligne brisée ACB.

La direction AC qui est normale à toutes les ondes sonores parties de A (ondes incidentes) se nomme le *rayon sonore incident*. La direction CD normale aux ondes réfléchies est le *rayon sonore réfléchi*.

98. Lois de la réflexion. Miroirs conjugués. — Si l'on considère la normale CN à la surface réfléchissante, on voit que les lois de la réflexion de la lumière s'appliquent sans restriction à la réflexion du son.

1re Loi. — Le rayon réfléchi CB, le rayon incident AC et la normale CN sont dans un même plan.

2e Loi. — L'angle de réflexion BCN est égal à l'angle d'incidence ACN.

Ces lois se vérifient d'une façon frappante par l'emploi de deux miroirs sphériques concaves dont les surfaces réfléchissantes se regardent et dont les axes coïncident.

Fig. 96. — Expérience des miroirs conjugués.

Au foyer F du miroir M plaçons une montre; en déplaçant l'oreille dans le voisinage du miroir M′ et en masquant ce dernier le moins possible, on n'entend pas le tic-tac de la montre, sauf lorsque l'oreille se trouve exactement au foyer F de M′. Les rayons sonores partis de F ont donc suivi le même trajet que des rayons lumineux : après réflexion sur M, ils sont tous parallèles à l'axe commun des deux miroirs et M′ les renvoie à son foyer F′.

Cette expérience dite des *miroirs conjugués* nous montre en même temps que le son se réfléchit aussi bien sur une surface courbe que sur une surface plane.

Elle nous permet aussi de comprendre un phénomène qui se produit dans l'une des salles du Conservatoire des Arts et Métiers, à Paris. La voûte de cette salle, de forme elliptique, réfléchit les vibrations sonores émanées d'un certain point de la salle, de façon à les faire converger en un autre point très éloigné du premier. Les paroles prononcées à voix basse en l'un de ces points sont très distinctement entendues à l'autre, tandis qu'elles ne le sont en aucun des points intermédiaires.

99. Écho. — La réflexion du son se produit fréquemment dans la nature, contre les rochers, les collines, les murs ou même contre les bouquets d'arbres. Il en résulte le phénomène de l'écho.

Si nous nous reportons à l'expérience déjà vue (fig 95) l'observateur placé en B entend deux foisle son produit en A. Le dernier son entendu a été réfléchi par l'obstacle KL et a suivi le chemin ACB : on le nomme l'*écho*.

Le plus souvent l'écho est entendu par la personne même qui a parlé. Parmi toutes les directions suivant lesquelles se propage le son à partir de A, il en est une qui tombe normalement sur le mur. Ce *son incident* normal est réfléchi sur lui-même, car l'*angle d'incidence* étant nul, l'*angle de réflexion* doit l'être aussi. Le son, ainsi réfléchi sur lui-même, revient à l'observateur, qui entend une seconde fois le son de sa voix. Supposons que l'obstacle soit à 34 mètres de la personne qui parle. Le son met un dixième de seconde pour aller à l'obstacle, un autre dixième pour en revenir; on l'entend donc un cinquième de seconde après qu'on l'a émis.

Si la distance est de 340 mètres, le son met une seconde à aller, une seconde à revenir : l'écho s'entend deux secondes après le bruit. Tout ce qu'on a dit pendant ces deux secondes est répété, et peut être distinctement entendu. Un écho répète donc d'autant plus de syllabes que l'obstacle est plus éloigné de l'endroit où l'on parle.

100. Résonance. — Si, au contraire, la surface réfléchissante est située trop près, l'écho rapporte chaque syllabe avant même qu'on ait fini de la prononcer. Dès lors on ne l'entend plus distinctement : il y a *résonance*.

L'expérience montre que la distance de l'obstacle doit être d'au moins 17 mètres pour qu'il y ait écho distinct. Pour les distances inférieures il y a seulement résonance.

Quand on parle dans un appartement, le son se réfléchit contre les murs, de sorte que celui qui parle, de même que les auditeurs, entend après le son direct plusieurs sons réfléchis. Dans la plupart des cas, les dimensions de la salle étant petites, ces sons réfléchis arrivent à l'oreille presque en même temps que le son direct et ne font que le renforcer : *la salle est sonore* par suite d'un phénomène de *résonance*.

Mais si les dimensions augmentent, les sons réfléchis prolongent d'une manière fatigante le son direct, qui devient alors bourdonnant et confus ; les grandes salles, dont les murs sont nus, possèdent souvent de ces résonances extrêmement gênantes pour les orateurs et leur auditoire. Les draperies et les tentures n'étant pas élastiques, réfléchissent peu le son et amortissent les résonances.

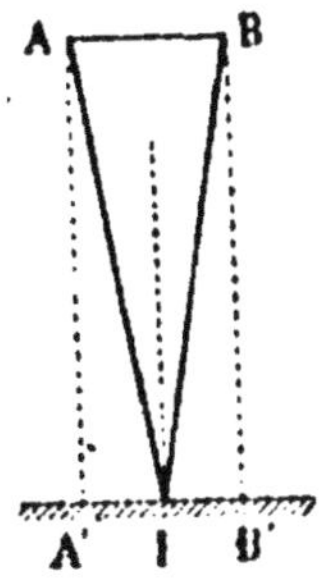

Fig. 97. — Application numérique sur l'écho.

101. Application numérique. — *Deux observateurs sont placés à 50 mètres l'un de l'autre ; chacun d'eux est à 200 mètres d'un mur. Le premier émet un son que le second entend deux fois. Calculer le temps qui s'écoule entre ces deux auditions (fig. 97).*

Le son direct parcourt la distance AB, qui est de 50 mètres. Le son réfléchit parcourt la distance AIB.

Or on a : $AI = \sqrt{200^2 + 25^2}$

Soit 202 mètres (approximativement).

Le chemin AIB est donc de 404 mètres. Cela fait une différence de 354 mètres, qui sera parcourue en

$$\frac{354}{340} = 1''{,}04.$$

Il s'écoule 1''04 entre la perception du son direct et celle du son réfléchi.

CHAPITRE II

QUALITÉS DU SON.
PRINCIPE DES INSTRUMENTS DE MUSIQUE

I. — CARACTÈRES DES SONS. HAUTEUR

102. Intensité. Hauteur. Timbre. — Les impressions données à l'oreille par les différents sons se distinguent les unes des autres par trois caractères que l'expérience va nous permettre d'établir.

Frappons légèrement une note d'un piano, elle rend un son assez faible ; frappons plus fortement, elle rend un son qui ressemble au premier, mais qui impressionne plus fortement l'oreille ; nous disons que la note considérée rend le même son, avec plus d'*intensité*. *L'intensité est donc le caractère qui distingue un son fort d'un son faible.*

Si nous frappons maintenant de la même manière deux notes différentes d'un piano, elles émettent deux sons de même intensité que nous distinguons l'un de l'autre en disant que l'un est aigu, l'autre est grave. *La hauteur est le caractère qui distingue un son grave d'un son aigu.*

Faisons maintenant rendre à un piano et à un violon, deux sons de même intensité et de même hauteur ; l'oreille les distingue encore nettement et permet de reconnaître quel est l'instrument qui les fournit. *Le timbre est le caractère qui distingue deux sons de même hauteur et de même intensité rendus par des instruments différents.*

Répondant à des impressions, ces trois qualités du son ne peuvent être définies en dehors de l'impression même à laquelle elles correspondent. Mais on peut chercher si à ces caractères physiologiques correspondent des caractères physiques du mouvement vibratoire qui produit le son.

La plus importante de ces trois qualités d'un son, la seule qui le caractérise véritablement est la hauteur : aussi pour comparer les sons entre eux faut-il d'abord savoir mesurer leur hauteur.

103. La hauteur augmente avec le nombre de vibrations accomplies en une seconde. — Pour chercher à quel caractère du mouvement vibratoire correspond la hauteur d'un son, nous pouvons employer la méthode graphique.

Faisons appuyer sur le cylindre enregistreur le stylet d'une verge métallique qui rend un son. En diminuant progressivement la longueur de la partie vibrante, on produit un son de plus en plus aigu. Or les courbes obtenues montrent que ces mouvements vibratoires ont des fréquences de plus en plus petites. On en conclut que la hauteur du son augmente avec la rapidité des vibrations.

On peut aussi comparer les courbes obtenues en faisant vibrer simultanément deux diapasons différents ou encore un diapason et une corde rendant deux sons de même hauteur. On constate que la fréquence est la même pour les deux courbes, c'est-à-dire que le nombre de vibrations pendant un temps donné est le même pour les deux sons.

Ainsi la hauteur d'un son ne dépend que de la fréquence du mouvement, aussi convient-on de la mesurer par cette fréquence : *la hauteur d'un son est donc le nombre de vibrations effectuées en une seconde par le corps sonore qui le produit.*

104. Mesure de la hauteur d'un son par la méthode graphique. — Mesurer la hauteur d'un son, c'est donc compter le nombre de vibrations effectuées en une seconde par le corps qui le produit. Pour rendre la mesure plus exacte, il est préférable de chercher le nombre N de vibrations effectuées non pas en une seconde, mais en un temps assez long, t secondes; la hauteur du son est alors la fraction $\dfrac{N}{t}$.

La méthode d'enregistrement graphique fournit un moyen de faire cette mesure. Il suffit de compter les sinuosités de la courbe inscrite par le stylet d'un diapason, par exemple, et de connaître la vitesse de rotation du cylindre, pour en déduire la hauteur du son émis. Si par exemple le cylindre fait 3 tours par seconde et si la courbe présente 40 sinuosités pour un tour, le diapason a effectué $40 \times 3 = 120$ vibrations par seconde.

Cette méthode présente l'inconvénient de nécessiter un cylindre mû par un système d'horlogerie qui lui communique une vitesse uniforme. Aussi préfère-t-on souvent employer un diapason étalonné c'est-à-dire de hauteur connue, qui permet d'arriver au même résultat sans système d'horlogerie. Pour cela on fait inscrire simultanément leurs mouvements à ce diapason et à celui dont on veut déterminer la hauteur, puis on compte le nombre de sinuosités comprises sur chacune des courbes entre deux génératrices du cylindre. On connaît ainsi le nombre de vibrations effectuées dans le même temps par les deux diapasons, ce qui suffit pour déterminer la hauteur cherchée. Supposons par exemple que le diapason étalonné effectue 435 vibrations par seconde et qu'il ait inscrit 30 vibrations pendant que l'autre en a inscrit 18. Le son émis par celui-ci a donc pour hauteur :

$$\frac{18 \times 435}{30} = 251 \text{ vibrations par seconde.}$$

Cette méthode n'est applicable que si l'on peut fixer un stylet au corps sonore. Dans le cas où la chose n'est pas possible, on emploie un diapason à son variable.

Un *diapason à son variable* est un diapason dont les deux branches sont munies de deux masses supplémentaires égales, susceptibles de se déplacer le long des branches, et d'y être fixées, dans une position déterminée, à l'aide de vis de pression (fig. 98). Quand on fait varier la position de ces masses, on obtient des sons divers, d'autant plus graves que les masses sont plus lourdes et plus rapprochées des extrémités.

Supposons donc qu'on veuille étudier, par la méthode graphique, le nombre des vibrations fournies par l'une des cordes d'un piano. On commence par déplacer les masses du diapason à son variable jusqu'à ce que ce diapason résonne à l'unisson de la corde du piano : il effectue à ce moment un nombre de vibrations par seconde égal à celui de la corde.

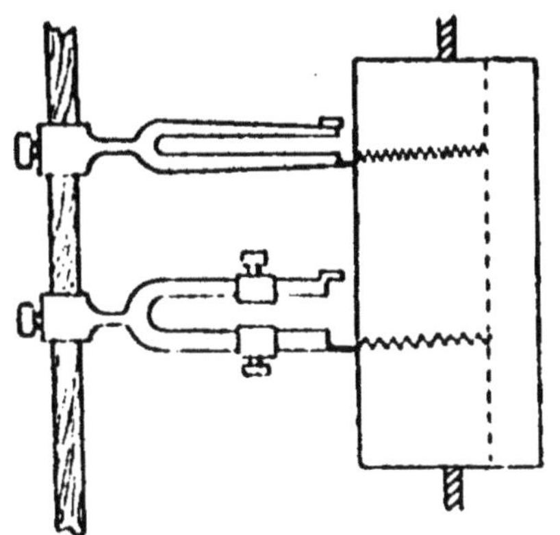

Fig. 98. — Mesure d'un nombre de vibrations par l'intermédiaire d'un diapason à son variable.

On détermine alors l'inscription simultanée des vibrations du diapason étalonné et du diapason à son variable, et l'on en conclut comme précédemment le nombre de vibrations par seconde de ce dernier.

L'application de la méthode est rendue plus facile quand les diapasons sont munis chacun d'un électro-aimant qui permet d'entretenir automatiquement les vibrations pendant aussi longtemps qu'on le désire.

105. Mesure du nombre des vibrations par la sirène. — Dans la *sirène* de Cagniard-Latour, le son est produit par la vibration de l'air.

Elle se compose d'une boîte cylindrique en laiton A (fig. 99), terminée à sa partie inférieure par un court tuyau B, et fermée en haut par un couvercle fixe. Tout autour de ce couvercle on a percé, suivant une circonférence, 15 trous équidistants; ils sont percés obliquement à la surface du couvercle, mais dans une direction perpendiculaire aux rayons de la circonférence sur laquelle ils sont distribués.

Directement au-dessus de ce couvercle fixe, se trouve un disque de même dimension, mobile autour d'un axe vertical MN. Il est également percé de 15 trous équidistants, qui peuvent se placer en concordance avec ceux du couvercle. Eux aussi sont percés obliquement à la surface du disque, et perpendiculairement aux rayons de la circonférence ; mais, les inclinaisons étant inverses l'une de l'autre, l'axe de chaque ouverture inférieure est perpendiculaire à l'axe de l'ouverture supérieure correspondante.

Quand on place l'instrument sur une *soufflerie*, de façon à faire arriver un courant d'air par le tuyau B, cet air s'échappe par les ouvertures du couvercle : il vient frapper à angle droit contre les bords des trous du plateau mobile et communique à celui-ci un mouvement de rotation. Ce mouvement est d'abord accéléré, puis il devient uniforme quand la force accélératrice

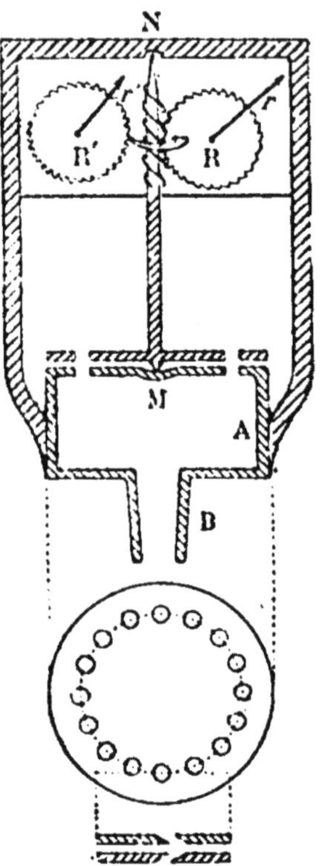
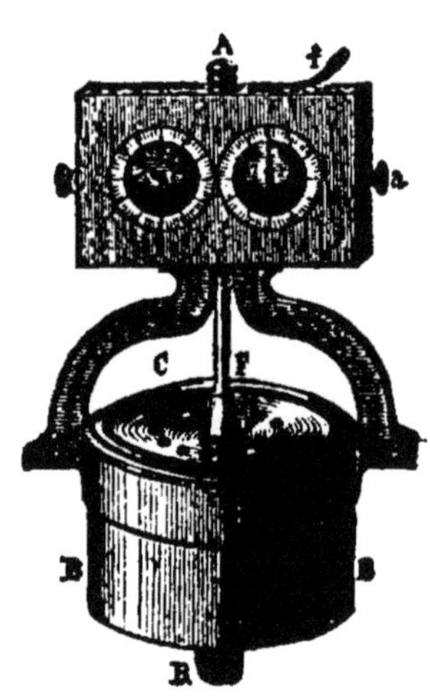

Fig. 99. — Sirène.

due à l'action du courant d'air est compensée par les frottements qui augmentent en même temps que la vitesse de rotation. En lançant avec la soufflerie, un courant d'air plus ou moins rapide, on arrive à une vitesse plus ou moins grande du mouvement uniforme final.

L'appareil se complète par un *compteur*, qui marque le nombre de tours effectués par le plateau mobile dans sa rotation. Une vis sans fin, placée à la partie supérieure de l'axe de rotation, engrène avec une roue à cent dents R qui s'avance d'une division chaque fois que le plateau a fait un tour ; cette roue, en un de ses points, a une dent plus longue qui, à chaque rotation, rencontre une seconde roue dentée R' et la fait avancer d'une dent. Chacune des roues porte une aiguille mobile devant un cadran divisé ; la progression de l'aiguille *r* indique les tours du disque mobile, et la progression de l'aiguille *r'* les centaines de tours de ce même disque.

Tout le compteur est fixé à un cadre métallique, mobile de droite à gauche et de gauche à droite ; cette mobilité permet d'engrener et de désengrener à volonté la vis sans fin, de manière à ce que le compteur puisse être mis en marche et arrêté sans que le mouvement du disque en soit modifié.

106. Sons rendus par la sirène. — Quand on fait arriver un courant d'air dans la sirène, elle entre en rotation et l'on entend un son, d'abord grave, qui devient de plus en plus aigu à mesure qu'augmente la vitesse de rotation.

Au moment où l'air sort à la fois par toutes les ouvertures, un choc a lieu contre l'air extérieur, constituant une vibration ; aussitôt après l'air cesse de passer, les trous n'étant plus en coïncidence, et l'air extérieur, réagissant contre le choc qu'il a reçu, revient sur ses pas, ce qui fait une seconde vibration en sens contraire de la première, c'est-à-dire une vibration double.

Il y a donc 15 vibrations doubles pour chaque tour du disque. Ce sont ces vibrations qui produisent le son.

Pour compter le nombre de vibrations correspondant à un son donné, on fait arriver l'air dans la sirène, de façon que celle-ci soit à *l'unisson* du son à étudier. Quand cet accord est obtenu, on règle le vent de la soufflerie de manière que le mouvement de rotation cesse de s'accélérer, et que l'unisson persiste, puis on *engrène le compteur* en même temps qu'un *chronomètre* à secondes. Au bout de quelques secondes, on désengrène le compteur et on arrête l'aiguille du chronomètre.

L'expérience a duré 52 secondes par exemple. Le compteur accuse 2 561 tours du disque, c'est-à-dire 2561×15 vibrations doubles. Le corps sonore effectue donc, par seconde, un nombre de vibrations égal à

$$\frac{2561 \times 15}{52} = 738.$$

La méthode de la sirène est assez peu commode à cause du caractère peu musical du son émis par cet appareil. Elle manque également de précision en raison de la difficulté, une fois l'unisson réalisé, de le maintenir un certain temps et de l'incertitude que comporte la mesure exacte du temps par le chrbnomètre.

107. Résultats obtenus. — La méthode graphique, et d'autres méthodes, ont permis de démontrer l'*isochronisme* des vibrations sonores. Le nombre des vibrations par seconde est indépendant de leur amplitude. L'amplitude des oscillations n'a pas d'influence sur la hauteur du son.

Toutes les vibrations ne produisent pas sur l'oreille la sensation du son. Il faut au moins 16 vibrations doubles par seconde pour impressionner l'oreille : tout mouvement plus lent n'est pas entendu. De même une vibration trop rapide n'est plus ressentie par l'oreille : à 36 000 vibrations doubles par seconde, correspond une sensation sonore presque douloureuse; au delà, plus de son sensible à l'oreille de l'homme.

Ces limites des sons perceptibles n'ont, du reste, rien d'absolu; elles varient d'une personne à l'autre.

II. — INTERVALLES MUSICAUX

108. Gamme. Intervalles. — Les musiciens se servent, pour exprimer leurs mélodies, d'une série de sons qu'on nomme *notes;* l'ensemble de ces notes constitue la *gamme.* La gamme se compose de sept notes :

ul, ré, mi, fa, sol, la, si.

Comme les sons employés en musique ont entre eux des différences de hauteur plus grandes que celles comprises entre *ul* et *si*, on fait suivre cette première gamme d'autres gammes semblables, plus élevées ou plus basses, composées toutes de sept notes ayant les mêmes noms que la première.

L'expérience montre d'ailleurs que si plusieurs notes d'une gamme résonnent *successivement*, ou *simultanément*, l'impression, agréable ou désagréable, produite sur l'oreille est la même dans toutes les gammes; c'est-à-dire que, dans toutes les gammes, les rapports musicaux qui existent entre les diverses notes sont les mêmes.

La mesure des nombres de vibrations, appliquée aux diverses notes des diverses gammes, a expliqué cette identité d'impression en constatant que : *dans toutes les gammes, les rapports entre les nombres de vibrations des diverses notes ont la même valeur.* De là l'identité de l'impression produite par les divers accords.

D'une façon générale, l'impression produite par deux notes dépend uniquement du rapport des nombres de vibration n_1, n_2, correspondants. Ce rapport $\frac{n_1}{n_2}$ est appelé intervalle entre les deux notes. *L'intervalle d'un son par rapport à un autre, est mesuré par le rapport de la hauteur du premier à celle du second.*

109. Intervalles des notes de la gamme. — Dans chaque gamme, le rapport du nombre de vibrations de chaque note au nombre de vibrations de la première, a une valeur bien déterminée, indépendante de la hauteur de cette première note.

Ces rapports, intervalles des différentes notes par rapport à la première, sont les suivants :

ut	ré	mi	fa	sol	la	si	ut
1	$\frac{9}{8}$	$\frac{5}{4}$	$\frac{4}{3}$	$\frac{3}{2}$	$\frac{5}{3}$	$\frac{15}{8}$	2.

Si, par exemple, nous appelons *ut* une note correspondant à 321 vibrations par seconde, le nombre des vibrations des notes de la gamme commençant par cet *ut* sont, respectivement :

$$321 \qquad 321 \times \frac{8}{9} \qquad 321 \times \frac{5}{4} \ldots\ldots 321 \times 2.$$

La gamme qui viendrait, en montant, à la suite de cette première, présenterait les mêmes rapports dans ses nombres de vibrations, qui seraient dès lors

$$321 \times 2 \qquad 321 \times 2 \times \frac{9}{8} \qquad 321 \times 2 \times \frac{5}{4} \ldots 321 \times 2 \times 2,$$

et ainsi de suite.

La connaissance des *intervalles* permet de calculer immédiatement le nombre de vibrations qui correspond à une note d'une gamme, quand on connaît le nombre de vibrations d'une autre note de cette gamme.

Dans les gammes successives on est convenu de représenter par ut_1 l'ut le plus grave, par ut_2, ut_3, ut_4, les premières notes des gammes successives, plus élevées que la première. De même les gammes plus graves que la première auront leurs premières notes désignées par ut_{-1}, ut_{-2}.

Cette notation permet de passer immédiatement du nombre de vibrations correspondant à une note d'une gamme, au nombre de vibrations correspondant à une autre note d'une autre gamme.

Exemple numérique. — La note la_3 correspond à 435 vibrations par seconde; quel nombre de vibrations donnera la note $ré_{-1}$?

La note la_3 ayant 435 vibrations, la note ut_3 en aura $435 : \frac{5}{3}$, ou $\frac{435 \times 3}{5}$; ut_2 en aura deux fois moins, ut_1 deux fois moins, ut_{-1}, deux fois moins encore, c'est-à-dire $\frac{435 \times 3}{5 \times 2 \times 2 \times 2}$, et la note $ré_{-1}$ en aura

$$\frac{435 \times 3}{5 \times 2 \times 2 \times 2} \times \frac{9}{8} = 36.$$

110. Le normal. — Un son musical quelconque, produit par un nombre quelconque de vibrations, peut être pris pour *note fondamentale* d'une gamme, puisque l'impression produite sur l'oreille par la succession des notes dépend, non pas de leur hauteur absolue, mais de l'*intervalle* qui existe entre elles.

Toutefois, pour que les musiciens puissent s'accorder entre eux et que les instruments de musique puissent produire des sons identiques, il a fallu adopter une suite particulière de gammes.

En France, on a fixé à 435 le nombre de vibrations doubles du la_3, appelé dès lors le **la** *normal*. Ce **la** est fourni par un petit diapason appelé *diapason normal*.

Dans la série des gammes qui dérivent du la_3 normal, la note la plus aiguë employée en musique est la_6, qui correspond à 3480 vibrations par seconde, la plus grave est ut_₁, avec 16,5 vibrations par seconde.

La voix humaine est moins étendue. La note la plus grave de la *voix de basse* est ut₁ (65 vibrations) et la plus aiguë de la *voix de soprano* est ut₅ (104? vibrations).

111. Intervalles musicaux. — L'intervalle de *ut* à *ré* porte le nom de *seconde*, celui de *ut* à *mi*, le nom de *tierce*; celui de *ut* à *fa*, le nom de *quarte*; celui de *ut* à *sol* le nom de *quinte*; celui de *ut* à *la* le nom de *sixte*; celui de *ut* à *si* le nom de *septième*; celui de *ut* à *ut* le nom d'*octave*.

Quand on fait entendre deux notes de la gamme, soit simultanément, soit successivement, il en résulte pour l'oreille une impression tantôt agréable : on dit qu'il y a *consonance*; tantôt désagréable : il y a *dissonance*.

Chacun sait que la même note, produite à la fois par deux instruments différents, cause une impression agréable nommée *unisson*. On a de même une impression agréable quand on entend simultanément deux notes à l'*octave*, ou à la *quinte*, ou à la *tierce*, tandis qu'au contraire deux notes qui présentent entre elles un intervalle de *seconde*, de *quarte*, de *sixte* ou de *septième* constituent une dissonance désagréable.

Or si nous considérons les rapports des nombres de vibrations qui constituent les intervalles agréables d'unisson, d'octave, de quinte ou de tierce, nous voyons qu'ils sont très simples

$$\frac{1}{1} \quad \frac{2}{1} \quad \frac{3}{2} \quad \frac{5}{4},$$

tandis que les intervalles des dissonances de seconde, de quarte, de sixte et de septième sont moins simples,

$$\frac{9}{8} \quad \frac{4}{3} \quad \frac{5}{3} \quad \frac{15}{8}.$$

Il résulte de cette comparaison la loi physiologique suivante : *les sons successifs ou simultanés produisent sur nous une impression d'autant plus agréable que leurs nombres de vibrations présentent entre eux un rapport plus simple.*

De même, la succession ou l'audition simultanée de trois notes produit une impression d'autant plus agréable que la série des trois rapports des nombres de vibrations est plus simple.

L'accord parfait, formé par les trois notes *ut, mi, sol*, donne les trois rapports 1, $\frac{5}{4}$, $\frac{3}{2}$, ou, en multipliant par 4, les trois rapports 4, 5, 6, qui forment une suite éminemment simple.

112. Tons, demi-tons. — Nous avons considéré jusqu'ici l'intervalle de chacune des notes de la gamme à la première. Calculons maintenant l'intervalle de chaque note à la précédente; en divisant le nombre des vibrations de chaque note par le nombre de vibrations de la précédente, nous aurons

ut	ré	mi	fa	sol	la	si	ut
$\dfrac{9}{8}$	$\dfrac{10}{9}$	$\dfrac{16}{15}$	$\dfrac{9}{8}$	$\dfrac{10}{9}$	$\dfrac{9}{8}$	$\dfrac{16}{15}$

Il n'y a là que trois intervalles différents qui sont, rangés par ordre de grandeur : $\frac{9}{8}$, $\frac{10}{9}$ et $\frac{16}{15}$. Le premier intervalle, le plus grand, se nomme *ton majeur*, le second *ton mineur*, et le dernier *demi-ton majeur*.

La gamme se compose donc de la série suivante d'intervalles : ton majeur, ton mineur, demi-ton majeur, ton majeur, ton mineur, ton majeur et demi-ton majeur.

Le rapport d'un ton majeur à un ton mineur $\frac{9}{8} : \frac{10}{9} = \frac{81}{80}$ se nomme un *comma*. Il n'est généralement pas apprécié par l'oreille. Cela veut dire que deux notes dont les nombres de vibrations sont entre eux dans le rapport de $\frac{80}{81}$, ou dans un rapport plus proche encore de 1, produisent sur l'oreille, quand elles résonnent simultanément, la même impression que si leurs nombres de vibrations étaient égaux : ces deux notes sont *musicalement identiques*, elles sont à l'unisson.

Il en résulte que, musicalement, les intervalles de *ton majeur* $\frac{9}{8}$, et de *ton mineur* $\frac{10}{9}$ peuvent être considérés comme identiques.

Les intervalles successifs des notes d'une gamme forment dès lors la série suivante : 2 tons, $\frac{1}{2}$ ton, 3 tons, $\frac{1}{2}$ ton.

113. Transposition. Dièzes, bémols.

— Les nécessités de la transposition musicale ont forcé d'introduire dans la gamme des notes intermédiaires aux notes principales : on leur a donné le nom de *dièzes* et de *bémols*.

La première note d'une gamme s'appelle la *tonique*. Jusqu'ici nous n'avons considéré qu'une seule tonique : l'*ut*. Un morceau de musique écrit dans la gamme d'*ut* est dit morceau en *ut majeur*. Il peut arriver qu'un artiste qui doit chanter ce morceau trouve la tonique trop haute; supposons qu'il désire prendre comme tonique le *sol* : il fait pour cela une *transposition*.

Une oreille non expérimentée ne s'en apercevra pas, si les intervalles de la gamme primitive sont respectés : cherchons donc la gamme ayant pour tonique sol_2.

Pour cela écrivons les notes de la gamme à partir de *sol* avec leurs intervalles habituels :

$$\underset{\displaystyle\frac{10}{9}}{sol_2} \quad \underset{\displaystyle\frac{9}{8}}{la} \quad \underset{\displaystyle\frac{16}{15}}{si} \quad \underset{\displaystyle\frac{9}{8}}{do} \quad \underset{\displaystyle\frac{10}{9}}{ré} \quad \underset{\displaystyle\frac{16}{15}}{mi} \quad \underset{\displaystyle\frac{9}{8}}{fa} \quad sol_3 .$$

A condition de confondre le *ton majeur* et le *ton mineur*, il faut, pour avoir la même succession de tons et de demi-tons que dans la gamme naturelle, permuter les deux derniers intervalles. Il suffit pour cela d'élever convenablement la note *fa;* si on désigne par *fa* ♯ (*fa dièze*) la note *fa* modifiée, on devra avoir :

$$\frac{sol_3}{fa\sharp} = \frac{16}{15} \quad\text{donc}\quad \frac{fa\sharp}{fa} = \frac{15}{16} \times \frac{9}{8} = \frac{25}{24} \times \frac{81}{80} = \frac{25}{24}$$

si on néglige le comma.

L'intervalle $\frac{25}{24}$ s'appelle le *demi-ton mineur*. Le *fa dièze* présente alors les intervalles demandés avec les notes voisines et la gamme de *sol majeur* est donc :

$$sol_2 \quad la \quad si \quad do \quad ré \quad mi \quad fa\sharp \quad sol_3 .$$

En résumé l'intervalle de chaque note à la même note diézée est $\frac{25}{24}$, c'est-à-dire que : *pour passer d'une note à la même note diézée, il suffit de multiplier le nombre de vibrations de cette note par $\frac{25}{24}$*.

Nous venons de voir que, lorsqu'on voulait hausser d'une quinte la tonique d'une certaine gamme, il fallait diézer l'avant-dernière note ou *note sensible* de la nouvelle gamme. Nous verrions de même que pour baisser la tonique d'une quinte, on est conduit à baisser la quatrième note de la nouvelle gamme en la multipliant par $\frac{24}{25}$. La nouvelle note est dite bémolisée. Ainsi dans la gamme de *fa naturel majeur*, il y a un *si bémol* (si ♭).

Donc : *pour passer d'une note à la même note bémolisée, il faut multiplier le nombre des vibrations de cette note par $\frac{24}{25}$*.

L'*intervalle* $\frac{25}{24}$ qui sépare une note de son *dièze* ou de son *bémol* se nomme *demi-ton mineur* : c'est le plus petit intervalle que l'on fasse intervenir en musique.

114. Gamme tempérée. — Une gamme complète se compose donc de 21 notes qui sont : les sept notes de la gamme, et chacune de ces notes diézée et bémolisée.

Dans le chant, dans le violon et dans les instruments analogues au violon, on utilise en effet ces 21 notes de la gamme, Mais dans la plupart des instruments de musique on remplace la gamme normale par une gamme plus simple, dite *gamme tempérée*.

Pour comprendre comment on a pu opérer cette simplification, prenons le rapport entre

$$\frac{5}{4} \cdot \frac{24}{25}, \text{ nombre de vibrations de } \textit{mi bémol} \text{ et}$$

$$\frac{9}{8} \cdot \frac{25}{24}, \text{ nombre de vibrations de } \textit{ré dièze}.$$

Ce rapport est $\frac{649}{625}$, supérieur à un *comma*. Par suite *mi bémol* et *ré dièze* ne peuvent pas être considérés comme deux notes musicalement identiques. Et cependant cet intervalle est bien inférieur à l'intervalle $\frac{25}{24}$, qui caractérise le demi-ton mineur.

Mais en élevant un peu le *ré dièze*, d'une quantité presque insensible à l'oreille, et abaissant un peu le *mi bémol*, nous pouvons avoir une note intermédiaire capable de remplacer, *presque* correctement, chacune des deux autres.

Il serait aussi possible, sans fausser beaucoup la gamme, d'amener à se confondre, en les modifiant un peu, les notes

> ut dièze   et ré bémol
> mi   et fa bémol
> mi dièze et fa

. . . .

La gamme ainsi altérée ne se composerait plus que de douze notes différentes, dont sept, les sept primitives, seraient restées inaltérées, tandis que les cinq autres n'auraient pas leur valeur exacte.

La gamme tempérée est dérivée de celle-là. Au lieu de modifier seulement les sept notes supplémentaires, on a fait porter le *tempérament* sur toutes les notes, sauf sur la note fondamentale; on a divisé l'intervalle d'octave en douze intervalles égaux entre eux et égaux chacun à $\sqrt[12]{2} = 1{,}060$. On a ainsi une gamme dont toutes les notes, sauf l'*ut*, sont fausses, mais assez peu pour que les oreilles très exercées soient les seules à s'en apercevoir.

Les nombres qui donnent les intervalles des différentes notes d'une gamme tempérée à la tonique forment donc une *progression géométrique* de raison $\sqrt[12]{2}$.

La gamme tempérée est adoptée par tous, car elle simplifie considérablement la construction et le jeu des instruments de musique. Douze touches suffisent dans le piano pour une gamme tempérée ; il en faudrait 21 pour une gamme exacte.

115. Harmoniques. — *On nomme harmoniques d'une note les notes dont les nombres de vibrations sont des multiples entiers du nombre de vibrations de cette note elle-même.*

Soit n le nombre de vibrations d'une note (*ut* par exemple) ; les nombres de vibrations des divers harmoniques de cette note sont : n ; $n \times 2$; $n \times 3$; $n \times 4$...

En écrivant à la suite les unes des autres plusieurs gammes et, au-dessous de chacune des notes, les valeurs de l'intervalle de cette note à la *note fondamentale*, on voit apparaître les multiples entiers qui fixent les harmoniques.

Ainsi les harmoniques successifs de la note ut_1, sont :

1	n. 1	ut_1
2	n. 2	ut_2
3	n. 3	sol_2
4	n. 4	ut_3
5	n. 5	mi_3
6	n. 6	sol_3
7	n. 7	»
8	n. 8	ut_4
9	n. 9	$ré_4$
10	n. 10	mi_4

Le septième harmonique de ut_1 n'est pas une note de la gamme ; la note de la gamme la plus voisine de cet harmonique est si_3 *bémol*.

Nous avons vu que deux, ou plusieurs notes, résonnant successivement ou simultanément, produisent sur nous une impression d'autant plus agréable que leurs nombres de vibrations sont entre eux dans des rapports plus simples.

Ainsi l'*accord parfait* est caractérisé par la suite très simple 4, 5, 6, qui indique les rapports des nombres de vibrations des notes *ut, mi, sol*.

Si on fait résonner simultanément, ou successivement, une note et les deux harmoniques suivants, on a un *accord* caractérisé par la suite 1, 2, 3, encore plus simple que la suite caractéristique de l'accord parfait, on aura donc là un accord certainement agréable.

Les suites :

ut_1	ut_2	sol_2 caractérisés par	1, 2, 3
ut_2	sol_2	ut_3	—	2, 3, 4
sol_2	ut_3	mi_3	—	3, 4, 5

formeront des accords agréables.

Au contraire la suite d'harmoniques

ut,   mi,   ut, caractérisés par 1, 5, 9

sera moins agréable.

116. Mesure du nombre de vibrations des sons, au moyen des notes de la gamme. — La connaissance des nombres de vibrations qui correspondent aux différentes notes de la gamme conduit à une mesure facile du nombre de vibrations d'un son donné.

On n'aura qu'à obtenir, au moyen d'un instrument parfaitement bien accordé (d'un violon par exemple), l'unisson du son donné. Connaissant alors la note rendue par le violon, il sera aisé de calculer le nombre de vibrations qui lui correspond, et ce nombre de vibrations correspondra aussi au son donné.

III. — CORDES VIBRANTES

117. Vibrations transversales des cordes. Étude expérimentale. — Une corde, attachée à deux points fixes par ses extrémités, et fortement tendue, est susceptible de vibrer transversalement quand on l'écarte de sa position d'équilibre. Ainsi les cordes des pianos rendent des sons quand on les ébranle au moyen de marteaux; pour celles des violons on produit l'ébranlement avec un archet.

Ces vibrations sont isochrones, et déterminent la production d'un son de hauteur constante pendant toute leur durée.

L'intensité du son varie avec la force avec laquelle on produit l'ébranlement. Quant à la hauteur, pour étudier comment elle varie, nous emploierons un appareil appelé *sonomètre*.

Les lois auxquelles obéissent ces vibrations transversales ont été découvertes expérimentalement.

Le *sonomètre* va nous permettre de les vérifier.

Cet instrument se compose d'une caisse en sapin mince A B, ayant la forme d'un parallélipipède rectangle très allongé (fig. 100). La partie supérieure porte deux chevalets

M et N, placés à un mètre l'un de l'autre; une graduation en millimètres va du premier au second. Sur cette caisse on peut tendre deux cordes parallèles, à l'aide de chevilles analogues à des chevilles de violon, qui permettent de régler convenablement la tension. On peut à volonté remplacer, pour

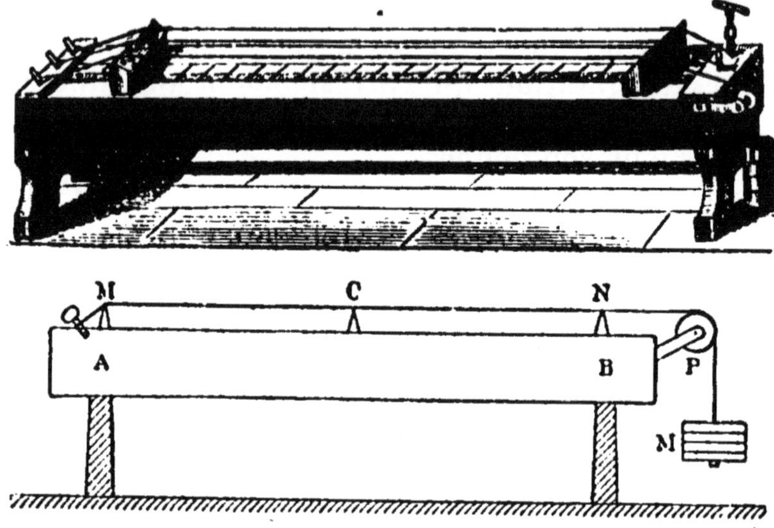

Fig. 100. — Sonomètre. (Vue d'ensemble et schéma).

chaque corde, l'une des chevilles par une poulie P, sur laquelle vient s'appuyer l'extrémité de l'une des cordes; la tension est alors obtenue à l'aide d'un poids tenseur qu'on suspend à l'extrémité de la corde.

118. Loi des longueurs.

— Les deux cordes étant attachées aux chevilles, on les tend de façon qu'elles soient à l'*unisson*.

On introduit sous l'une d'elles, et en son milieu, un petit chevalet mobile qui la divise en deux parties égales. La moitié MC de cette corde vibre alors à l'*octave aigu* du son rendu par la *corde témoin* qu'on fait vibrer dans son entier.

En déplaçant le chevalet mobile, de façon que la partie vibrante MC ait successivement des longueurs qui soient en *raison inverse* des rapports caractéristiques de la gamme, on constate que les sons rendus successivement sont les notes de la gamme.

Ainsi aux longueurs successives

$$1 \quad \frac{8}{9} \quad \frac{4}{5} \quad \frac{3}{4} \quad \frac{2}{3} \quad \frac{3}{5} \quad \frac{8}{15} \quad \frac{1}{2}$$

correspondent les nombres successifs de vibrations

$$1 \quad \frac{9}{8} \quad \frac{5}{4} \quad \frac{4}{3} \quad \frac{3}{2} \quad \frac{5}{3} \quad \frac{15}{8} \quad 2.$$

Il en résulte la *loi des longueurs : Le nombre de vibrations d'une corde est inversement proportionnel à la longueur de la corde.*

119. Loi des diamètres. — On prend un fil d'acier, ou de laiton, qu'on fait passer à la filière, de façon à obtenir deux fils plus fins, dont les diamètres soient entre eux, par exemple, comme les nombres 1 et 2.

On tend ces deux cordes sur le sonomètre, en employant des poulies et des poids tenseurs égaux. On constate que la corde la plus fine rend l'octave aigu du son rendu par la plus grosse.

Avec deux cordes dont les diamètres seraient entre eux comme les nombres 1 et 3, les nombres de vibrations seraient entre eux comme 1 est à $\frac{1}{3}$.

Loi des diamètres : Le nombre de vibrations d'une corde est inversement proportionnel à son diamètre.

120. Loi des densités. — L'expérience est plus difficile, car on ne peut pas trouver des substances dont les densités présentent entre elles des rapports simples.

On prend par exemple une corde de fer ($d = 7,8$) et une corde de platine ($d' = 23$); on les fait passer dans le même trou de la filière, de façon qu'elles aient même diamètre et on leur donne même poids tenseur.

On mesure alors, avec l'inscription graphique, les nombres de vibrations n et n' par seconde, et l'on vérifie la relation numérique

$$\frac{n}{n'} = \frac{\sqrt{23}}{\sqrt{7,8}} .$$

Loi des densités : Le nombre de vibrations est inversement proportionnel à la racine carrée de la densité de la matière dont est faite la corde.

121. Loi des tensions. — Deux cordes de même substance et de même grosseur sont tendues sur le sonomètre. Si les poids tenseurs sont égaux, elles vibrent à l'unisson.

Si le poids tenseur de la seconde est quadruple du poids tenseur de la première, celle-là rend l'octave aigu de celle-ci; si le poids tenseur devient neuf fois plus grand, on constate que le second rend le troisième harmonique de la première.

Loi des tensions : Le nombre de vibrations est proportionnel à la racine carrée du poids tenseur.

122. Instruments de musique à cordes. — Le *violon* contient trois cordes de même substance (elles sont dites *cordes à boyau* parce qu'elles sont faites à l'aide de boyaux de mouton). Elles ont même longueur, mais des grosseurs différentes ; en les tendant plus ou moins à l'aide de chevilles, on les *accorde*. Chacune d'elles peut alors rendre un grand nombre de sons différents, obtenus en limitant par la pression du doigt la longueur de la partie vibrante.

La quatrième corde du violon, la plus grave, est une *corde filée*, constituée par une corde à boyau autour de laquelle est entouré un fil fin de laiton, qui lui fait rendre un son plus grave en augmentant sa densité.

Les quatre lois que nous avons énoncées ont donc leur application dans le violon.

Les autres instruments à *sons variables* (violoncelle, contre-basse, guitare, mandoline,...) comportent, comme le violon, un petit nombre de cordes pouvant rendre chacune plusieurs sons.

Dans les instruments à *sons fixes*, dont le type est le piano, chaque corde ne rend qu'un seul son ; le nombre des cordes est donc considérable. Les quatre lois interviennent aussi dans ce cas, car, dans le piano, il y a des cordes de longueurs différentes, de grosseurs différentes, faites de substances différentes (acier et laiton), que l'on accorde en les tendant plus ou moins fortement.

123. Harmoniques des cordes vibrantes. — Dans tout ce qui précède, nous avons toujours supposé que la corde étudiée vibrait dans son entier, sans subdivision ; elle rend alors le son le plus grave qu'elle soit susceptible de rendre : c'est le *son fondamental*. C'est ce qui arrive lorsqu'on attaque la corde en son milieu avec un archet ; elle présente la forme d'un fuseau. Les deux extrémités de la corde ne vibrent pas : on dit que ce sont des *nœuds de vibra-*

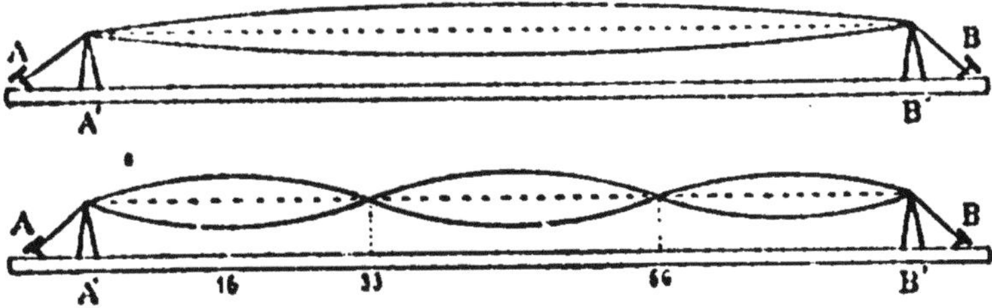

Fig. 101. — La première corde rend le son fondamental:
la deuxième rend le 2ᵉ harmonique.

tion; le milieu de la corde, au contraire, a un mouvement d'amplitude maximum : c'est un *ventre*.

Si on attaque la corde à la division 16 ou 17, pendant qu'on la touche légèrement avec le doigt à la division 33 ou 34, c'est-à-dire au tiers de sa longueur, la corde rend le 3ᵉ harmonique du son fondamental. On a empêché la corde de vibrer au point 33, elle se divise alors en 3 fuseaux avec 3 ventres et 4 nœuds (fig. 101).

Supposons une corde qui rende la note *ut* comme son fondamental ; *si on la divise en 2, 3, 4, 5... sections vibrantes* en pressant avec le doigt à la moitié, au tiers... de sa longueur, *on lui fait rendre successivement les divers harmoniques de ce son fondamental;* c'est-à-dire les notes *ut₂, sol₂, ut₃, mi₃.*

Nous pouvons donc énoncer une *cinquième loi des cordes : Les fréquences du son fondamental et des harmoniques d'une même corde sont entre elles comme les nombres entiers successifs.*

Pratiquement une corde attaquée par un archet sans précautions ne prend pas la forme simple d'un fuseau ou de plusieurs fuseaux. Dans ce cas, la corde rend *simultanément* deux ou plusieurs sons; le *son fondamental*, de grande intensité et un, deux ou trois des harmoniques de ce son fondamental.

Nous aurons à revenir sur la composition de ces sons complexes.

124. Formule générale des cordes. — Les lois auxquelles obéissent les vibrations des cordes sont résumées dans une formule mathématique établie théoriquement. Cette formule est la suivante :

$$N = \frac{1}{2l} \sqrt{\frac{Mg}{m}}$$

N désigne le nombre de vibrations effectuées en une seconde par la corde, lorsqu'elle rend le son fondamental, g représente l'accélération de la pesanteur, l la longueur de la corde vibrante, M la masse du poids tenseur, m est la densité linéaire de la corde, c'est-à-dire la masse de 1 centimètre de longueur de cette corde.

Application numérique. Une corde de violon à une longueur de 33 centimètres et pèse 0gr,33. Quel son rend-t-elle sachant que le poids tenseur est égal à 3kg,6.

Appliquons la formule précédente en ayant soin d'évaluer les différentes grandeurs dans le même système d'unités. On a :

$$l = 33. \quad M = 3\,600, \quad g = 981$$

$$m = \frac{0.33}{33} = \frac{1}{100}$$

On a donc :

$$N = \frac{1}{2 \times 33} \sqrt{\frac{3\,600 \times 981}{\frac{1}{100}}}$$

d'où :

$$N = 293$$

Ce nombre correspond au *ré$_3$*.

IV. — RÉSONANCE ACOUSTIQUE. TUYAUX SONORES

125. Phénomènes de résonance acoustique. Résonateurs. — Lorsqu'une personne se balance, l'amplitude des oscillations de la balançoire n'augmente que si le mouvement de la personne a même période que le mouvement propre de la balançoire. C'est le *synchronisme* entre ces deux mouvements qui a provoqué l'augmentation progressive des oscillations de la balançoire : il y a eu *résonance*.

Les vibrations sonores peuvent également donner lieu à des phénomènes de *résonance* : se transmettant par tous les milieux élastiques, elles peuvent exciter des vibrations dans les corps dont la période propre est sensiblement la même. Ces phénomènes de *résonance acoustique* ont un grand intérêt car ils produisent le *renforcement* des sons.

On peut les mettre en évidence à l'aide du *sonomètre*. Il suffit pour cela que les deux cordes qui y sont tendues soient à l'unisson; si l'on met l'une d'elles en vibration, on constate à l'aide de cavaliers de papier que la seconde corde vibre aussi. Ici la transmission s'est effectuée par l'intermédiaire du sonomètre.

Dans le voisinage d'un piano ouvert faisons vibrer fortement un diapason, puis arrêtons quelques secondes après la vibration de ce diapason en appuyant le doigt sur l'une des branches. Nous entendons alors résonner quelques-unes des cordes du piano ; ici la vibration du diapason s'est transmise jusqu'à ces cordes par l'intermédiaire de l'air interposé. Et les cordes qui résonnent ainsi sont : d'abord celles qui auraient pour son fondamental le son du diapason, puis celles qui rendraient ce son en se subdivisant en deux, trois, quatre... parties séparées par des nœuds.

Citons encore le *violon*, dont les cordes transmettent leurs vibrations à la partie supérieure de la caisse par l'intermédiaire du *chevalet* et à la partie inférieure par l'intermédiaire de l'*âme*.

Le *diapason* transmet ses vibrations à sa *caisse de résonance* par *contact direct*.

On nomme, d'une façon générale, *résonnateurs* tous les systèmes de corps élastiques qui sont capables de renforcer ainsi les vibrations produites dans leur voisinage.

Et l'expérience démontre qu'*un résonnateur est capable de renforcer tous les sons qu'il serait capable de produire lui-même si on excitait directement ses vibrations*.

Le fait du renforcement est aisé à mettre en évidence avec un diapason et une éprouvette à pied, en verre.

Au-dessus de l'ouverture de l'éprouvette, on fait vibrer le

diapason ; il n'y a pas, en général, de renforcement sensible, et si on souffle sur l'ouverture de manière à faire émettre un son au tuyau que constitue l'éprouvette, on entend un son très différent de celui du diapason.

Mais si l'on fait varier progressivement la profondeur de cette éprouvette en y versant de l'eau ou du mercure, il arrive un moment où le renforcement se produit ; on ajoute

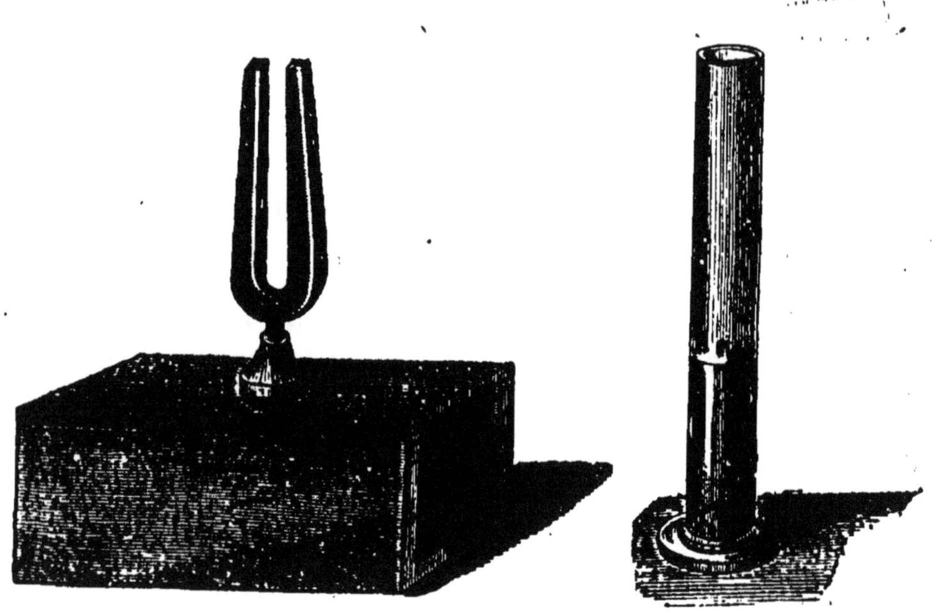

Fig. 102. — Renforcement du son d'un diapason.

un peu plus de liquide, et le renforcement cesse, ou du moins diminue beaucoup.

Si le diapason choisi donne ut_3, il y a encore renforcement, pour la longueur qui renforçait ut_3, quand on remplace le diapason par le diapason sol_4 ou le diapason mi'_5, ces notes étant des harmoniques de rang impair de ut_3 ; nous verrons en effet que le tuyau fermé qui a ut_3 pour son fondamental peut rendre aussi ses harmoniques de rang impair.

Il résulte de cette expérience, que les caisses de résonance des diapasons (fig. 102) ont des dimensions telles, que le son propre qu'elles pourraient rendre soit à l'unisson de celui du diapason.

Nous allons maintenant étudier les tuyaux sonores et nous verrons qu'ils se comportent comme de véritables *résonnateurs*.

126. Tuyaux sonores : embouchures. — On nomme tuyaux sonores des tubes à parois résistantes, susceptibles de rendre des sons par suite de la vibration de la colonne d'air qu'ils renferment.

Tels sont les tuyaux d'orgue, qui sont rectilignes, et les tuyaux, tantôt rectilignes, tantôt curvilignes, des divers instruments à vent (flûte, cor de chasse).

L'ébranlement de l'air dans le tuyau est déterminé par une *embouchure* placée à l'une de ses extrémités. L'extrémité opposée à l'embouchure peut s'ouvrir à l'air libre (*tuyau ouvert*) ou être fermée (*tuyau fermé*). Les systèmes d'embouchures sont très divers, mais peuvent se ramener à deux types : l'*embouchure de flûte*, et l'*embouchure à anche*.

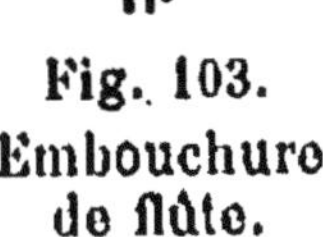

Fig. 103.
Embouchure
de flûte.

Dans l'*embouchure de flûte*, l'air d'une *soufflerie* arrive par un conduit F, dans une *boîte à vent* A. Il en sort par une fente étroite E, pratiquée sur sa paroi supérieure. Le tuyau B est disposé au-dessus de cette boîte à vent. Il possède, à sa partie inférieure, une ouverture rectangulaire de quelques millimètres de hauteur, dont la partie supérieure porte un biseau C, placé au-dessus de la fente de la boîte à vent. Sous l'action de la soufflerie, une tranche d'air sort constamment par la fente E, et est animée d'un mouvement de progression rapide dans le sens vertical. Cette tranche d'air vient se briser contre le biseau C, et se met à vibrer rapidement dans le sens transversal. Cette vibration de la tranche d'air sortant de l'embouchure met en vibration l'air du tuyau, qui dès lors rend un son.

Les tuyaux à embouchure de flûte sont appelés *tuyaux à bouche*.

Dans l'*embouchure à anche*, la boîte à vent A reçoit encore l'air d'une soufflerie par un tube F, mais cet air s'échappe par une ouverture de forme très différente. La boîte à vent porte, sur sa face supérieure, une boîte plus petite, qui s'élève verticalement dans le tuyau. L'une des parois verticales de cette boîte est constituée par une lame élastique C, fixée par le bas, libre par le haut, en D. Cette lame métallique ferme à peu près l'ouverture rectangulaire devant laquelle elle se trouve placée.

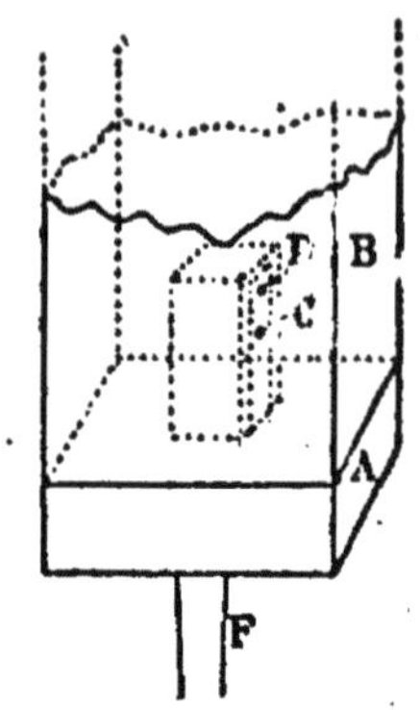

Fig. 104. — Embouchure à anche.

Quand arrive le courant d'air de la soufflerie, ce courant d'air, pour se frayer un passage, incline la lame élastique vers la droite. Celle-ci réagit bientôt, et revient sur ses pas ; elle est repoussée de nouveau par le courant d'air, et revient encore. De là une série de vibrations de la lame, vibrations qui mettent en mouvement l'air du tuyau.

L'anche est dite *libre* quand ses dimensions sont un peu inférieures à celles de l'embouchure devant laquelle elle est placée ; elle peut alors accomplir des vibrations entières, vers la droite et vers la gauche de sa position d'équilibre. Elle est dite *battante* lorsqu'elle est un peu plus grande que l'ouverture ; dans ce cas les vibrations de droite à gauche sont limitées à la position d'équilibre. Le son ne se trouve pas modifié dans sa hauteur ; mais le timbre en est différent.

En résumé, dans tous les tuyaux sonores, on produit à l'embouchure un mouvement vibratoire entretenu. Cette embouchure étant convenablement choisie, l'air du tuyau entre en vibration par suite d'un phénomène de résonance et le son plus ou moins agréable produit à l'extrémité est renforcé et rendu plus pur par le tuyau. Le tuyau joue donc le rôle d'appareil résonnateur par rapport à son embouchure.

127. Étude expérimentale des tuyaux sonores. — Pour faire ces expériences, nous utiliserons une soufflerie constituée par un réservoir renfermant de l'air à une pression supérieure à la pression atmosphérique. Ce réservoir possède des ouvertures à robinets, au-dessus desquels on adapte les tuyaux ; l'air est lancé dans le tuyau, plus ou moins fortement, selon que l'on ouvre plus ou moins le robinet et que la pression du gaz est plus ou moins supérieure à la pression atmosphérique.

Nous allons d'abord étudier les tuyaux à embouchure de flûte ou tuyaux à bouche; nous verrons ensuite comment les résultats sont modifiés lorsqu'on emploie une embouchure à anche.

Si nous plaçons un tuyau quelconque sur la soufflerie, nous constatons qu'il peut rendre des sons plus ou moins aigus suivant que le courant d'air envoyé est plus ou moins fort. En modérant ce courant d'air, on arrive facilement à obtenir un son très pur, plus grave que tous les autres : c'est le *son fondamental*. Cherchons d'abord de quoi dépend la hauteur de ce son fondamental.

Fig. 103. — Soufflerie pour actionner les tuyaux sonores.

1re EXPÉRIENCE. — Plaçons sur la soufflerie quatre tuyaux *de même longueur*, *tous ouverts* ou *tous fermés*; le premier en verre, le deuxième en métal, les deux derniers en bois mais présentant des sections différentes. Nous constatons que les quatre sons émis ont la même hauteur, à condition toutefois que la longueur des tuyaux soit notablement supérieure (5 ou 6 fois) à la plus grande dimension de la section droite.

1re *Loi*. — *Le son fondamental rendu par un tuyau est indépendant de la nature des parois ainsi que de la forme et des dimensions de la section droite.*

2ᵉ Expérience. — Plaçons maintenant sur la soufflerie une série de 8 tuyaux, tous ouverts ou tous fermés, et dont les longueurs sont entre elles comme les nombres 1, $\frac{8}{9}$, $\frac{4}{5}$, $\frac{3}{4}$, $\frac{2}{3}$, $\frac{3}{5}$, $\frac{8}{15}$ et $\frac{1}{2}$ c'est-à-dire comme les inverses des intervalles des notes successives de la gamme.

En faisant rendre successivement à ces tuyaux leur son fondamental, nous obtenons les notes successives d'une même gamme.

2ᵉ Loi de longueurs. — La hauteur du son fondamental rendu par un tuyau, qu'il soit ouvert ou fermé, est inversement proportionnelle à la longueur de ce tuyau.

3ᵉ Expérience. — Comparons maintenant deux tuyaux à bouche de même longueur, l'un *ouvert*, l'autre *fermé*. Nous constatons que le *son rendu par le tuyau fermé est à l'octave grave du son rendu par le tuyau ouvert*, ce que nous pouvons traduire de la façon suivante.

3ᵉ Loi. — Le son fondamental d'un tuyau fermé est le même que le son fondamental d'un tuyau ouvert de longueur double.

Cette loi qui se déduit de l'expérience précédente, en vertu de la loi des longueurs, est susceptible d'une vérification directe.

4° Expérience. — Plaçons un tuyau à bouche ouvert sur la soufflerie et faisons-lui rendre toute la série des sons qu'il est susceptible de produire en forçant plus ou moins le vent à l'aide du robinet. Si le son fondamental du tuyau est ut_1, nous entendons successivement les notes suivantes :

$$ut_1, \ ut_2, \ sol_2, \ ut_3, \ mi_3,$$

c'est-à-dire tous les harmoniques du son fondamental (**115**).

En répétant la même expérience avec un tuyau fermé de même son fondamental, nous n'aurions perçu que les sons suivants :

$$ut_1, \ sol_2, \ mi_3.$$

4° Loi des harmoniques. — Les sons successifs que peut rendre un tuyau à bouche ouvert sont formés par la série

complète des harmoniques du son fondamental (intervalles
1, 2, 3, 4, ...) ; *avec les tuyaux à bouche fermés, on n'obtient
que les harmoniques de rang impair* (intervalles 1, 3, 5...).

Remarque. — Il arrive souvent dans les tuyaux très étroits,
qu'on éprouve de grandes difficultés à obtenir le *son fondamental* répondant à la loi des longueurs. Le premier son que
l'on obtient est un des harmoniques et, en forçant le vent, on
obtient les harmoniques supérieurs à celui-là.

Cas des tuyaux à anche. — Les deux premières lois
s'appliquent sans restriction aux tuyaux à anche, mais en
répétant les deux dernières séries d'expériences, on trouve
qu'un *tuyau à anche ouvert se comporte comme un tuyau à
bouche fermé et qu'un tuyau à anche fermé
est l'analogue d'un tuyau à bouche ouvert.*

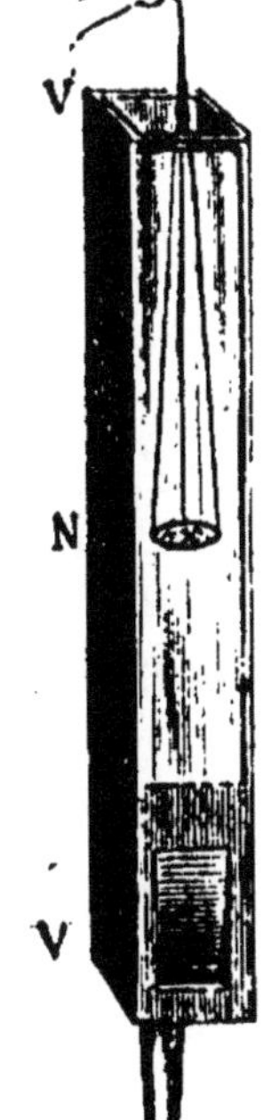

Fig. 100.
Nœuds et ven-
tres dans un
tuyau sonore.

**128. Étude expérimentale de l'état
vibratoire d'un tuyau.** — Lorsqu'un
mouvement vibratoire entretenu se produit
à l'embouchure, ce mouvement se propage
dans l'air du tuyau et il se produit des
réflexions successives aux deux extrémités.

Il s'établit alors à l'intérieur du tuyau un
système d'ondes permanent, certains points
restant constamment au repos, d'autres au
contraire ayant un mouvement d'amplitude
maximum. Nous allons voir, en effet, que
dans la masse d'air qui remplit un tuyau
sonore en vibration, il y a des ventres et
des nœuds, comme dans une corde tendue,
et que le son rendu dépend justement du
nombre et de la distribution de ces ventres
et de ces nœuds.

On reconnaît la position des ventres et
des nœuds en descendant dans le tuyau un
petit tambour en baudruche, recouvert de
sable fin ; le sable saute beaucoup à l'endroit des ventres, il
reste immobile à l'endroit des nœuds (fig. 100).

1re Série d'expériences. — En plaçant le petit tambour

recouvert de sable successivement aux deux extrémités d'un tuyau en vibration, on constate qu'il y a un *ventre* à la hauteur d'une *embouchure de flûte;* il y a au contraire un *nœud* à la hauteur d'une *embouchure à anche.*

Si le tuyau est *ouvert,* c'est-à-dire si l'extrémité opposée à l'embouchure s'ouvre à l'air libre, il y a un ventre à cette

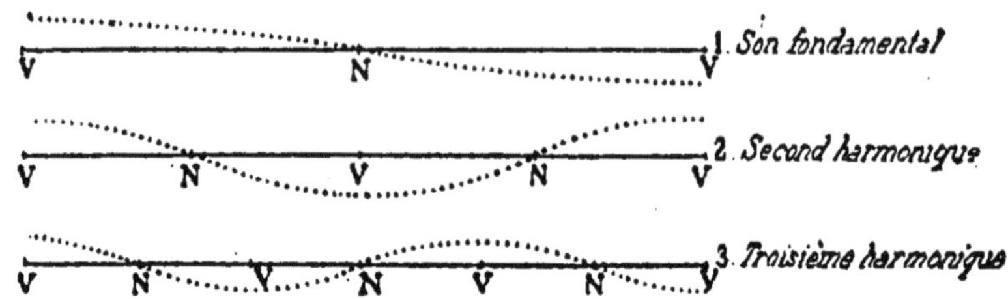

Fig. 107. — Ventres et nœuds dans un tuyau à bouche ouvert.

extrémité; si au contraire le tuyau est fermé il y a un nœud à l'extrémité fermée.

En résumé, *dans un tuyau à bouche ouvert, il y a toujours un ventre à chaque extrémité.*

Dans un tuyau à bouche fermé et dans un tuyau à anche ouvert, il y a un ventre à une extrémité et un nœud à l'autre.

2ᵉ *Série d'expériences.* — En faisant rendre à un tuyau les différents sons qu'il peut produire, on constate que l'état vibratoire à l'intérieur du tuyau est d'autant plus complexe que le son rendu est plus aigu.

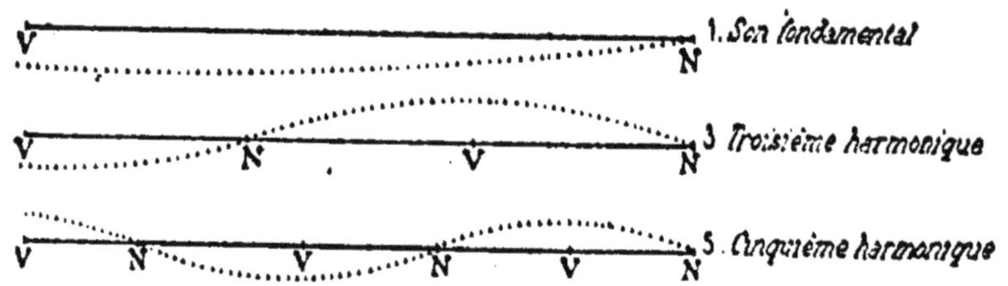

Fig. 108. — Ventres et nœuds dans un tuyau à bouche fermé.

Ainsi dans le cas d'un tuyau à bouche ouvert, on trouve un seul nœud de vibration à l'intérieur lorsqu'il rend le son fondamental; on en trouve deux lorsqu'il rend le deuxième harmonique, trois pour le troisième, etc. (fig. 107).

La figure 108 montre que le résultat est analogue pour

les tuyaux à bouche fermés ou pour les tuyaux à anche ouverts.

129. Formule des tuyaux sonores. — La connaissance de la distribution des nœuds et des ventres à l'intérieur d'un tuyau, permet de trouver facilement la hauteur du son rendu.

La théorie et l'expérience montrent en effet que dans un système d'ondes permanent (*ondes stationnaires*), la distance de deux nœuds ou de deux ventres consécutifs est égale à la moitié de la longueur d'onde λ.

D'autre part, on sait (95) qu'entre la longueur d'onde λ, la fréquence. N du son et sa vitesse de propagation V, on a la relation :

$$N = \frac{V}{\lambda}$$

En utilisant ces résultats, ont peut facilement trouver la hauteur N d'un son en fonction de la longueur l du tuyau.

1° *Tuyaux à bouche ouverts*. — Lorsqu'un tel tuyau rend le son fondamental, il y a un ventre à chaque extrémité et un seul nœud intermédiaire. On a donc :

$$l = \frac{\lambda}{2}$$

La hauteur du son fondamental est donc :

$$N = \frac{V}{2l}$$

Pour le deuxième harmonique, on aurait :

$$l = \lambda'$$

d'où

$$N' = \frac{V}{l}$$

2° *Tuyaux à bouche fermés ou tuyaux à anche ouverts*. — Pour le son fondamental, on a (fig. 108) :

$$l = \frac{\lambda}{4}$$

d'où

$$N = \frac{V}{4l}$$

Pour le deuxième harmonique, on a :

$$l = \frac{3\lambda'}{4}$$

d'où

$$N = \frac{3V}{4l}$$

Ces formules traduisent d'une façon évidente les différentes lois des tuyaux que nous avions trouvé expérimentalement.

Application numérique. Un tuyau à anche ouvert donne le la₂ comme son fondamental. Sachant que sa longueur est de 39 centimètres, trouver la vitesse de propagation du son dans l'air.

Un tel tuyau, se comporte comme un tuyau à bouche fermé, on a donc pour représenter la hauteur du son fondamental, la formule

$$N = \frac{V}{4l}$$

d'où

$$V = 4l \times N$$

Mais le *la₂* correspond à un nombre de vibrations égal à

$$\frac{435}{2}$$

Donc :

$$V = 39 \text{ cm.} \times 4 \times \frac{435}{2} = 33\,930 \text{ cm. par seconde.}$$

130. Instruments de musique à vent.

— Les instruments de musique à vent comportent tous des tuyaux sonores, munis d'embouchures diverses. Dans le *flageolet*, l'embouchure est exactement celle que nous avons décrite sous le nom d'embouchure de flûte. L'opérateur remplace la soufflerie.

Dans la *flûte*, le principe de l'embouchure est le même, mais la disposition est en apparence bien différente. La boîte à vent est remplacée par la bouche du musicien ; la fente comprise entre les lèvres presque fermées laisse passer la tranche d'air qui vient se briser contre le biseau, formé par le bord du trou circulaire, percé dans le voisinage de l'extrémité fermée de la flûte.

Plus nombreux sont les instruments à anche, comme la *clarinette*. Dans le *cornet à piston* et les instruments analogues, l'anche est remplacée par les vibrations des lèvres du musicien.

Les tuyaux d'orgue ont tantôt une embouchure de flûte, tantôt une anche libre, tantôt une anche battante. Quand le tuyau d'orgue est à anche, il est généralement fermé, et l'anche est à la partie supérieure du tuyau au lieu d'être à la partie inférieure.

Si nous examinons maintenant la disposition du tuyau lui-même, nous voyons des tuyaux de longueur invariable dans l'*orgue*, le *cor de chasse*, la *trompette*. On ne peut obtenir alors que le son fondamental et ses divers harmoniques.

Dans le cor de chasse, la longueur du tuyau enroulé sur lui-même est considérable, et par suite le son fondamental serait *très grave*. Mais ce son fondamental ne sort pas ; le plus bas des sons que l'on puisse obtenir est un harmonique de rang élevé de ce son fondamental, puis les harmoniques qui viennent après celui-là, lesquels forment une gamme à peu près complète.

D'autres instruments ont un tuyau de longueur variable, ce qui augmente considérablement le nombre des sons qu'ils peuvent produire. Cette variation de longueur du tuyau est obtenue de bien des façons différentes ; dans le trombone, le tuyau est à coulisse dans une de ses parties ; dans le cornet à piston des tuyaux supplémentaires viennent s'intercaler sur le trajet du tuyau principal, par le jeu de *pistons* qui peuvent à volonté obstruer ces tuyaux supplémentaires, ou les rendre libres ; dans la flûte, le flageolet, la clarinette,... des trous, qu'on peut à volonté ouvrir ou fermer avec le doigt, font naître des ventres aux endroits mis en communication avec l'intérieur.

IV. — TIMBRE DU SON

131. Sons simples et sons complexes. — Les notions qui précèdent vont nous permettre d'étudier le timbre des sons, caractère qui permet de distinguer deux sons de même hauteur et de même intensité produits par des corps différents ou par un même corps différemment ébranlé.

Enregistrons graphiquement les vibrations exécutées par divers instruments donnant la même note. La courbe inscrite par un diapason est formée de sinuosités simples, bien symétriques. Il en est de même pour celle d'une corde qui rend le son fondamental. Nous dirons que dans ce cas le son est *simple*. Si la corde n'est pas attaquée au milieu, la courbe n'est plus aussi simple, chaque sinuosité pouvant être formée de plusieurs autres : le son est dit *complexe*.

Les divers instruments rendent en général des sons complexes et les courbes correspondant au même son émis par ces instruments ont même période, mais leur forme diffère de l'une à l'autre.

Nous pouvons donc dire qu'au *point de vue physique, la* HAUTEUR *d'un son dépend de la* PÉRIODE *du mouvement vibratoire, tandis que le* TIMBRE *dépend de la* FORME *de la vibration.*

Nous allons maintenant voir comment Helmholtz en se servant de résonnateurs appropriés a pu analyser ces sons complexes et montrer qu'ils étaient dus à la superposition de sons simples.

132. Résonnateurs sphériques. — Nous avons vu qu'un résonnateur en forme de tuyau pouvait renforcer un son déterminé et un certain nombre de ses harmoniques.

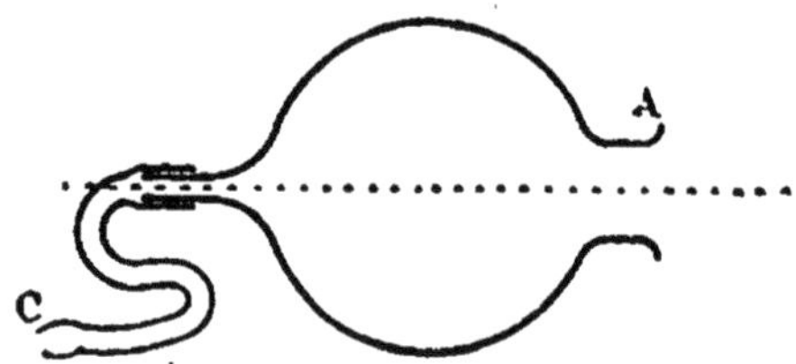

Fig. 109. — Résonnateur sphérique de Helmholtz.

L'expérience montre que les sons peuvent être également renforcés par des *résonnateurs sphériques*, mais dans ce cas, le son simple qu'on nomme le *son propre du résonnateur* est renforcé d'une façon notable; les harmoniques de ce son restent sans renforcement.

Les résonnateurs sphériques employés par Helmholtz dans ses recherches sur le timbre étaient constitués par des sphères creuses en laiton, ouvertes aux deux extrémités d'un diamètre. L'une des ouvertures est munie d'un tuyau cylindrique très court et relativement large, l'autre d'un tuyau conique beaucoup plus étroit.

Pour expérimenter avec un résonnateur, on se bouche une oreille et on fait communiquer le tuyau conique avec l'autre oreille, soit directement, soit par l'intermédiaire d'un tube de caoutchouc. Devant l'ouverture A on produit un son. Si ce son est le son propre du résonnateur, l'air renfermé dans la sphère entre en vibration, et ses vibrations se transmettent à l'oreille ; on entend le son avec un renforcement considérable.

Si, au contraire, le son n'est pas le son propre du résonnateur, l'air de la sphère n'*entre pas en vibration*. L'oreille de l'auditeur est donc séparée de l'extérieur par un matelas sphérique d'*air en repos*, qui ne transmet pas les vibrations ; non seulement le son n'est pas renforcé, mais encore il est éteint.

Un résonnateur sphérique placé à l'oreille renforce considérablement son son propre, et éteint tous les autres.

133. Analyse des sons. Résultats. — En utilisant une série de résonnateurs sphériques de diamètres décroissants, Helmholz a pu constater qu'un son tel que l'ut$_2$ donné par un instrument de musique était renforcé non seulement par le résonnateur ut$_2$, mais encore par d'autres résonnateurs sphériques correspondant à certains harmoniques de l'ut$_2$. Le résultat des expériences d'Helmholtz peut donc se traduire ainsi. *Tout son musical est dû à la superposition d'un certain nombre de sons simples. Le plus grave de ces sons, qui est le son fondamental, a la même hauteur que le son musical étudié ; les autres en sont les harmoniques.*

Le son fondamental, d'intensité plus grande est le seul qu'on entende distinctement ; c'est lui qui fixe la *hauteur*. Les harmoniques forment à ce son fondamental une sorte d'accompagnement, qui en détermine le *timbre*, variable d'un instrument à un autre.

Helmholtz a pu par ses analyses fixer, pour un son musical donné, ceux des harmoniques qui accompagnent le son fondamental ; il a pu également apprécier avec une certaine exactitude leur intensité relative. A la suite de ses expériences il a pu formuler la conclusion suivante.

Le timbre d'un son résulte du nombre et de l'intensité des harmoniques unis au son fondamental.

Quand les harmoniques n'existent pas (diapason, tuyaux

d'orgues fermés) le timbre est sombre, le son pour ainsi dire triste. Dans la flûte, les harmoniques sont peu nombreux et de faible intensité ; le son a beaucoup de pureté et peu d'éclat. Dans le piano il y a un plus grand nombre d'harmoniques, le son a plus d'éclat ; il en est de même du son d'une belle voix humaine, du son des tuyaux d'orgues ouverts. Dans ces trois cas, le son fondamental est accompagné des cinq harmoniques 2, 3, 4, 5, 6. Dans le violon, les harmoniques sont plus nombreux encore, et surtout de rang plus élevé ; le son en est plus beau, mais, surtout pour les notes élevées, avec un certain caractère de stridence, d'acuité, qui devient aisément désagréable si la corde est mise en vibration par des mains inhabiles.

Remarque. — Les conclusions d'Helmholtz relatives au timbre des sons nous permettent d'interpréter ce qui se

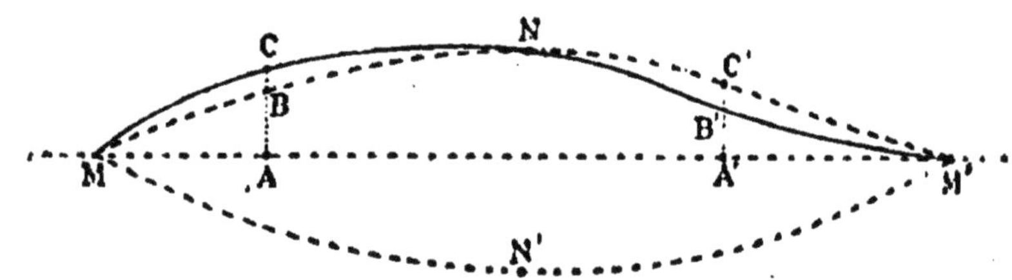

Fig. 110. — Vibration d'une corde.

passe lorsqu'on met en vibration une corde en l'attaquant d'une façon quelconque.

La corde ne présente pas la forme simple d'un fuseau : elle a un mouvement de grande amplitude, sur sa longueur totale, mouvement vibratoire qui donne le *son fondamental*.

En même temps, la corde se subdivise en sections plus petites, vibrant également avec de faibles amplitudes, et rendant des sons qui sont nécessairement des harmoniques de ce son fondamental.

Ainsi dans le cas de la figure 110, pendant que la corde vibre dans sa totalité, avec un nœud à chacune de ses extrémités M et M', et un ventre en N N', elle se subdivise en deux moitiés vibrant chacune pour son compte, avec des nœuds en M, N, M', un ventre au milieu de M N, et un au milieu de N M'. Au point correspondant à l'abscisse M A, l'amplitude de la vibration serait A B si la corde avait vibré normalement, sans subdivision; mais à cause de la vibration supplémentaire, cette amplitude se trouve augmentée d'une quantité B C, correspondant à l'amplitude de la vibration de la moitié M N. En A' l'amplitude, au contraire, est égale à la différence des deux amplitudes.

134. Sons musicaux et bruits. — On désigne ordinairement sous le nom de *sons musicaux* des sons d'une certaine durée, dont il est aisé de saisir la *hauteur* à l'oreille; ils sont tous périodiques et proviennent de la superposition des harmoniques d'un même son fondamental.

On donne le nom de *bruits* à des sons généralement de courte durée, auxquels il semble difficile d'attribuer une hauteur musicale.

L'analyse d'un de ces sons faite par la méthode d'Helmholtz montre que les bruits renferment une grande quantité de sons simples dont les intervalles sont quelconques; la *vibration complexe résultante n'est pas périodique*. Ils ne peuvent donc donner à l'oreille une impression agréable.

135. Synthèse des sons. — A l'analyse des sons, Helmholtz a ajouté la synthèse. Il a montré qu'on peut reproduire un son, avec son timbre caractéristique, en faisant résonner simultanément les harmoniques dont l'analyse a révélé la présence.

L'appareil de synthèse était composé d'une série de diapasons de plus en plus petits. Le plus gros produisait un son fondamental, et les autres, par ordre de dimensions décroissantes, les harmoniques successifs de ce son fondamental. Tous ces diapasons avaient été construits de façon à donner des *sons simples*, sans harmoniques.

Chacun d'eux était placé devant un tuyau de renforcement, qu'on pouvait fermer ou ouvrir plus ou moins, de façon à obtenir un renforcement plus ou moins prononcé.

Ces diapasons étaient mis en vibration électriquement.

Si l'on veut reproduire le son de la *clarinette*, on met en marche le diapason fondamental, avec son tuyau de renforcement largement ouvert, et les diapasons harmoniques correspondant aux harmoniques révélés par l'analyse comme caractérisant le timbre de la clarinette ; le tuyau de renforcement de chacun de ces diapasons est ouvert plus ou moins, suivant l'intensité plus ou moins grande que l'on veut donner à chaque harmonique, d'après les indications fournies par l'analyse.

On a pu également faire donner à l'instrument le timbre de la voix humaine et le timbre caractéristique de chaque voyelle.

<h2 style="text-align:center">V. — INTENSITÉ DU SON</h2>

136. L'intensité d'un son dépend de l'amplitude des vibrations. — L'*intensité* d'un son, au point de vue physiologique, est la qualité qui lui permet d'impressionner plus ou moins fortement l'oreille.

Au point de vue physique, elle dépend de l'*amplitude des vibrations* communiquées à l'oreille par le milieu élastique dans lequel elle se trouve plongée. L'intensité est d'autant plus grande que cette amplitude est plus grande elle-même. Si l'on considère la corde d'un violon, plus on l'écarte de sa position d'équilibre, plus fort est le son qu'elle rend.

Le corps sonore ayant des vibrations de grande amplitude, communique au milieu élastique environnant des vibrations qui sont aussi de grande amplitude. Ces vibrations, en arrivant sur la membrane du tympan l'ébranlent fortement et l'impression ressentie est intense.

L'intensité, ainsi définie, dépend : 1° *des conditions de la production du son ;* 2° *de la distance qui sépare l'oreille du centre de vibration.*

137. Influence, sur l'intensité, des conditions de la production du son. — *L'intensité d'un son est d'autant plus grande que les vibrations du corps sonore ont plus d'amplitude.*

Qu'on fasse vibrer une corde tendue en la pinçant en son milieu, le son produit sera d'autant plus fort qu'on aura plus écarté la corde de sa position d'équilibre ; le son s'affaiblira à mesure que diminuera l'amplitude de la vibration. La même démonstration expérimentale est facile à répéter avec une plaque, une cloche, un tuyau sonore.

Chaque fois qu'un instrument est disposé de manière à pouvoir accomplir des vibrations de grande amplitude, il produit un son de grande intensité.

L'intensité du son est encore augmentée, et souvent dans des proportions considérables, quand la vibration se produit dans le voisinage de corps élastiques qui puissent s'y associer.

Un diapason dont on tient la tige à la main rend un son très faible ; le son augmente beaucoup d'intensité quand on appuie cette tige sur une table, à laquelle se transmettent les vibrations.

Une corde tendue entre deux murs produit un son faible, même quand ses vibrations sont de grande amplitude. L'intensité est plus grande si la corde est tendue entre deux planches de bois, grandes et minces, capables de vibrer à l'unisson de la corde.

Dans les *résonnateurs*, dans les *caisses de renforcement*, il y a une masse d'air qui vibre à l'unisson du son qu'il s'agit de renforcer. Les *tuyaux longs* ne renforcent d'une façon convenable qu'un son fondamental et la série complète de ses harmoniques, si le tuyau est ouvert ; un son fondamental et ses harmoniques de rang impair, si le tuyau est fermé.

Un résonnateur sphérique ne renforce qu'un son.

Mais les *caisses de renforcement* ont souvent une forme plus compliquée, qui leur permet de renforcer presque tous les sons, soit par la vibration de leurs parois, soit par la vibration de la masse d'air intérieure.

C'est le cas de la caisse de renforcement du *sonomètre*. Elle a la forme d'un parallélipipède rectangle fermé à ses deux extrémités, avec deux petites ouvertures circulaires sur la paroi supérieure. Cette caisse est faite avec des planches de sapin bien élastiques et assez minces. Tous les sons produits par les cordes sont renforcés par cette caisse.

De même la caisse d'un violon, dans sa forme singulière, est admirablement propre à renforcer tous les sons.

**138. Influence, sur l'intensité, de la distance qui sépare l'oreille du centre de vibration. — L'expérience montre que le son s'affaiblit quand on s'éloigne du corps sonore, et qu'il cesse d'être perceptible quand la distance est assez considérable : *l'insensité du son diminue donc rapidement avec la distance.*

Ce résultat expérimental peut du reste être prévu par le raisonnement. En effet, quand un mouvement vibratoire se propage librement dans toutes les directions, à travers un milieu homogène, le mouvement se communique à un nombre de molécules de plus en plus grand, à mesure que l'on s'éloigne du centre de vibration. L'énergie vibratoire, partie de ce centre, se dissémine donc dans des masses qui augmentent avec leur distance au centre.

Pour empêcher le son de s'affaiblir en se propageant au loin, il faut donc faire en sorte qu'il se propage dans une direction unique, de manière à n'ébranler qu'une colonne d'air cylindrique ; de cette manière le son conserve, à toutes distances, sensiblement la même intensité.

Chacun a remarqué avec quelle facilité le son se propage d'un bout à l'autre d'un tuyau long de plusieurs centaines de mètres; les *tuyaux acoustiques*, en usage dans certains grands établissements, sont fondés sur ce principe.

Fig. 111. — Porte-voix.

On parle en A; les ondes sonores se transmettent dans le tube légèrement conique BC, puis dans le pavillon D, et, de là, en ligne droite au dehors.

Les *porte-voix*, dont se servent les marins pour converser d'un navire à l'autre, ont pour effet de déterminer la propagation du son dans une direction unique. On a fait en Angleterre des porte-voix longs de 7 mètres, qui permettaient de faire entendre la voix à près de 4 kilomètres de distance.

Les *cornets acoustiques*, sortes d'entonnoirs dont l'extrémité effilée se place dans l'oreille, recueillent les vibrations qui arrivent sur toute l'étendue du pavillon et les font converger vers l'oreille. Ils augmentent l'intensité du son perçu.

139. Conclusion. Interprétation physique des qua-

lités du son. — En étudiant successivement les trois qualités du son nous sommes arrivés aux conclusions suivantes.

L'*intensité* du son dépend de *l'amplitude des vibrations*
communiquées à l'oreille par le milieu élastique dans lequel
elle se trouve plongée. L'intensité est d'autant plus grande
que cette amplitude est plus grande.

La *hauteur* du son dépend de la rapidité des vibrations,
c'est-à-dire du nombre des vibrations accomplies en une

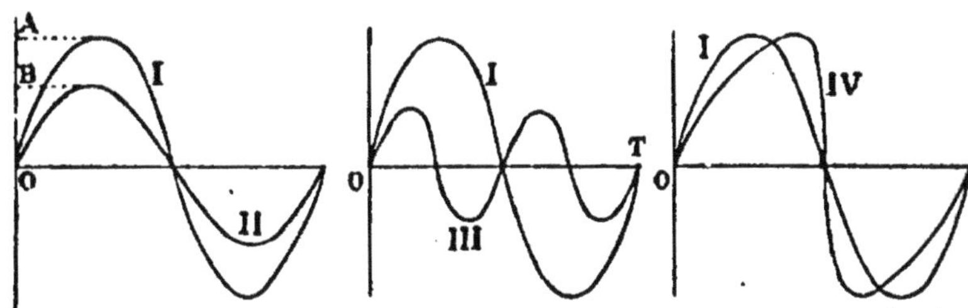

Fig. 112. — Représentation graphique des qualités des sons.

seconde. Elle est d'autant plus grande que ce nombre est lui-
même plus grand.

Le *timbre* d'un son dépend de la nature du mouvement
vibratoire complexe du corps sonore, c'est-à-dire du nombre
et de l'intensité relative des différents harmoniques unis au
son fondamental. Il est caractérisé par la forme de la vibration.

Ces résultats sont résumés dans la figure 112. La courbe I
représente un son *simple* dont la période est égale à OT et
dont l'*intensité* est caractérisée par l'*amplitude* OA. Le son II
est également simple et à même période que I, mais son
intensité est moindre, l'amplitude OB étant inférieure à OA.

Le son III dont la période est égale à $\frac{OT}{2}$ a une hauteur
deux fois plus grande que celle de I.

Enfin le son IV est un son complexe, de même hauteur et
de même intensité que le son I, mais de timbre différent.

Remarque sur le phonographe. — Ces conclusions nous
permettent de mieux comprendre le fonctionnement du phonographe. La courbe tracée en creux dans la cire par le stylet, est la reproduction fidèle des vibrations que l'on veut

enregistrer ; c'est une courbe sinueuse dont la *profondeur* est d'autant plus accentuée que le son est plus *intense*, dont les *sinuosités sont d'autant plus rapprochées* que le son est plus *aigu* et dont la *forme est d'autant plus tourmentée* que le *timbre du son est plus complexe*.

On conçoit alors pourquoi, dans la période de reproduction, la membrane élastique reproduira le son primitif avec son *intensité*, sa *hauteur* et son *timbre*, à condition toutefois que le cylindre ait la même vitesse que dans le premier cas. Si le cylindre tourne plus vite, l'intensité et le timbre ne seront pas modifiés, mais les sons reproduits seront plus aigus que les sons enregistrés.

140. Analogies de la lumière et du son. — Nous avons vu que le son produit en un point d'un milieu homogène, se propage à partir de ce point, dans toutes les directions avec une vitesse constante.

La lumière traverse l'espace avec une si prodigieuse rapidité qu'on a pensé pendant longtemps qu'elle se propageait instantanément d'un point à un autre. Un astronome danois Rœmer a prouvé le premier, en 1675, que la lumière met un certain temps à se propager.

Des mesures de Rœmer et de celles de plusieurs autres expérimentateurs, qui opéraient sur des distances beaucoup plus petites, il résulte que la *lumière se propage dans l'air, d'un mouvement uniforme, dont la vitesse est de 300 000 kilomètres par seconde environ*.

Le son, qui parcourt 340 mètres à la seconde, mettrait à peu près quatorze ans pour aller au soleil, tandis que la lumière parcourt le même espace en huit minutes.

Le son et la lumière se propagent donc dans l'air d'un mouvement uniforme. Cette analogie dans le mode de propagation est encore plus frappante dans le phénomène de la réflexion. Qu'on ait une source lumineuse ou une source sonore devant un obstacle plan, il y a réflexion sur cet obstacle et tout se passe comme si la lumière ou le son provenaient d'une source symétrique. Les lois de la réflexion sont identiques pour les deux phénomènes (**98**).

D'autres analogies entre la lumière et le son résultent de la comparaison des différentes sources lumineuses et des différentes sources sonores. Il y a des lumières simples comme il y a des sons simples.

Nous avons vu qu'un diapason rend un son pur, de hauteur bien déterminée, c'est-à-dire caractérisé par un nombre de vibrations bien déterminé ; de même les expériences faites avec le prisme nous ont montré que la lumière du sodium émet des radiations pures caractérisées par un indice de réfraction déterminé.

Au contraire, les sons rendus par les divers instruments de musique sont dus à la superposition de plusieurs sons simples et nous avons pu en faire l'analyse à l'aide de résonnateurs appropriés. En optique, le spectroscope, qui permet d'analyser la lumière, nous a montré que les vapeurs métalliques et les gaz incandescents émettaient des lumières dont la couleur est due à la superposition de plusieurs radiations simples.

La lumière blanche qui renferme une infinité de radiations pourrait être comparée à un bruit dans lequel on peut reconnaître une infinité de sons simples.

Conclusion. Hypothèse des vibrations lumineuses. — Les analogies importantes que nous venons de signaler conduisent à penser que la lumière est due, comme le son, à un *phénomène vibratoire.* C'est là l'*hypothèse fondamentale de la théorie des ondulations.* D'après cette théorie, un point lumineux est animé d'un mouvement périodique. Ce mouvement se propage, à partir du point, dans toutes les directions et avec la même vitesse dans chacune d'elles, si le milieu est homogène.

TROISIÈME PARTIE

MAGNÉTISME

141. Aimants artificiels et aimants naturels. — Tout le monde a eu entre les mains ces petits barreaux d'acier appelés *aimants* qui jouissent de la propriété d'attirer le fer et l'acier. On en fabrique de toutes formes et on leur communique cette propriété particulière par des procédés que nous étudierons plus loin.

On appelle *magnétisme* l'ensemble des phénomènes que peuvent produire ces *aimants*.

Certains échantillons de l'oxyde de fer naturel (de formule Fe^3O^4) jouissent également de la propriété d'attirer le fer. A

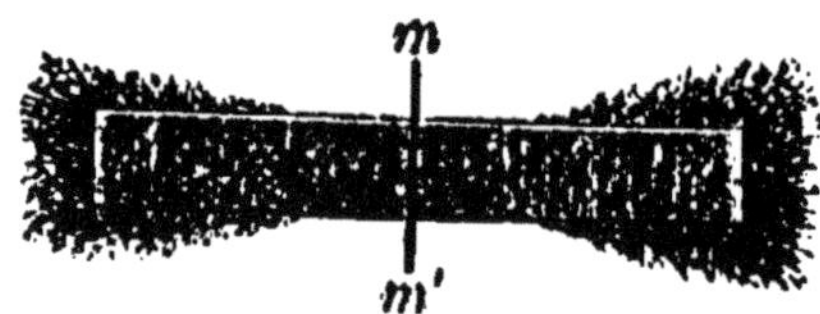

Fig. 113. — Un barreau aimanté n'attire la limaille de fer qu'à ses extrémités.

ces échantillons on donne le nom d'*aimants naturels* ou *pierres d'aimant* et par opposition on appelle *aimants artificiels*, les barreaux d'acier trempé que l'on a rendu magnétiques.

Pôles d'un aimant. Distinction des deux pôles. — Si l'on projette de la limaille de fer sur une pierre d'aimant ou sur un barreau aimanté, celle-ci s'attache autour de certains points en forme de houppes. La propriété magnétique est donc localisée en des points particuliers que l'on appelle des pôles.

Dans un aimant artificiel, il y a un pôle à chaque extrémité et entre les deux une zone neutre *mm'*. Cette simplicité de la distribution des pôles explique pourquoi on emploie toujours des aimants artificiels.

On leur donne trois formes principales :

1° La forme de barreaux aimantés parallélépipédiques.

2° La forme d'aimants en fer à cheval (utilisés pour attirer une pièce de fer nommée *armature*) (fig. 124).

3° La forme d'aiguille aimantée, lame d'acier plate, taillée en losange très allongé (fig. 114).

L'aiguille aimantée est toujours mobile autour d'un pivot

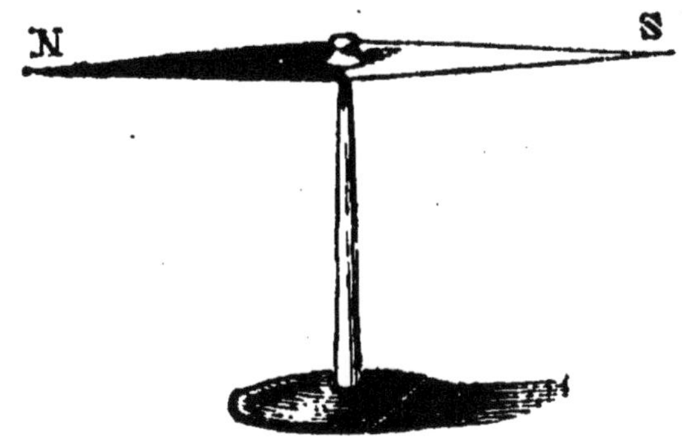

Fig. 114. — Aiguille aimantée mobile autour d'un pivot.

sur lequel elle est posée au moyen d'une chape creuse. Si on l'abandonne à elle-même, elle oscille et s'arrête toujours dans une direction fixe qui est à peu près celle du nord au sud, le même pôle étant toujours du côté nord. Un barreau aimanté suspendu horizontalement par un fil prend également la même direction.

Ces expériences montrent que les deux pôles d'un aimant ne sont pas identiques : celui qui se dirige sensiblement vers le nord se nomme *pôle nord*, celui qui se tourne vers le sud se nomme *pôle sud*. Dans les aiguilles des boussoles, le premier est coloré en bleu.

142. Actions réciproques des aimants. — Si, tenant un barreau aimanté dans chaque main, on les met en contact par leurs pôles de noms contraires, on a une certaine peine à les séparer. Si, au contraire, les aimants se touchent par leurs pôles de même nom, on n'éprouve aucune résistance à les écarter. Ceci nous fait penser que les pôles d'aimants exercent des actions les uns sur les autres et que ces actions varient suivant leur nature. Pour le voir d'une façon plus nette nous allons étudier l'action d'un aimant sur un aimant mobile : une aiguille aimantée par exemple.

Si du pôle nord de l'aiguille en équilibre, nous approchons le pôle sud du barreau : il y a attraction, ce que la première expérience faisait prévoir. Approchons au contraire le pôle sud du barreau du pôle sud de l'aiguille : il y a répulsion.

En résumé : *les pôles de noms contraires s'attirent, les pôles de même nom se repoussent.*

Ces attractions et ces répulsions sont des forces qu'on peut mesurer avec une balance sensible.

Plaçons le barreau NS horizontalement sur un des plateaux de la balance et rétablissons l'équilibre à l'aide d'une tare placée en B. Plaçons l'autre barreau N'S' de façon que son pôle nord N' soit au-dessus de N ; il y a répulsion et pour rétablir l'équilibre il faut enlever des poids du plateau A. Les poids enlevés mesurent la force de répulsion qui s'exerce entre N et N'.

On peut constater que cette force diminue quand la distance des deux pôles augmente et qu'elle varie également avec les pôles en présence. On dit pour cette raison que les divers pôles n'ont pas la même intensité.

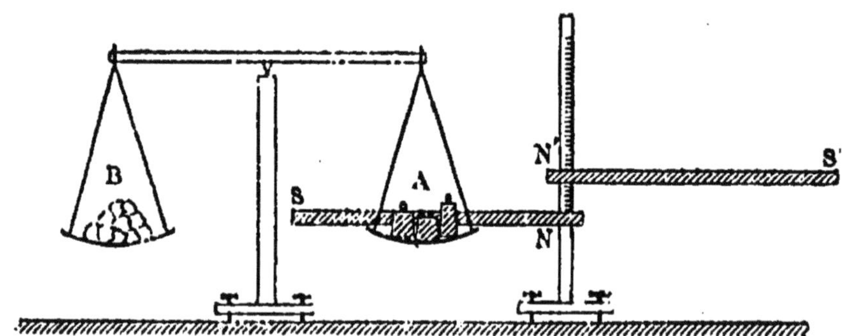

Fig. 115. — Vérification de la loi de Coulomb.

143. Masses magnétiques. Loi de Coulomb. — On peut dans l'expérience précédente, étudier d'une façon précise la variation de la force de répulsion entre les pôles N et N'

avec leur distance. Il suffit de placer derrière ces pôles une règle verticale dont le zéro soit à la hauteur de N lors de l'équilibre.

On constate que *cette force varie en raison inverse du carré de la distance.* Il en est de même pour les forces attractives : c'est *Coulomb* qui a trouvé cette loi de variation.

Si maintenant on veut comparer deux pôles de même nom N' et N" on cherchera à l'aide de l'appareil précédent, les forces qu'ils exercent sur N lorsqu'on les place successivement à la même division de la règle. *Le pôle N' sera dit supérieur, égal ou inférieur à N", selon que la force qu'il exercera sur N sera supérieure, égale ou inférieure à la force exercée par N" placé à la même distance de N.*

Le pôle N' sera double, triple du pôle N" si la force qu'il exerce sur N est deux, trois fois plus grande que la force exercée par N' placé à la même distance.

Au lieu de dire que deux pôles N et N' sont égaux, on dit aussi qu'ils ont même *intensité,* ou encore qu'ils renferment la même *masse de magnétisme nord.*

En résumé, les pôles ou les masses magnétiques sont des grandeurs mesurables, puisque nous en avons défini l'égalité et l'addition ; il nous reste à fixer une unité.

Dans le système C. G. S. on prend comme *unité de pôle nord, le pôle qui, placé à 1 centimètre d'un pôle égal, exerce sur lui une force répulsive égale à 1 dyne.*

Tout ce qui précède s'applique aux pôles sud ; on convient de représenter les pôles nord par des nombres positifs, les pôles sud par des nombres négatifs.

On peut résumer la loi de Coulomb et la définition des masses magnétiques dans la formule suivante :

$$f = \frac{mm'}{d^2}$$

où *m* et *m'* sont les masses magnétiques en présence, placées à une distance *d* évaluée en centimètres. La force *f* est évaluée en dynes.

144. Effets de la rupture d'un aimant.

— Si l'on veut chercher à isoler un pôle d'aimant, il vient naturellement à l'esprit de casser en deux un barreau aimanté. Prenons par exemple une aiguille aimantée, et constatons qu'elle n'attire la limaille qu'à ses deux extrémités N et S. Brisons-la en deux et plongeons les deux parties dans la limaille de fer ; la limaille s'attache encore aux extrémités des deux petites aiguilles et on peut constater que les pôles sont dirigés comme l'indique la figure 116. En brisant l'aiguille en un nombre quelconque de parties, on constate encore que chaque partie devient un aimant complet.

Il est donc impossible d'isoler un pôle unique : chaque

Fig. 116. — Expérience de l'aimant brisé.

fois que l'on produit une cassure dans un aimant, il apparaît toujours à cette cassure deux pôles de noms contraires.

Cette expérience conduit à une hypothèse sur la constitution des aimants : *un aimant serait formé par une infinité de particules aimantées, orientées toutes dans le même sens.*

De cette façon les pôles qui sont aux extrémités agissent seuls, les pôles intermédiaires se neutralisant deux à deux.

On peut du reste vérifier cette hypothèse en collant sur une feuille de carton des petites aiguilles aimantées, orientées de façon que tous les pôles nord soient du même côté, on constate que l'ensemble se comporte exactement comme un aimant unique.

II. — CHAMP MAGNÉTIQUE

145. Aimantation par influence. — On peut communiquer la propriété magnétique à un petit nombre de substances (fer, acier, nickel) en les frottant avec un pôle d'aimant. Elle peut aussi être acquise d'une autre manière.

Plaçons un petit barreau de fer doux à une petite distance

du pôle nord d'un aimant (fig. 117) : il acquiert la propriété
d'attirer la limaille du fer, autrement dit il s'aimante ; on dit
qu'il est aimanté par influence. En approchant de l'une de
ses extrémités le pôle nord d'une aiguille aimantée mobile
sur un pivot, on constate que l'extrémité la plus voisine du
pôle nord N est un pôle sud s et que l'autre est un pôle nord n.

Mais si l'on éloigne l'aimant influençant, la limaille de fer
retombe : l'aimantation du barreau de fer cesse :

Si l'on fait la même expérience avec un petit barreau d'acier,
on constate qu'il s'aimante comme le barreau de fer, avec

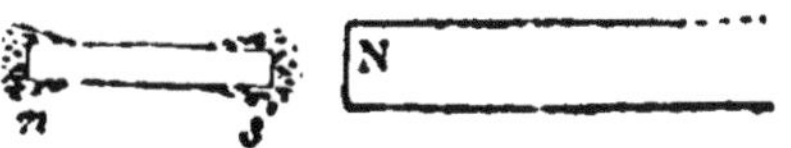

Fig. 117. — Aimantation, par influence, d'un morceau de fer doux.

cette différence que son aimantation ne disparaît pas quand
on éloigne le barreau influençant.

Il résulte donc de ces expériences que les substances
capables de s'aimanter par frottement peuvent aussi s'aimanter par influence, et que l'aimantation ne subsiste après éloi-
gnement du barreau influençant que pour l'acier. On donne
le nom de *magnétisme rémanent* à la fraction plus ou moins
grande de magnétisme développé par influence et conservé
par l'acier et on appelle *force coercitive* la propriété qu'a
l'acier de rester aimanté.

Remarquons que l'influence magnétique explique l'attraction de la limaille de fer par un aimant : chaque grain de
limaille devient un petit aimant dont le pôle nord est tourné
vers le pôle sud du gros aimant et est par suite attiré par ce
pôle.

Cette propriété des aimants montre en outre que l'espace
environnant un aimant est modifié. On appelle *champ
magnétique* l'espace dans lequel s'exerce l'action magnétique
de l'aimant.

146. Spectres magnétiques. — L'existence du champ
magnétique peut être facilement mise en évidence par l'expérience suivante.

Plaçons sur une table un barreau aimanté et au-dessus de lui, horizontalement, une feuille de carton ou une lame de verre. Puis, au moyen d'un tamis fin, faisons tomber de la limaille de fer. En imprimant de petites secousses à la lame

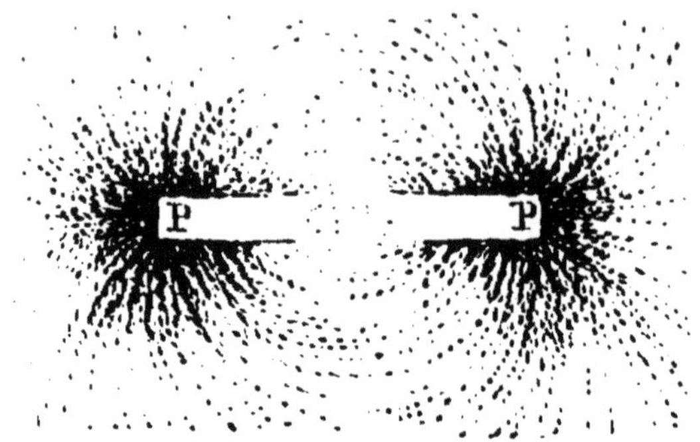

Fig. 118. — Spectre magnétique d'un barreau aimanté.

pour permettre aux grains de se déplacer, on les voit immédiatement s'orienter et se disposer en lignes courbes régulières qui partent des différents points des extrémités, pour aboutir aux points correspondants de l'autre. A mesure que les points d'où elles partent sont plus près des extrémités, les

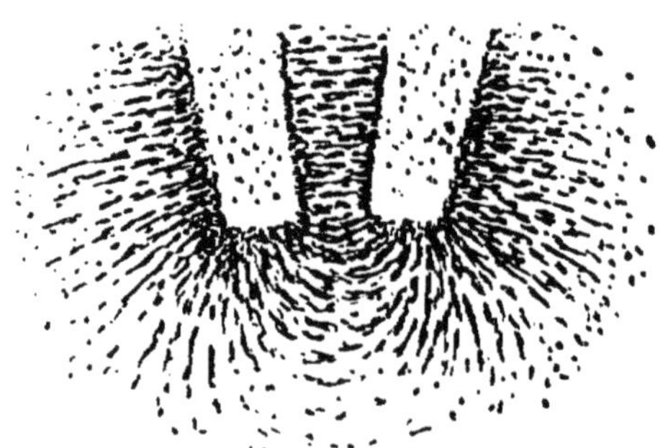

Fig. 119. — Spectre magnétique d'un aimant en fer à cheval.

lignes s'écartent davantage de l'aimant, de sorte qu'elles finissent par ne plus se fermer. La figure ainsi obtenue est appelée *spectre magnétique* et on donne le nom de *lignes de force* du champ, aux lignes régulières dessinées par la limaille.

Cette expérience met en évidence l'action magnétique de l'aimant à distance, à travers les corps solides. En d'autres termes elle montre l'existence du champ magnétique de l'aimant.

On peut répéter une expérience analogue avec une aiguille aimantée ou avec un aimant en fer à cheval (fig. 119) ou encore avec deux pôles de deux aimants différents.

Dans tous les cas, on voit que les lignes de force vont d'un pôle à l'autre et se confondent quand elles se rencontrent, si les deux pôles sont de même nom ; elles semblent au contraire se repousser si elles partent de deux pôles de noms contraires.

147. Exploration du champ magnétique à l'aide d'une aiguille aimantée.

— La direction des lignes de force peut également être déterminée d'une autre manière.

Si l'on place dans le voisinage d'un aimant une petite aiguille aimantée suspendue horizontalement à un fil, on la voit prendre, sous l'influence du barreau, une direction fixe différente de celle qu'elle prend sous l'influence de la terre. Cette direction fixe ne dépend que du point où se trouve l'aiguille. Il est d'ailleurs facile de constater qu'en chaque point l'aiguille prend la direction du filet de limaille qui passe par ce point dans l'expérience précédente : en d'autres termes elle est tangente à la ligne de force qui passe par ce point. De plus elle est orientée de façon que son pôle nord soit dirigé vers la région sud de l'aimant.

148. Direction et sens du champ.

— Cette action directrice s'explique de la façon suivante. Le pôle nord n de l'aiguille est soumis de la part de la région nord du barreau à des forces de répulsion dont la résultante est $n\,n'$ (fig. 120) ; de la part de la région sud, il subit des forces d'attraction qui ont pour résultante $n\,s'$. Ce pôle est donc soumis à deux forces dont la résultante np est la diagonale du parallélogramme construit sur ces deux forces. L'expérience montre que la direction de cette résultante ne dépend que du point où est placé le pôle n ; c'est pourquoi elle définit la *direction du champ en ce point*.

Le pôle sud s de l'aiguille est de même soumis à deux forces sn'', et ss'' ; admettant une résultante sq dont la direction est celle du champ au point *s*. Or si l'aiguille est très petite, le point *s* étant très voisin du point *n*, les deux forces *np* et *sq* sont égales, parallèles et de sens contraires. L'aiguille mobile autour de son centre de gravité, se place dans une direction telle que les deux forces soient dans le prolongement l'une de l'autre. L'expérience nous a montré que cette direction est alors tangente au filet de limaille qui passe par ce point. Ce fait résulte évidemment de ce que chaque grain de limaille devenant un petit aimant s'oriente comme le fait l'aiguille ; par suite un des filets de limaille indique en chaque point la direction d'orientation du grain et par suite les directions successives du champ aux différents points. C'est pour cette raison qu'on appelle *lignes de force* les lignes dessinées par la limaille.

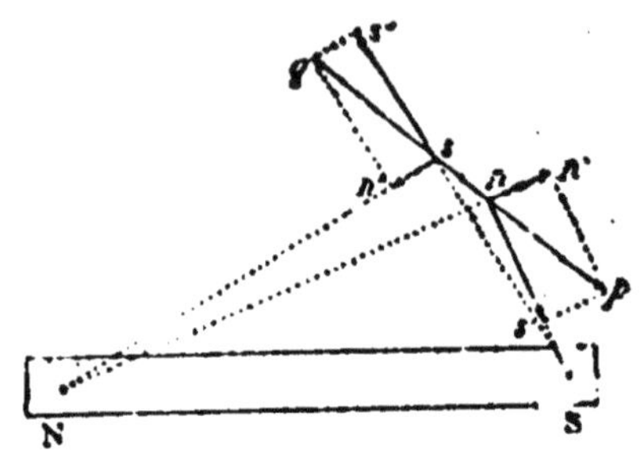

Fig. 120. — Action directrice exercée sur un petit aimant par le champ magnétique d'un gros barreau.

Chacune d'elles ayant la propriété d'être tangente en chacun de ces points à la direction du champ en ce point.

Or sur chaque ligne de force, il y a deux sens à considérer. On convient d'appeler *sens du champ*, en un point, le sens de la force qui agirait sur un pôle nord placé en ce point. Nous devons donc considérer les lignes de force comme partant de la région nord des aimants et se dirigeant vers la région sud.

149. Intensité du champ. — Si la direction de la force qui s'exerce sur un pôle placé en un point donné d'un champ est fixe, il n'en est pas de même de l'intensité de cette force. Celle-ci dépend de la valeur du pôle considéré. Si ce pôle a une masse magnétique égale à l'unité, l'intensité de la force représente l'*intensité du champ* au point où le pôle est placé.

Unité d'intensité. — Quand la force qui s'exerce sur l'unité de masse magnétique placée en un point est une dyne, on dit que l'intensité du champ en ce point est un *gauss*. Au voisinage du pôle nord d'un barreau aimanté, le champ atteint environ 500 gauss; l'intensité des champs magnétiques les plus intenses vaut à peu près 40.000 gauss.

L'expérience montre que, dans un champ magnétique, l'intensité est d'autant plus grande que les lignes de force sont plus serrées. L'examen du spectre magnétique montre donc que c'est au voisinage des pôles que le champ est le plus intense.

Champ magnétique uniforme. — En général, la direction et l'intensité d'un champ magnétique varient d'un point à l'autre. Dans quelques cas particuliers cependant elles sont les mêmes en tous les points; les lignes de force sont alors des droites parallèles. Un pareil champ est appelé *uniforme*. Ainsi dans la région située entre les branches d'un aimant en fer à cheval, le champ est sensiblement uniforme (fig. 119).

150. Flux magnétique. — Considérons une petite surface s placée en un point A d'un champ magnétique, normalement à la direction moyenne des lignes de force qui la traversent (fig. 121). Soit H la valeur du champ magnétique en A, valeur qui est sensiblement la même en chaque point de la surface. On dit que la surface s est traversée par un *flux magnétique* qui est d'autant plus grand que la surface est plus grande et que le champ est plus intense; par définition ce flux est représenté numériquement par le produit $H \times s$. Ce flux magnétique qui traverse la surface s peut être comparé à la quantité d'eau qui traverse par seconde une surface prise dans un courant d'eau.

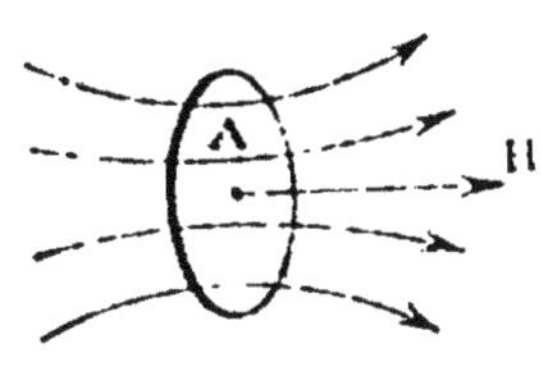

Fig. 121.

Les considérations précédentes (**149**) nous montrent que le flux magnétique relatif à une surface est d'autant plus grand, qu'il y a plus de lignes de force qui la traversent; on sait en effet que plus il y a de lignes de force, plus le champ magnétique est intense.

On comprend aussi que si la surface n'est pas normale aux lignes de force, le flux qui la traverse est plus faible, le nombre des lignes de force qui la coupent étant moindre.

Si la surface est parallèle aux lignes de force, le flux est nul.

151. Notion de perméabilité-Applications. — Les champs magnétiques peuvent subir des modifications importantes quand on y introduit certains corps. Ainsi, plaçons au voisinage d'un des pôles d'un barreau aimanté un morceau de fer doux ou d'acier, et faisons de nouveau l'expérience du spectre magnétique avec de la limaille de fer. En comparant la figure obtenue avec la précédente, on constate des modifications dans la région du fer ou de l'acier. Les lignes de force se sont courbées, déformées comme si elles pénétraient en plus grand nombre dans cette substance : on dit que le fer

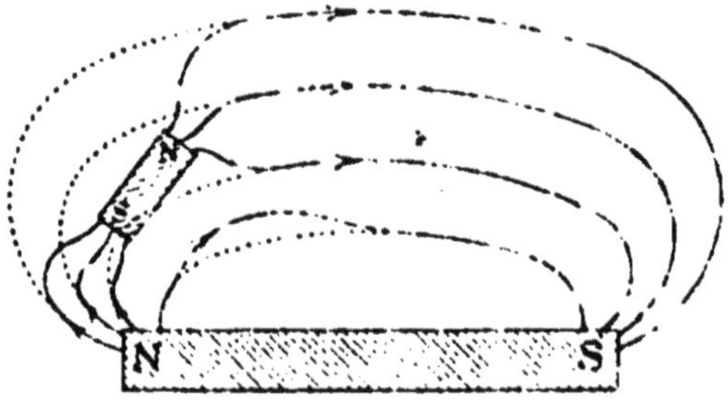

Fig. 122. — Canalisation des lignes de force par un barreau de fer. Aimantation par influence.

est *perméable* aux lignes de force. Nous savons d'ailleurs qu'en même temps la substance s'aimante, un pôle de nom contraire à celui du pôle influençant se produisant à l'extrémité la plus voisine de ce pôle.

L'expérience est analogue avec un morceau de fonte, d'acier ou de nickel ; toutes ces substances, introduites dans un champ magnétique ont la propriété de rassembler les lignes de force, ce qui produit à leur intérieur un champ plus intense qu'à l'extérieur. Ces substances s'aimantent en même temps : on les appelle substances *ferromagnétiques*.

D'autres, ne rassemblent pas les lignes de force, elles les laissent passer sans modifier le champ et ne s'aimantent pas sensiblement : ce sont les corps *paramagnétiques* (eau, bois...)

Enfin un très petit nombre de substances, telles que le bismuth, ont la propriété de n'être pas perméable aux lignes de force : celles-ci s'écartent à leur voisinage. De plus les corps ne s'aimantent que très peu et en sens inverse des autres. Elles sont dites *diamagnétiques*.

On comprend aisément l'usage qu'on peut faire des propriétés du fer doux pour rassembler les lignes de force d'un champ magnétique. On les utilise surtout dans les cas suivants :

1° *Conservation des aimants.* — On constate qu'un barreau aimanté abandonné à lui-même perd peu à peu son aimantation. On y remédie en plaçant les barreaux par groupe de deux dans des boîtes, les pôles de noms contraires étant en regard. Aux deux extrémités sont placées deux plaques de fer doux qui concentrent les lignes de force à leur intérieur. L'ensemble forme un *circuit magnétique fermé* : aucune

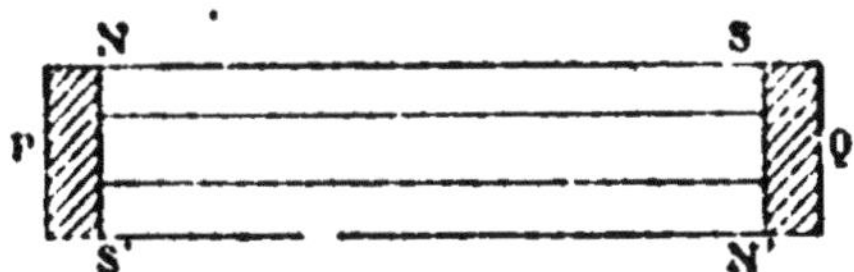

Fig. 123. — Deux barreaux aimantés, munis de leurs armatures de fer doux.

ligne de force n'en sort et on constate que l'aimantation se conserve beaucoup plus longtemps.

On obtient de même un circuit magnétique à peu près fermé en réunissant les deux pôles d'un aimant en fer à cheval (fig. 124) par une armature de fer qui s'aimante sous l'influence des deux pôles et joue le même rôle que précédemment.

2° *Production de flux magnétique intense.* — En plaçant un morceau de fer entre deux pôles de noms contraires par exemple, on augmente le flux dans cette région, propriété utilisée dans les générateurs électriques.

3° *Aimantation de l'acier.* — Le fait que l'acier conserve son aimantation peut être utilisé à faire des aimants en plaçant des barreaux d'acier dans un champ magnétique. Mais avec le champ magnétique des aimants, l'aimantation de l'acier n'est pas très intense : pratiquement on utilise pour construire des aimants permanents les champs magnétiques moins étalés et plus intenses créés par le courant électrique (177).

152. Caractéristiques des aimants. Usages des aimants. — Nous savons qu'un aimant étant placé dans un champ magnétique, chacun de ses pôles est soumis à une force proportionnelle à la masse magnétique de ce pôle. Si le champ est uniforme, ces deux forces sont égales, parallèles et de sens contraires, elles constituent donc un couple dont le moment (produit de l'une d'elles par leur distance) est par suite proportionnel à la masse magnétique m et à la longueur l du barreau.

En d'autres termes, l'action exercée par l'aimant dépend du produit ml; aussi caractérise-t-on un aimant par la valeur de ce produit qu'on appelle son *moment magnétique*. On peut aussi caractériser l'aimant par son *intensité d'aimantation*, quotient de son moment par son volume. Ainsi un barreau de 40 centimètres cubes ayant 20 centimètres de long, et dont les pôles possèdent une masse magnétique égale à 600, a un moment égal à 12 000 unités et une intensité d'aimantation qui vaut $\dfrac{12\,000}{40} =$ 300 unités.

Fig. 124. — Aimant en fer à cheval, muni de son armature de fer doux.

C'est du degré d'aimantation des aimants ou de leur intensité d'aimantation que dépendent les actions exercées par les aimants. Au point de vue de leur utilisation, on est conduit à leur donner des formes qui ne correspondent pas toujours au moment magnétique maximum pour une masse donnée. Ainsi pour soulever des poids, on prend des aimants en fer à cheval munis d'une armature de fer doux à laquelle est fixée un crochet (fig. 124). Dans ce cas, au lieu de prendre un aimant massif, on le construit au moyen de lames juxtaposées, ce qui a l'avantage d'augmenter l'intensité d'aimantation.

Les aimants sont aussi utilisés dans les machines électriques à cause de leurs champs. Ils ont également alors une forme recourbée.

III. — CHAMP MAGNÉTIQUE TERRESTRE.

153. Action de la terre sur les aimants. — Une aiguille aimantée, un barreau aimanté mobile autour de son centre de gravité, s'orientent dans une direction fixe : il faut en conclure qu'autour de la terre existe un *champ magnétique* et que les aimants s'orientent suivant les lignes de force de ce champ.

Or plusieurs aiguilles placées dans un même lieu, prennent des directions parallèles : le champ magnétique terrestre est donc *uniforme* en un même lieu (149).

S'il en est ainsi, il doit exercer sur les deux pôles d'un aimant deux forces égales, parallèles et de sens contraires : en d'autres termes son action doit se réduire à un couple. C'est ce que l'expérience vérifie. Cette action n'est pas celle d'une force unique : celle-ci serait en effet soit verticale, or le poids d'un barreau ne varie pas quand on l'aimante ; soit horizontale, or une aiguille aimantée placée sur un flotteur de liège à la surface de l'eau, ne prend aucun mouvement de translation ; soit oblique, elle aurait alors des composantes verticales et horizontales qui se manifesteraient comme les précédentes.

Il en résulte que l'action de la terre sur un aimant est celle d'un couple : elle a pour effet de faire tourner l'aimant jusqu'à ce que les deux forces soient opposées : elle est purement directrice.

154. Méridien magnétique . Inclinaison et déclinaison. — Le champ magnétique terrestre uniforme au voisinage d'un point, varie d'un lieu à l'autre. Son intensité et sa direction caractérisent un lieu donné. Si on connaît en particulier la direction du champ pour chaque lieu, l'observation d'un aimant permettra de s'orienter. De là l'utilité de déterminer par chaque lieu la direction du champ terrestre. On la définit par deux angles : l'inclinaison et la déclinaison.

Considérons en un point A le vecteur AT qui représente le champ terrestre en ce point. Si AV est la verticale du point A, le plan vertical A V T X, est le méridien magnétique *du lieu. Le méridien magnétique est donc le plan vertical qui contient la direction d'une aiguille aimantée orientée par la terre.*

L'angle que fait ce plan avec le plan du méridien géographique du lieu s'appelle déclinaison. Si H est le plan horizontal qui passe par A, il coupe les deux méridiens suivant A X₁ et A X₂ : l'angle A X₁ X₂ = d, est la déclinaison.

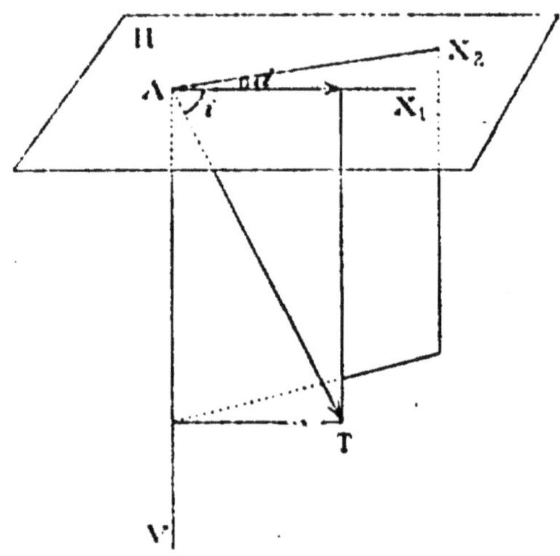

Fig. 125. — Inclinaison et déclinaison.

D'autre part la direction A T de l'aiguille est inclinée sur l'horizon : on appelle *inclinaison l'angle que fait cette direction avec le plan horizontal.*

Il est représenté sur la figure par l'angle T A X₁.

La mesure des deux angles pourrait se faire simultanément au moyen d'une aiguille suspendue par son centre de gravité. Mais un pareil mode de suspension est trop instable et trop difficile à réaliser, de sorte que dans la pratique, cette mesure nécessite l'emploi de deux appareils distincts.

155. Boussole de déclinaison. — *Principe.* Si une aiguille aimantée est mobile dans un plan horizontal, les composantes verticales du champ terrestre qui agissent sur chacun de ses pôles ne peuvent avoir d'autre effet que de l'appuyer sur l'axe. Quant aux composantes horizontales, elles font tourner l'aiguille jusqu'à ce qu'elle se place dans leur direction. Ainsi l'aiguille prendra la direction de la composante horizontale $X X_1$. Dès lors la déclinaison a pour mesure l'angle aigu que fait l'aiguille aimantée avec la méridienne géographique du lieu. La déclinaison est dite orientale ou occidentale suivant que le pôle nord de l'aiguille est à l'est ou à l'ouest du méridien géographique.

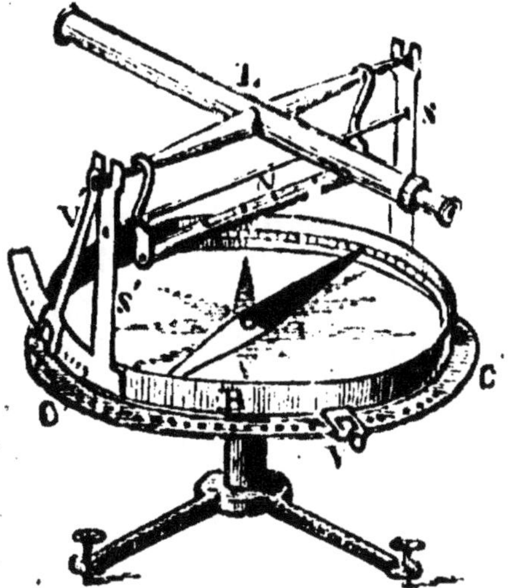

Fig. 126. — Boussole de déclinaison.

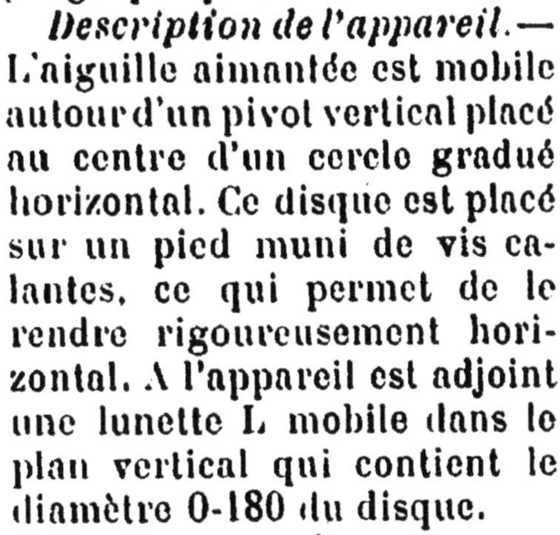

Description de l'appareil. — L'aiguille aimantée est mobile autour d'un pivot vertical placé au centre d'un cercle gradué horizontal. Ce disque est placé sur un pied muni de vis calantes, ce qui permet de le rendre rigoureusement horizontal. A l'appareil est adjoint une lunette L mobile dans le plan vertical qui contient le diamètre 0-180 du disque.

Expériences de mesure. — La mesure de la déclinaison comporte en premier lieu la détermination du méridien géographique. Pour cela, au moyen de la lunette, on vise par exemple le centre du soleil à midi, en faisant tourner l'appareil entier. Cette opération faite, l'axe de la lunette et par suite le diamètre 0-180 du disque se trouvent dans le plan du méridien géographique. L'aiguille se place dans le plan du méridien magnétique : il suffit de lire l'angle que fait sa pointe nord avec le diamètre 0-180.

Corrections. — La détermination ainsi faite est sujette à différentes erreurs provenant en particulier de ce que la ligne des pôles de l'aiguille ne coïncide pas toujours exactement avec la ligne des pointes.

On arrive à un résultat plus exact en retournant l'aiguille face pour face après une première lecture et en prenant la moyenne entre le nouvel arc mesuré et le premier.

Résultats. — La déclinaison en un lieu déterminé n'a pas une valeur fixe. Elle subit des variations, les unes périodiques les autres accidentelles. Ces dernières, qui ne durent en général que quelques heures, paraissent liées à l'état électrique de l'atmosphère; elles coïncident souvent avec l'apparition d'aurores boréales.

Quant aux variations périodiques, elles sont de deux sortes. Au cours d'une journée, la déclinaison subit des variations *diurnes* dont l'amplitude atteint quelques minutes. De plus, la valeur moyenne de la déclinaison subit des variations *séculaires* assez importantes et qui paraissent régulières. Ainsi à Paris en 1580 la déclinaison était orientale et égale à 12°30', elle a diminué chaque année et jusqu'à devenir nulle en 1663, l'aiguille étant dirigée exactement du nord au sud; puis elle est devenue occcidentale et a atteint en 1814 la valeur maximum de 22°35'. Depuis cette époque elle décroît : en 1903 elle était de 14°36', en 1907 de 14°24' et au 1er janvier 1910 de 14°5'.

D'autre part la déclinaison varie d'un point à l'autre du globe : les régions où elle est occidentale sont séparées des régions où elle est orientale par une ligne pour laquelle la déclinaison est nulle.

A cause de l'importance de la connaissance de la déclinaison, on construit des cartes *magnétiques* qui indiquent par des lignes continues les points ayant même déclinaison. Ces lignes appelées *isogones* sont très irrégulières. A cause des variations locales de la déclinaison, ces cartes doivent être revisées très souvent.

156. Emploi de la boussole pour déterminer une direction. Boussoles usuelles. — Quand on connaît la déclinaison d'un lieu, une aiguille mobile sur un pivot vertical permet de déterminer exactement la direction du nord géographique. On donne le nom de boussoles aux instruments employés dans ce but.

Grâce à la *boussole marine* ou *compas*, on peut faire suivre à un navire un chemin déterminé, tracé à l'avance sur une carte. Il faut pour cela maintenir l'axe du navire dans cette direction. Si celle-ci fait un angle α avec le méridien géographique, en un certain point où la déclinaison est d [1], l'axe

---

[1]. Cette déclinaison est déterminée au moyen de la carte magnétique.

du navire doit faire un angle $x + d$ avec la ligne des pôles de l'aiguille. D'autre part la boussole est suspendue de manière que le disque soit toujours horizontal malgré les oscillations du navire. Elle ne porte pas de lunette, mais l'aiguille est collée sur un cercle de mica qui porte une rose des vents et au-dessus duquel une tige fixe qu'on appelle ligne de foi indique la direction de l'axe du navire. Le timonier oriente le navire de façon que l'aiguille fasse avec la ligne de foi l'angle $x + d$ que l'on a déterminé.

Quant aux petites boussoles portatives, elles sont simplement constituées par une aiguille mobile sur un pivot placé au centre d'un cercle gradué; sur ce disque on a marqué les points cardinaux. Si l'on ne tient pas compte de la déclinaison, il suffit pour s'orienter de tourner la boussole, en tenant le disque horizontalement, jusqu'à ce que la direction de l'aiguille coïncide avec la ligne nord-sud.

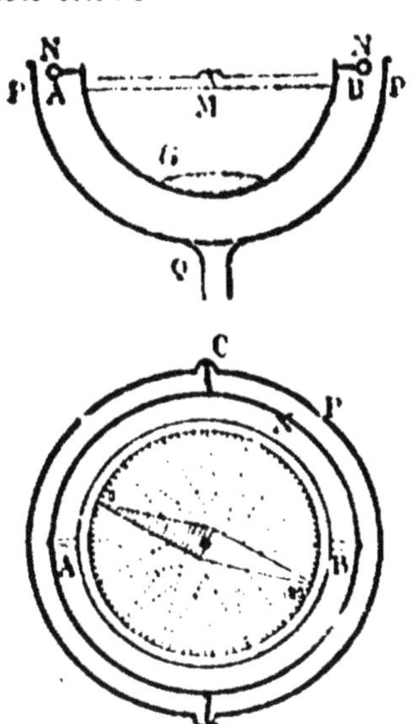

Fig. 127. — Boussole marine, avec sa *suspension à la Cardan*.

La boîte M de la boussole peut tourner autour de AB dans un anneau métallique N qui peut lui-même tourner autour de CD dans l'anneau P, qui est fixé au pied Q de l'appareil. En G, une masse de plomb pour alourdir la partie inférieure de la boîte.

157. Boussole d'inclinaison. —

Principe. — Si une aiguille aimantée est mobile dans un plan vertical autour d'un axe horizontal et si l'on fait coïncider ce plan avec le plan du méridien magnétique, l'aiguille se trouvant dans le même plan que la force qui la sollicite prend la direction de cette force. L'angle qu'elle fait alors avec le plan horizontal est l'inclinaison du lieu.

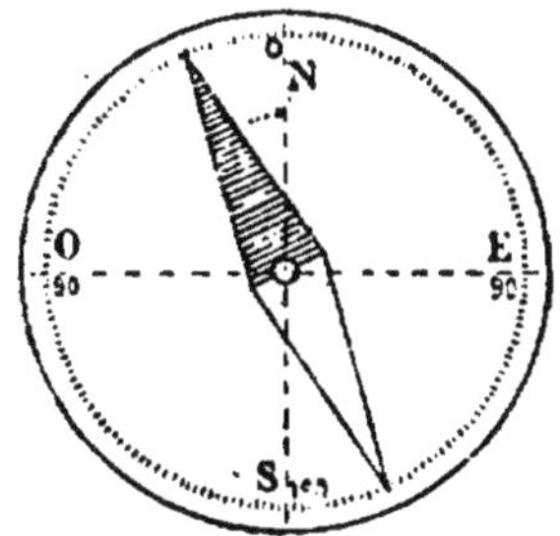

Fig. 128. — Boussole.

Description. — L'appareil qui sert à cette mesure s'appelle boussole d'inclinaison. Il est composé essentiellement par

une aiguille d'inclinaison dont l'axe traverse le centre d'un
cercle gradué vertical, évidé (fig. 129).

Mesure de l'inclinaison. — On commence par orienter le
cercle vertical dans le plan du méridien magnétique en se
servant d'une boussole de déclinaison par exemple. Puis on

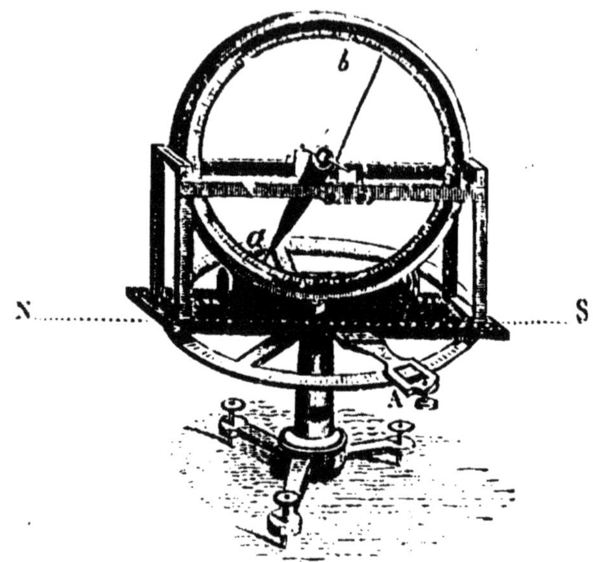

Fig. 129. — Boussole d'inclinaison.

lit sur le cercle l'angle que fait la pointe nord de l'aiguille
avec le diamètre horizontal.

La mesure de l'inclinaison est pratiquement plus compliquée à cause des nombreuses corrections qu'elle comporte.
La boussole d'inclinaison est d'ailleurs uniquement un appareil de précision, beaucoup moins souvent employé que la
boussole de déclinaison.

Résultats. — L'inclinaison subit en un même lieu des variations diurnes et des variations séculaires qui semblent plus
faibles que pour la déclinaison. Ainsi à Paris elle était de 75°
en 1761, époque à laquelle remontent les premières observations. Sa valeur a diminué légèrement depuis cette époque,
en janvier 1907 elle était de 64°35' et en janvier 1910 de 64°33'.

L'inclinaison varie également d'un point à l'autre. Elle
augmente quand on se rapproche des pôles, sa valeur atteint
90° (l'aiguille d'inclinaison étant alors verticale) en deux

points qui ne coïncident pas tout à fait avec les pôles géographiques et qu'on appelle les pôles *magnétiques*. L'inclinaison est nulle (l'aiguille étant horizontale) en tous les points de l'équateur *magnétique*. grand cercle qui ne diffère pas sensiblement de l'équateur géographique. Pour les points situés au nord de cette ligne c'est le pôle nord de l'aiguille qui pointe vers le sol, c'est au contraire le pôle sud qui pointe de plus en plus vers le sol à mesure qu'on s'éloigne de l'équateur vers le pôle sud magnétique. En d'autres termes, les lignes de force du champ terrestre partent de l'hémisphère nord de la terre et aboutissent à l'hémisphère sud.

Il resterait, pour connaître complètement le champ terrestre, à déterminer son intensité en chaque point. Les mesures sont assez compliquées et n'ont pas d'application pratique. Nous dirons seulement que ce champ est faible (l'aiguille oscille très lentement sous l'influence de la terre). Sa valeur à Paris en janvier 1910 était $0^{\text{gauss}},462$.

QUATRIÈME PARTIE

ÉLECTRICITÉ

INTRODUCTION

LE COURANT ÉLECTRIQUE. L'ÉNERGIE ÉLECTRIQUE

158. — À l'heure actuelle, nul n'ignore le rôle capital que joue l'électricité dans l'industrie et dans la vie courante : tout le monde a fait fonctionner une sonnette électrique, a allumé une lampe à incandescence, est monté dans un tramway électrique. On donne le nom d'*électricité* à la cause inconnue qui produit ces divers phénomènes et on dit que les fils métalliques qui aboutissent à ces divers appareils sont parcourus par un *courant électrique*.

Ce courant électrique est inaccessible à nos sens; son existence n'est jamais mise en évidence que par les manifestations extérieures auxquelles il donne lieu.

Nous allons voir que ce courant électrique possède des propriétés très simples, aussi l'étudierons-nous avant même d'expliquer comment on le produit; du reste la connaissance des propriétés du courant est nécessaire à la compréhension du fonctionnement des appareils producteurs qu'on nomme les *générateurs électriques*.

Pour le moment nous nous contenterons de dire qu'un générateur possède toujours deux bornes métalliques (bornes d'une pile, terminaison des deux fils d'une canalisation électrique); c'est en réunissant ces bornes par des corps convenablement choisis qu'il se produit des phénomènes particuliers que nous allons énumérer et dont nous attribuons la cause au *courant électrique*.

159. Passage du courant dans les corps solides. — Si nous réunissons les deux bornes d'un générateur par un fil de fer long et fin, nous voyons le fil s'incurver par suite d'une dilatation. La chaleur dégagée peut, dans certains cas, être suffisante pour faire rougir le fil et même pour le faire fondre. Les résultats sont analogues lorsqu'on remplace le fil de fer par un fil métallique quelconque.

Une expérience plus simple encore consiste à tourner le commutateur d'une lampe électrique : le fil de charbon devient incandescent par suite du passage du courant.

En résumé *les fils métalliques et le charbon livrent passage au courant électrique et ce fait est mis en évidence par un échauffement du fil.*

Il peut arriver que l'échauffement soit trop faible pour être perceptible à nos sens. On peut alors avoir recours à une autre manifestation plus apparente.

Si l'on place au-dessus d'une boussole et parallèlement à l'aiguille un fil de cuivre, puis qu'on réunisse les extrémités de ce fil aux deux bornes du générateur, on voit immédiatement l'aiguille dévier de sa position d'équilibre, quand bien même la main n'accuserait aucune élévation de température du fil.

Cette expérience nous montre que le fil a encore livré passage au courant, *ce dernier produisant un champ magnétique dans le milieu extérieur.* Elle nous montre en outre que le courant électrique est susceptible de produire du travail. On peut du reste le voir d'une façon beaucoup plus nette en réunissant les deux bornes du générateur aux deux bornes d'une sonnette électrique ou à celles d'un moteur approprié; ce dernier se met à tourner.

Si maintenant on cherche à répéter les expériences précédentes en réunissant les bornes du générateur par un fil de soie, de caoutchouc, ou encore si on remplace dans les premières expériences une portion du fil métallique par un morceau de bois ou de verre, on ne constate ni changement de température dans le fil, ni création de champ magnétique au voisinage : il n'y a donc plus de courant électrique.

Conclusion. — Les corps tels que le bois, la soie, le verre, qui ne laissent pas passer le courant sont dits des *isolants électriques*; les métaux et le charbon sont au contraire des *conducteurs.* Le passage du courant à travers les *conduc-*

teurs solides se manifeste à la fois par un *phénomène calo-rifique* et par un *phénomène magnétique*, lequel peut donner lieu à des *actions mécaniques*.

160. Passage du courant dans les liquides. — Pour étudier comment se comporte un liquide vis-à-vis du courant électrique, nous pouvons relier les bornes du générateur à deux fils métalliques, les deux extrémités libres de ces fils plongeant dans le liquide étudié. Selon la nature de ce liquide, trois cas très différents peuvent se présenter.

1ᵉʳ cas. — Si le liquide est du *mercure* ou un *métal fondu*, on peut constater à l'aide d'une aiguille aimantée que le courant passe et il se produit, comme dans le cas d'un fil métallique, une légère élévation de température du liquide.

2ᵉ cas. — Si l'on plonge les deux extrémités des fils dans de l'eau distillée ou dans un liquide organique (alcool, éther, pétrole, benzine), il est impossible de déceler l'existence d'un courant électrique dans les fils de jonction. Ces liquides se comportent donc comme des *isolants*.

3ᵉ cas. — Si enfin on réalise l'expérience avec de l'eau acidulée ou avec une solution d'un sel métallique (dissolution bleue de sulfate de cuivre, par exemple), on constate à l'aide d'une aiguille aimantée que le courant passe dans les fils de jonction; mais en même temps des bulles gazeuses apparaissent dans l'eau acidulée. *L'eau acidulée ainsi que les solutions salines sont donc conductrices, mais le courant ne peut les traverser qu'en les décomposant.*

161. Énergie électrique. — Les expériences précédentes nous ont montré que le courant électrique produit de la chaleur en passant dans un fil métallique et provoque des décompositions chimiques en traversant des solutions salines; nous avons vu aussi que ce courant peut, par ses propriétés magnétiques, produire du travail.

Nous traduirons tous ces résultats en disant que le courant électrique possède de l'*énergie*, cette *énergie électrique* pouvant se transformer à volonté en *énergie calorifique*, en *énergie chimique* ou en *énergie mécanique*. Les appareils où se produisent ces transformations (lampe, cuve renfermant une solution saline, sonnette électrique) reçoivent le nom de *récepteurs*.

Mais l'énergie électrique fournie par les générateurs n'est pas créée de toutes pièces ; elle provient elle-même d'une transformation. Ainsi les générateurs que nous aurons à utiliser sont de deux types.

1° Les *piles* et les *accumulateurs* dans lesquels il se produit des réactions chimiques : de l'énergie chimique y est transformée en énergie électrique.

2° Les *dynamos* qui sont mises en mouvement par des machines à vapeur ou des turbines : elles reçoivent du travail de l'extérieur et fournissent un courant électrique.

En résumé, l'énergie électrique est remarquable par l'extrême facilité avec laquelle elle prend naissance par suite de la transformation des autres formes de l'énergie et avec laquelle, réciproquement, elle se transforme elle-même en chacune des autres formes.

L'énergie électrique est donc un intermédiaire précieux de transformation pour passer indirectement d'une forme de l'énergie à une autre. Pour bien faire ressortir ce rôle de l'électricité, il nous suffit d'examiner une installation électrique.

L'usine est construite près d'une chute d'eau dont elle capte l'énergie mécanique, ou bien encore elle utilise du charbon pour faire fonctionner des machines ou des turbines à vapeur. L'usine consomme donc de l'énergie empruntée à l'extérieur et elle l'emploie à faire tourner des *dynamos* qui fournissent le courant.

De l'usine, sortent de gros câbles qui conduisent ce courant aux points d'utilisation qui peuvent être très éloignés ; là, le courant alimente des lampes à incandescence.

D'une part on dépense donc du travail, et beaucoup plus loin on recueille de la chaleur et de la lumière, la transformation se faisant par l'intermédiaire du courant électrique. Tandis que la transformation de travail en chaleur serait pratiquement impossible, même sur place, elle devient très facile, même à de grandes distances, par l'intermédiaire de l'*énergie électrique*.

Ce rôle de l'énergie électrique est du reste très général, si l'on remarque que le courant est également utilisé pour faire mouvoir des tramways ou des machines-outils, pour produire des réactions chimiques industrielles, etc.

Nous allons d'abord étudier les diverses transformations de l'énergie électrique, c'est-à-dire les principales propriétés du courant, ce qui nous permettra de caractériser ce courant électrique par des grandeurs fondamentales.

L'imperfection de nos sens ne nous permettant pas de voir l'électricité, nous recourrons dans cette étude à des comparaisons qui nous permettront d'avoir des idées assez précises sur le courant électrique.

CHAPITRE PREMIER

ACTIONS CHIMIQUES DES COURANTS
QUANTITÉ D'ÉLECTRICITÉ

162. Définitions. — Tout liquide capable d'être décomposé par un courant, comme l'eau acidulée par l'addition d'acide sulfurique, la solution de sulfate de cuivre (160), s'appelle un *électrolyte* et l'opération de la décomposition reçoit le nom d'*électrolyse*.

Les fils ou les lames métalliques qui plongent dans le liquide et qui amènent le courant s'appellent les *électrodes*. L'appareil muni de deux électrodes, dans lequel s'opère l'électrolyse, porte le nom de *voltamètre*.

I. — ÉTUDE QUALITATIVE DE L'ÉLECTROLYSE. APPLICATIONS

163. Sens du courant électrique. — Considérons un voltamètre contenant une solution saline, une solution de *chlorure de cuivre* par exemple. Pour éviter les actions chimiques que les produits de la décomposition pourraient exercer sur le métal du fil, nous constituerons les électrodes par des lames d'un métal inaltérable, le platine. Dès que le courant passe, nous constatons que l'une des électrodes devient rouge : elle se recouvre d'une couche de *cuivre*. Sur l'autre apparaissent des bulles gazeuses qui montent dans le liquide. On peut les recueillir en plaçant sur cette électrode une petite éprouvette contenant une solution analogue à celle du vase; on reconnaît alors que le gaz dégagé est du *chlore*.

Les effets observés ne sont donc pas identiques pour les deux électrodes : la différence n'est d'ailleurs pas due aux électrodes elles-mêmes car si l'on retourne le voltamètre en changeant les connections avec les bornes du générateur, on constate que le cuivre se dépose sur l'électrode où se dégageait le chlore et inversement.

La différence tient donc aux bornes du générateur et il y a lieu d'attribuer un *sens* au courant. *Par convention*, on considère que le courant va de l'électrode où se dégage le chlore à celle où se dépose le cuivre. On appelle *anode* *l'électrode d'entrée* du courant, et *pôle positif* du générateur le pôle qui lui est relié. L'*électrode de sortie* est appelée *cathode* et le pôle du générateur avec

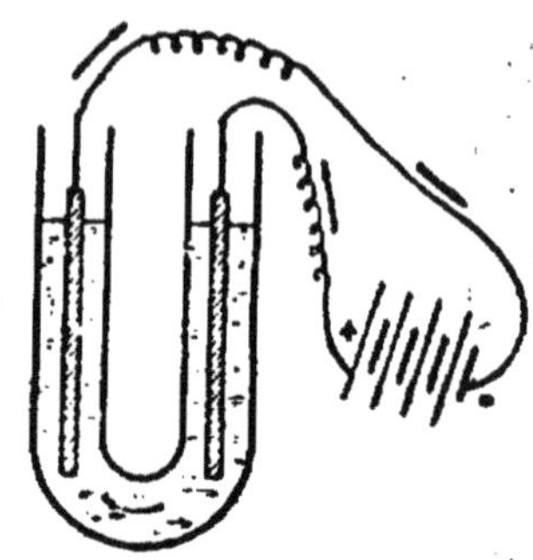

Fig. 130. — Electrolyse d'une dissolution de chlorure de cuivre.

lequel elle communique est le *pôle négatif*. A l'extérieur du générateur, le courant va donc du pôle positif au pôle négatif.

164. Lois de l'électrolyse. — Nous avons dit que, d'une façon générale, le passage du courant dans un électrolyte se traduit par une décomposition. Le premier caractère, facile à observer dans le cas de l'exemple précédent, est que le chlore et le cuivre n'apparaissent que sur les électrodes, aucune modification ne se produisant dans la masse même du liquide. Ce caractère est commun à toutes les décompositions électrolytiques et peut être énoncé sous forme de loi :

Les modifications produites par la décomposition des électrolytes n'apparaissent que sur les électrodes.

Examinons maintenant les différents corps susceptibles d'être décomposés par le courant. Nous constatons que ce sont seulement les acides, les bases ou les sels métalliques, amenés à l'état liquide par dissolution dans l'eau ou par fusion. Ainsi on peut remplacer la solution de chlorure de cuivre, par une solution d'azotate d'argent, de soude ou d'acide sulfurique.

Dans le cas de l'azotate d'argent, on voit un dépôt d'argent se former sur l'électrode qui s'était recouverte de cuivre. Si l'électrolyte est l'eau acidulée par de l'acide sulfurique, c'est un dégagement d'hydrogène qu'on observe sur cette électrode. En généralisant ces résultats, on voit que le métal ou l'hydrogène va toujours dans le même sens qui, d'après notre convention, est celui du courant électrique. Si l'on remarque que la formule d'un électrolyte quelconque peut s'écrire R M, R étant un radical acide (pour les sels et les acides) ou le radical OH (pour les bases) et M désignant un métal (pour les bases et les sels) ou l'hydrogène (pour les acides), on peut énoncer le caractère commun à toutes les décompositions électrolytiques sous forme d'une seconde loi :

Un électrolyte quelconque R M se décompose toujours en deux parties R et M qu'on appelle les ions. L'ion M (métal ou hydrogène) descend toujours le courant et apparaît à la cathode, l'ion R remonte le courant et apparaît à l'anode.

165. Actions secondaires. — La loi précédente a été énoncée en prenant comme exemple l'électrolyse du chlorure de cuivre. Elle s'applique aussi sans restriction à l'électrolyse des chlorures fondus. Mais le plus souvent les corps que l'on recueille sont différents de ceux qu'elle indique comme apparaissant sur les électrodes. Ils résultent d'actions secondaires dans lesquelles interviennent, outre les ions, soit l'électrolyte, soit les électrodes. Voici quelques exemples de ces électrolyses.

Électrolyse de l'eau additionnée d'acide sulfurique. — Si l'on fait passer le courant électrique dans de l'eau rendue conductrice par l'addition d'acide sulfurique et placée dans un voltamètre (fig. 131), l'acide est électrolysé. Pour chaque molécule décomposée, deux atomes d'hydrogène se portent à la cathode, où l'on peut les recueillir, et le radical SO^4 se porte à l'anode. Mais l'ion SO^4 ne peut exister à l'état libre et si l'anode est inattaquable (en platine ou en charbon par exemple), il agit sur l'eau en donnant de l'acide sulfurique et de l'oxygène, suivant la formule :

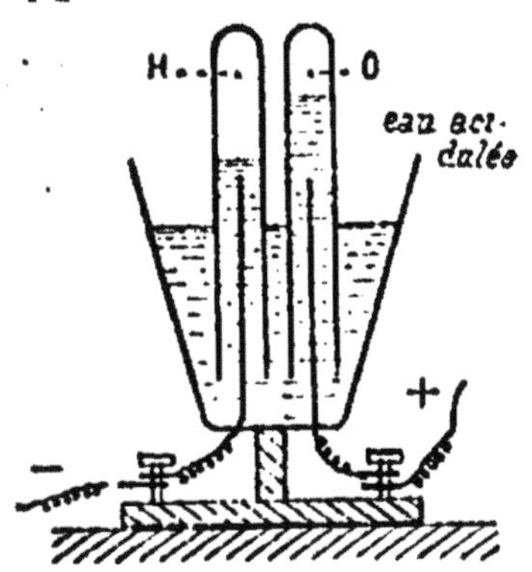

Fig. 131. — Électrolyse de l'acide sulfurique.

$$SO^4 + H^2O = SO^4H^2 + O.$$

En somme la molécule d'acide sulfurique est reformée : par suite de cette action secondaire, le résultat final est donc le même que si une molécule d'eau avait été décomposée.

Électrolyse du sulfate de potassium. — Réalisons l'électrolyse d'une solution de sulfate de potassium dans un tube en U (fig. 130), afin d'éviter un mélange rapide des liquides. Si la solution contient quelques gouttes de teinture de tournesol, après quelques minutes de passage du courant, le liquide devient rouge autour de l'anode et bleu autour de la cathode.

L'explication du phénomène est la suivante : le potassium qui tend à apparaître à la cathode ne peut exister au contact de l'eau et produit la réaction :

$$K^2 + 2H^2O = H^2 + 2KOH.$$

La potasse a donc rendu la solution alcaline et le tournesol a viré au bleu. En même temps l'hydrogène se'st dégagé.

À l'anode, le radical SO^4 a agi sur l'eau comme précédemment en donnant de l'acide sulfurique, qui a fait virer au rouge le tournesol, et de l'oxygène qui s'est dégagé. En somme, il se dégage 2 volumes d'hydrogène pour 1 volume d'oxygène comme si de l'eau était décomposée. Si on laisse se mélanger les deux liquides, l'acide sulfurique agit sur la potasse et régénère le sulfate de potassium : la décomposition de l'eau est alors le seul résultat obtenu.

Électrolyse du sulfate de cuivre. — L'électrolyse d'une solution de sulfate de cuivre donne lieu à des phénomènes analogues, à l'anode. Si celle-ci est en platine, on observe, dans ce cas, en même temps qu'un dépôt de cuivre à la cathode, un dégagement d'oxygène à l'anode. Mais si l'anode est en cuivre, on n'observe aucun dégagement gazeux, la cathode se recouvre de cuivre et l'anode diminue peu à peu.

L'interprétation de ce résultat est la suivante : le radical SO^4 qui se porte à l'anode agit sur le cuivre et reforme le sulfate de cuivre décomposé par le courant. Tandis qu'une molécule de sulfate est ainsi reformée aux dépens de l'anode, un atome de cuivre se dépose à la cathode. On peut constater, en faisant des pesées, que la diminution de poids de l'anode est égale à l'augmentation de la cathode, de sorte que le résultat final est le transport d'un certain poids de cuivre de la cathode à l'anode.

Électrolyse d'une solution de soude. — L'électrolyse d'une solution de soude dans l'eau produit à l'anode un dégagement d'oxygène et à la cathode un dégagement d'un volume double d'hydrogène. Dans ce cas, comme dans celui de l'électrolyse du sulfate de potassium, le métal qui se porte à la cathode ne pouvant exister en présence de l'eau la décompose en dégageant de l'hydrogène et en régénérant la soude :

$$Na^2 + 2H^2O = 2NaOH + H^2.$$

A l'anode, le radical OH qui ne peut exister à l'état libre donne de l'eau et de l'oxygène :

$$2OH = H^2O + O.$$

Le résultat final est donc la décomposition d'une demi-molécule d'eau.

166. Applications de l'électrolyse. — 1° *Dépôts galvaniques et galvanoplastie.* — L'électrolyse d'un sel dissous ayant pour résultat de déposer à la cathode le métal de ce sel, est utilisée industriellement, dans le *cuivrage*, la *dorure* et l'*argenture galvaniques;* ces opérations ont pour but de recouvrir un objet d'une couche mince et adhérente de cuivre, d'or ou d'argent. L'objet, rendu conducteur, est placé comme cathode dans une solution d'un sel de cuivre, d'argent ou d'or; l'anode est une lame du métal à déposer. Le métal se dépose sur l'objet et forme une couche bien cohérente si l'opération est conduite lentement; le bain conserve sa composition à cause de la dissolution de l'anode.

On peut se proposer aussi d'obtenir un dépôt épais et non adhérent de cuivre, que l'on puisse séparer de la cathode, l'objet se trouvant ainsi reproduit : c'est le but de la *galvanoplastie.* Dans ce cas on moule l'objet, une médaille par exemple, au moyen de gutta-percha. Le moule, rendu conducteur par une mince couche de plombagine finement pulvérisée, est suspendu dans la solution de sulfate de cuivre et sert de cathode; l'anode est une lame de cuivre. On envoie un courant peu intense et au bout de quelques heures, on peut séparer l'objet du moule ; celui-ci peut donc servir à reproduire un grand nombre d'exemplaires de l'objet.

2° *Raffinage des métaux et électrométallurgie.* — L'électrolyse du sulfate de cuivre donne aussi un moyen de purifier le cuivre que fournit la métallurgie. Cette opération a un grand intérêt industriel, car les impuretés modifient considérablement les propriétés du cuivre et en particulier sa conductibilité électrique.

Si l'on emploie comme électrolyte une solution de sulfate de cuivre et d'acide sulfurique dans l'eau, comme anode une plaque de cuivre impur, et comme cathode une lame mince de cuivre pur, l'expérience montre que du cuivre pur se dépose peu à peu à la cathode. Les impuretés tombent au fond sous forme de boue et n'entrent pas en dissolution, le radical SO^4 se combinant seulement au cuivre. Ces boues renferment en particulier de l'argent que l'on peut recueillir, ce qui compense les frais et rend le procédé pratique.

L'électrolyse permet aussi de séparer les métaux de leurs minerais. Théoriquement on peut préparer n'importe quel métal par électrolyse d'un de ses sels fondus ou dissous. Pratiquement le procédé n'est avantageux que pour certains métaux, le magnésium et l'aluminium par exemple. L'extraction de l'aluminium se fait à partir de la variété d'alumine naturelle appelée corindon. Le courant, amené par des électrodes de charbon, commence par fondre l'alumine, puis l'électrolyse. L'oxygène se dégage à l'anode et l'aluminium tombe au fond de la cuve qui communique avec la cathode.

3° *Préparation de certains corps.* — L'emploi du courant électrique à la préparation de produits chimiques devient très répandu.

Ainsi on prépare industriellement de l'oxygène et de l'hydrogène en électrolysant une solution de soude avec des électrodes en fer.

La fabrication industrielle *de la soude, du chlore* et *des chlorures décolorants* se fait presque exclusivement par électrolyse des chlorures de sodium et de potassium dissous.

Quand on électrolyse une solution de sel marin, par exemple, le sodium qui se porte à la cathode, ne pouvant exister en présence d'eau, donne de la soude et de l'hydrogène. Le chlore se dégage à l'anode et, si celle-ci est inattaquable, il peut être recueilli.

Quand on veut obtenir le chlore et la soude, on sépare la cuve électrolytique en deux parties par une cloison poreuse qui empêche les deux corps de réagir l'un sur l'autre. Sans cette précaution le chlore transforme la soude en hypochlorite et l'on obtient finalement de l'eau de Javel. Quand on se propose de préparer ce dernier corps, on favorise cette réaction en déterminant l'agitation du bain.

II. — ÉTUDE QUANTITATIVE DE L'ÉLECTROLYSE. INTENSITÉ D'UN COURANT

167. Expériences sur un seul électrolyte. — Étudions, pour l'instant, la décomposition d'un électrolyte déterminé : l'eau acidulée par exemple. Nous allons chercher de quels facteurs dépend la quantité d'électrolyte décomposé, quantité qui dans l'exemple choisi est proportionnelle au volume d'hydrogène dégagé à la cathode.

A cet effet plaçons sur le même circuit plusieurs voltamètres à eau acidulée V', V" différant les uns des autres, soit par la forme, soit par la surface des électrodes de platine, soit par la concentration de la solution (fig. 132).

On constate que les volumes d'hydrogène et d'oxygène dégagés dans tous ces voltamètres dans le même temps sont égaux. Si l'on suppose que la décomposition de l'électrolyte est due au passage de l'électricité, il faut conclure de l'expérience précédente que tous les voltamètres V' V" ont été traversés par la même quantité d'électricité, et dès lors nous pourrons définir la *quantité d'électricité* que transporte un courant, par la quantité d'un électrolyte donné que décompose ce courant.

Pour bien comprendre l'expérience précédente, imaginons une série de compteurs d'eau installés sur une canalisation unique et supposons qu'une pompe rotative produise une circulation d'eau continue dans cette canalisation. Tous ces compteurs fournissent au bout du même temps la même indication : ils sont traversés par la même quantité d'eau pendant le même temps, c'est-à-dire que la quantité d'eau se conserve dans tout le circuit.

Il y a analogie complète entre les deux phénomènes décrits : la pompe qui est l'organe moteur joue le rôle du générateur d'électricité ; le courant d'eau est l'analogue du courant électrique et les voltamètres à eau acidulée peuvent être considérés comme des compteurs d'électricité.

L'analogie se poursuit encore dans le cas où le circuit se ramifie à la façon des différentes branches d'une canalisation

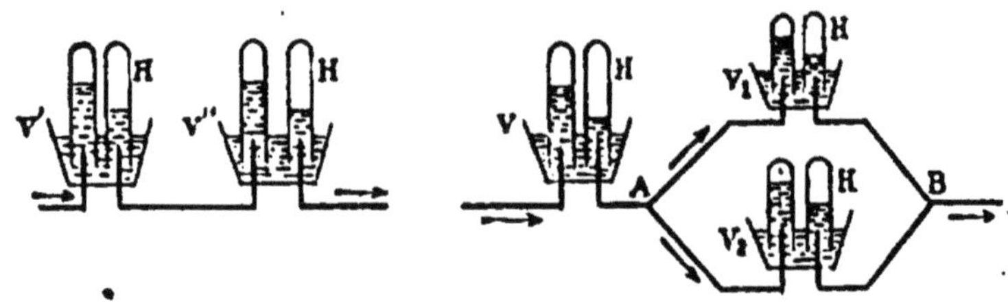

Fig. 132. — Expériences donnant la notion de quantité d'électricité et d'intensité de courant.

d'eau. Si l'on suppose, par exemple, qu'entre les points A et B le circuit électrique comprend deux ramifications, on constate que dans un même temps, le volume d'hydrogène dégagé dans le voltamètre V placé en un point quelconque du circuit principal est égal au volume d'hydrogène dégagé dans les voltamètres V_1 et V_2 intercalés sur chaque ramification (fig. 132). Il faut en conclure que le courant électrique rencontrant des dérivations s'est comporté comme un courant liquide, la somme des quantités d'électricité qui passent dans un temps donné par un point de chacune des dérivations étant égale à la quantité d'électricité qui passe dans le même temps dans le circuit principal. *En aucun point, il n'y a accumulation d'électricité.*

168. Notions de quantité d'électricité et d'intensité de courant. — En vertu des expériences précédentes, on a le droit de mesurer la quantité d'électricité qui traverse une section du circuit, pendant un certain temps, par la masse d'hydrogène dégagée pendant ce temps.

Par définition, deux quantités d'électricité seront égales lorsqu'elles dégageront deux masses égales d'hydrogène, l'une sera double de l'autre lorsque la masse d'hydrogène dégagée par la première sera double de l'autre.

Pour pouvoir mesurer une quantité d'électricité, il ne reste qu'à se fixer une unité. Par suite de considérations magnétiques qui ne rentrent pas dans le cadre de cet ouvrage, on a adopté, pour *unité pratique de quantité d'électricité*, le *coulomb*. C'est la quantité d'électricité qui, par son passage dans un voltamètre, dégage $0^{mg},01036$ d'hydrogène.

Si nous nous reportons à l'expérience de la figure 132, nous voyons que tous les voltamètres sont traversés par la même quantité d'électricité dans le même temps. Nous exprimerons ce résultat en disant que l'*intensité du courant* qui les traverse est la même pour tous.

Si de plus nous étudions comment varie la quantité d'hydrogène dégagée avec le temps, nous constatons en général que pendant les secondes successives les volumes d'hydrogène dégagés sont les mêmes. Nous dirons dans ce cas que le courant qui traverse ces voltamètres a une intensité constante et *nous définirons l'intensité de ce courant, la quantité d'électricité que ce courant transporte en une seconde.*

Deux courants auront donc des intensités égales lorsqu'ils dégageront des masses égales d'hydrogène dans le même temps.

L'unité pratique d'intensité de courant est l'*ampère*; c'est l'*intensité d'un courant qui transporte 1 coulomb par seconde, c'est-à-dire qui dégage* $0^{mg},01036$ *d'hydrogène par seconde* ou encore 116 millimètres cubes d'hydrogène, mesurés dans les conditions normales.

Il résulte de ces définitions, que la quantité d'électricité Q (coulombs) transportée par un courant d'intensité I (ampères) pendant un temps t (secondes) est

$$(1) \qquad\qquad Q = It.$$

1. Le coulomb est un *ampère-seconde* ; on évalue souvent la quantité d'électricité en *ampère-heure*, quantité qui vaut 3 600 coulombs d'après la formule précédente.

En résumé, nous définissons pour l'instant les quantités d'électricité et par suite l'intensité d'un courant au moyen d'un voltamètre spécial, le voltamètre à eau acidulée. L'étude générale des lois des décompositions chimiques va nous montrer qu'on peut s'adresser à tout autre voltamètre.

169. Expériences sur des électrolytes différents. — Lois de Faraday. Plaçons maintenant dans le même circuit une série de voltamètres, contenant des électrolytes différents : eau acidulée, sulfate de cuivre, azotate d'argent ou mieux cyanure double d'argent et de potassium, chlorure d'or ou mieux cyanure double (fig. 133).

Tarons la cathode des trois derniers voltamètres et faisons passer le courant pendant un certain temps. En répétant l'expérience un certain nombre de fois et en notant chaque fois le poids des cathodes, nous constatons que l'augmentation de poids de chaque cathode est proportionnelle à la quantité d'électricité qui a traversé l'électrolyte, cette quantité étant mesurée par le volume d'hydrogène dégagé dans le premier voltamètre. Ce résultat constitue la 1re loi de Faraday.

1re *Loi de Faraday. La quantité d'un électrolyte quelconque décomposée par un courant est proportionnelle à la quantité d'électricité qui a traversé l'électrolyte*, ou ce qui revient au même (formule 1) *est proportionnelle à l'intensité du courant et au temps.*

Cette loi nous montre bien qu'un voltamètre quelconque peut servir à mesurer l'intensité d'un courant. Il suffit pour cela de connaître la quantité de cet électrolyte décomposée par un coulomb. Or, si dans l'expérience précédente, nous faisons passer le courant pendant un temps tel que la masse d'hydrogène dégagée dans le premier voltamètre soit de 1 centigramme (environ 111 cm³), la pesée des cathodes nous montre que dans les trois dernières cuves électrolytiques on a recueilli :

$$\frac{63}{2} \text{ centigr. de cuivre,} \quad 108 \text{ centigr. d'argent,} \quad \frac{197}{3} \text{ centigr. d'or.}$$

Si nous remarquons que 1, 63, 108 et 197 sont respectivement les poids atomiques de l'hydrogène, du cuivre, de l'argent et de l'or, et que l'hydrogène et l'argent sont monovalents, le cuivre divalent et l'or trivalent, nous pouvons énoncer la loi suivante.

2e Loi de Faraday. Quand un même courant traverse différents électrolytes, le poids des divers métaux ou d'hydrogène mis en liberté dans le même temps sont proportion-

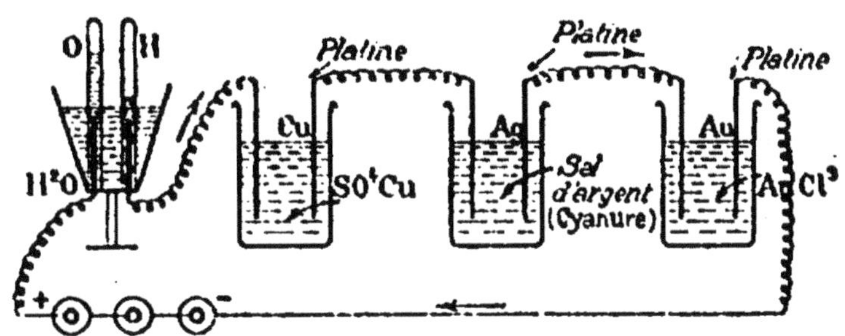

Fig. 133. — Vérification de la deuxième loi de Faraday.

nels à leur poids atomique et inversement proportionnels à leur valence dans l'électrolyte.

Si l'on remarque que, d'après la définition du coulomb, il faut 96600 coulombs pour dégager 1 gramme d'hydrogène et que l'on peut représenter les électrolytes étudiés par les formules suivantes :

$$SO^4 {<}^{H}_{H} \qquad SO^4 = Cu^{..} \qquad AzO^3 - Ag. \qquad {}^{Cl}_{Cl}{>}^{Cl}{-}Au$$

qui mettent en évidence les valences, on peut donner de la 2e loi de Faraday un énoncé plus complet.

Énoncé complet de la 2e loi de Faraday. Une même quantité d'électricité, égale à 96600 coulombs, décompose la masse de chaque sel qui correspond à une valence du radical de ce sel dans la molécule-gramme, ou plus brièvement *96600 coulombs passant dans un électrolyte quelconque rompent toujours 1 valence-gramme.*

170. Application numérique. — *Dans l'expérience précédente, on suppose que le courant passant pendant un quart d'heure, a dégagé 200 centimètres cubes d'hydrogène.*

On demande 1° l'intensité du courant; 2° les masses de cuivre et d'argent déposées pendant le même temps.

L'atome-gramme d'hydrogène ($H = 1$) occupant dans les conditions normales $11^l,15$, le volume de 200 centimètres cubes représente une masse de :

$$\frac{1^g \times 200}{11\,150} = 0^g,0179.$$

96 600 coulombs dégageant 1 gramme d'hydrogène, la quantité d'électricité qui a traversé le voltamètre est donc ;

$$Q = 96600 \times 0,0179 = 1729 \text{ coulombs.}$$

Le courant ayant passé pendant 15×60 secondes, son intensité est :

$$I = \frac{Q}{t} = \frac{1729}{900} = 1^{amp.}92.$$

2° 1 coulomb dépose

$$\frac{63}{2 \times 96600} = 0^g,00033 \text{ de cuivre}$$

et

$$\frac{108}{96600} = 0^g,00118 \text{ d'argent}$$

donc

1 729 coulombs déposeront :

$$0^g,00033 \times 1729 = 0^g,57 \text{ environ de cuivre.}$$
$$0^g,00118 \times 1729 = 2^g,04 \text{ d'argent.}$$

171. Fixation de l'ampère légal. — Les lois de Faraday montrant que, pour la définition et pour la mesure de l'intensité d'un courant, il est possible de s'adresser à un électrolyte quelconque, on a fait choix, pour définir légalement l'ampère, de l'électrolyte susceptible de donner lieu à un dépôt métallique bien régulier, le poids atomique du métal étant connu avec une grande précision.

C'est ainsi qu'on a adopté l'électrolyse de l'azotate d'argent, l'ampère légal étant par suite défini comme l'intensité d'un courant constant qui dépose $1^{mg},118$ d'argent par seconde (voir application numérique).

Pour les recherches de haute précision, on mesure toujours l'intensité d'un courant au moyen d'un voltamètre à azotate d'argent. Pour les mesures industrielles, on s'adresse à l'électrolyse plus économique du *sulfate de cuivre*, l'ampère étant défini comme l'intensité d'un courant qui dépose $0^{mg},33$ de cuivre par seconde (voir application).

D'ailleurs l'électrolyse ne fournit pas une méthode assez simple et assez rapide pour convenir aux mesures usuelles d'intensité. Nous allons voir dans le chapitre suivant comment on a pu construire des appareils à lecture immédiate, appelés *ampèremètres*, basés sur les propriétés magnétiques du courant.

Toutefois la graduation des ampèremètres s'effectue toujours par comparaison avec les indications du voltamètre à azotate d'argent ou à sulfate de cuivre placé sur le même circuit.

CHAPITRE II

ACTIONS MAGNÉTIQUES DES COURANTS
MESURE PRATIQUE DES INTENSITÉS

I. — CHAMP MAGNÉTIQUE D'UN COURANT

172. Action d'un courant sur un aimant. Règle d'Ampère. — Le courant ne fait pas sentir son action uniquement là où il passe, comme par exemple dans un fil qui s'échauffe, ou dans une dissolution saline qui est décomposée.

Nous avons déjà dit qu'il peut exercer à distance des actions

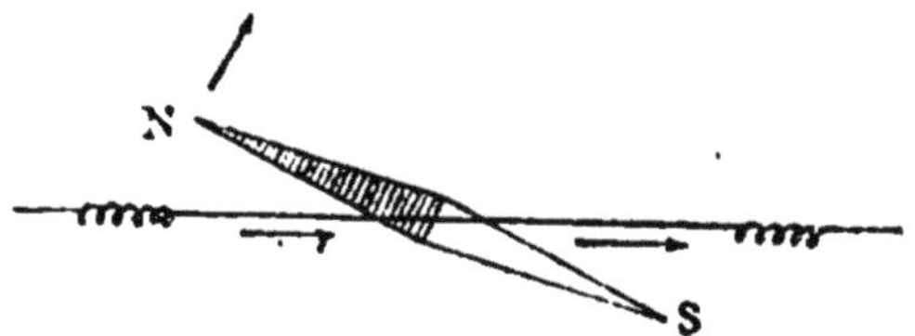

Fig. 131. — Déviation de l'aiguille aimantée sous l'influence d'un courant (projection horizontale).

magnétiques. L'action d'un courant sur un aimant est mise en évidence par l'expérience suivante :

Une aiguille aimantée est abandonnée à elle-même; elle prend la direction du méridien magnétique. Au-dessus de cette aiguille, et parallèlement à sa direction, on approche un fil métallique traversé par un courant; l'aiguille abandonne sa position d'équilibre et prend une direction nouvelle, faisant un angle plus ou moins grand avec la direction du courant.

Cette expérience capitale est connue sous le nom d'*expérience d'Œrstedt*.

Le sens de la déviation dépend du sens courant et de la position du fil pas rapport à l'aiguille.

Ampère a énoncé une règle générale qui permet d'indiquer, dans chaque cas, le sens de cette déviation.

Lorsqu'on fait agir un courant sur un aimant mobile, l'aimant tend à se mettre en croix avec le courant, et son pôle nord se porte à la gauche du courant.

Pour définir *la gauche du courant,* on imagine *un observateur couché le long du fil, de telle sorte que le courant entre par ses pieds et sorte par sa tête, et qu'il regarde l'aiguille ; sa gauche est la gauche du courant.*

173. Champ magnétique d'un courant. — Un courant

agissant à distance sur une aiguille aimantée, il faut en conclure qu'il crée autour de lui un *champ magnétique,* à la façon d'un aimant.

Pour voir si le champ magnétique est identique à celui d'un aimant, cherchons à répéter avec un courant les expériences que nous avons réalisées avec les aimants : *formation de spectres de limaille de fer et aimantation par influence du fer et de l'acier.*

174. Spectre magnétique autour d'un courant. —

L'expérience du spectre magnétique peut en effet être répétée à l'aide d'un fil conducteur traversé par un courant.

Seulement, comme il est aisé de donner à ce fil les formes les plus diverses, on obtiendra des spectres de dispositions également très diverses, et dans chaque cas les grains de limaille se disposeront de façon à dessiner les *lignes de force.*

1° *Lignes de force dans le champ magnétique d'un courant rectiligne.* — Une feuille de carton est placée horizontalement ; par un trou percé en son milieu on fait passer un fil conducteur vertical, dans lequel on lance un courant de grande intensité.

Sur le carton on fait tomber de la fine limaille de fer. Elle trace des lignes de force circulaires, ayant pour centre le point de passage du fil (fig. 135).

2° *Lignes de force dans le champ magnétique d'un courant circulaire.* — La feuille de carton horizontale est percée de deux trous O et O'. On y fait passer un fil qu'on contourne en forme de circonférence, comme il est indiqué par la figure 136. Ce fil est traversé par un courant de grande intensité.

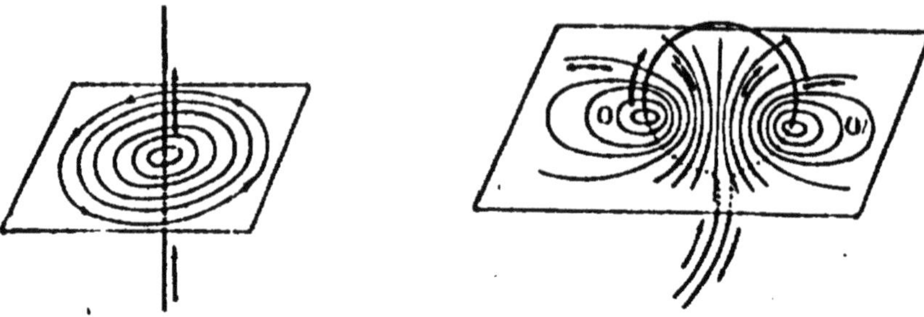

Fig. 135. — Champ magnétique d'un courant rectiligne.

Fig. 136. — Champ magnétique d'un courant circulaire.

La limaille de fer, projetée sur le carton, trace des lignes de force qui forment, autour des points O et O', des courbes fermées qui sont presque circulaires, et, entre ces deux groupes de courbes fermées, des lignes de force qui dans la partie médiane sont presque parallèles entre elles, de sorte que dans cette région le champ est à peu près uniforme.

3° *Lignes de force dans le champ magnétique d'un solénoïde.* — Perçons la feuille de carton horizontale de deux

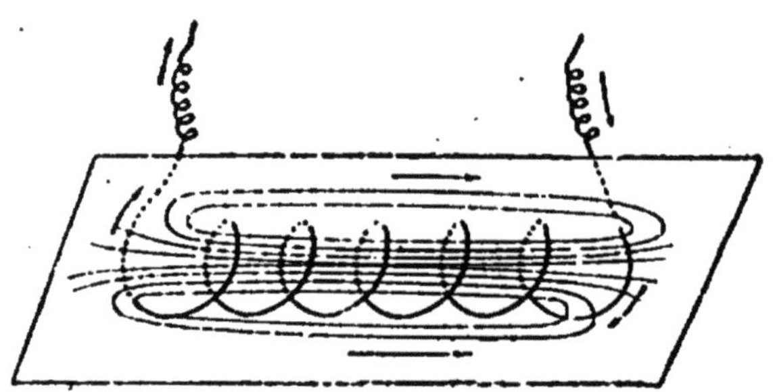

Fig. 137. — Champ magnétique d'un solénoïde.

séries de trous parallèles entre eux, et faisons passer dans ces trous un fil conducteur formant, en définitive, un enroulement en spirale, identique à celui qu'on obtiendrait en faisant tourner un fil autour d'un cylindre.

Quand un courant de grande intensité traverse la bobine longue ainsi obtenue ou *solénoïde*, la limaille de fer, projetée sur le carton, y dessine deux groupes de courbes fermées.

Les portions de ces lignes qui se trouvent à l'intérieur du solénoïde sont sensiblement parallèles et forment un faisceau très serré.

Il en résulte (149) qu'à *l'intérieur d'un solénoïde, le champ magnétique est sensiblement uniforme et que son intensité est beaucoup plus grande qu'à l'extérieur.*

L'expérience montre de plus que *le champ intérieur ainsi produit est d'autant plus intense que le courant est lui-même plus intense et que les spires du solénoïde sont plus serrées.*

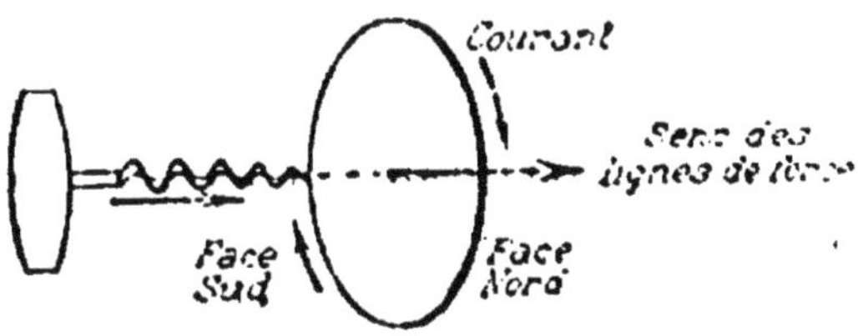

Fig. 138. — Règle du tire-bouchon.

On appelle *sens des lignes de force* la direction qui irait du pôle sud au pôle nord d'une aiguille aimantée obéissant à l'action directrice du champ.

Ces lignes vont de la droite à la gauche du courant. Une règle simple, dite *règle du tire-bouchon* permet de trouver leur sens. *Dans un courant circulaire et dans un solénoïde, le sens des lignes de force est celui dans lequel progresse un tire-bouchon dirigé suivant l'axe et que l'on fait tourner dans le sens du courant* (fig. 138).

175. Un solénoïde a un champ magnétique comparable à celui d'un aimant. — En comparant le spectre magnétique extérieur d'un solénoïde et celui d'un aimant de même forme et de mêmes dimensions, on constate que les deux champs sont à peu près les mêmes. Ceci nous conduit à penser qu'un solénoïde est assimilable à un aimant au point de vue des actions extérieures.

Nous avons établi pour un aimant les propriétés suivantes :

1° Un aimant s'oriente sous l'action de la terre dans le plan du méridien magnétique ;

2° Un aimant s'oriente sous l'action d'un courant ;

3° Un aimant exerce une force attractive ou répulsive sur un autre aimant.

Nous allons retrouver ces mêmes propriétés pour les solénoïdes en adoptant le dispositif expérimental suivant :

Deux potences métalliques qui peuvent être mises en communication avec les deux pôles d'une pile portent chacune un petit godet métallique rempli de mercure. Ces deux godets reçoivent les deux extrémités du fil d'un solénoïde ainsi que le montre la figure 139.

On a ainsi un solénoïde mobile qui va nous permettre de réaliser les mêmes expériences qu'avec une aiguille aimantée.

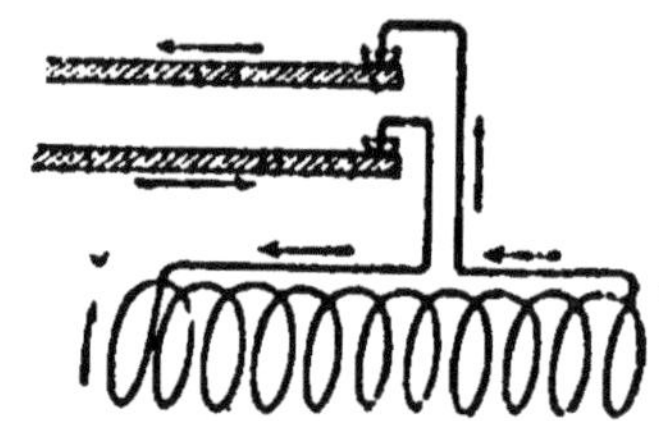

Fig. 139. — Solénoïde mobile.

Les deux extrémités du fil qui plongent dans le mercure sont constituées par des aiguilles d'acier.

1° *Action de la terre.* — Aussitôt que le courant est établi, le solénoïde s'oriente dans le plan du méridien magnétique de façon que son axe soit parallèle à celui d'une aiguille aimantée. Par analogie avec les aimants, nous appellerons pôle nord, l'extrémité qui se dirige vers le nord, pôle sud celle qui se dirige vers le sud. Il est à remarquer que *le pôle nord est l'extrémité devant laquelle il faut supposer placé un observateur, pour qu'il voie le courant tourner en sens inverse des aiguilles d'une montre ;* cette règle permet de reconnaître aisément les pôles. On peut également appliquer la règle du tire-bouchon en remarquant que le pôle nord est celui par lequel sortent les lignes de force.

2° *Action d'un courant sur un solénoïde.* — Comme un aimant mobile, un solénoïde tend à se mettre en croix avec un courant rectiligne qu'on en approche, son pôle nord se plaçant à la gauche du courant.

3° *Action réciproque des solénoïdes et des aimants.* — En approchant du pôle nord d'un solénoïde le pôle nord d'un aimant ou d'un solénoïde, on constate une répulsion. Ici encore la règle est la même que pour les aimants : *les pôles de même nom se repoussent, les pôles de noms contraires s'attirent.*

Il en résulte qu'un solénoïde peut toujours, au point de vue des actions extérieures, être assimilé à un aimant et réciproquement.

176. Action d'un aimant sur un courant. — Puisqu'un courant agit sur un aimant, un aimant doit nécessairement agir sur un courant.

C'est ce que nous venons de vérifier dans le cas d'un solénoïde. On peut également le vérifier avec un courant fermé

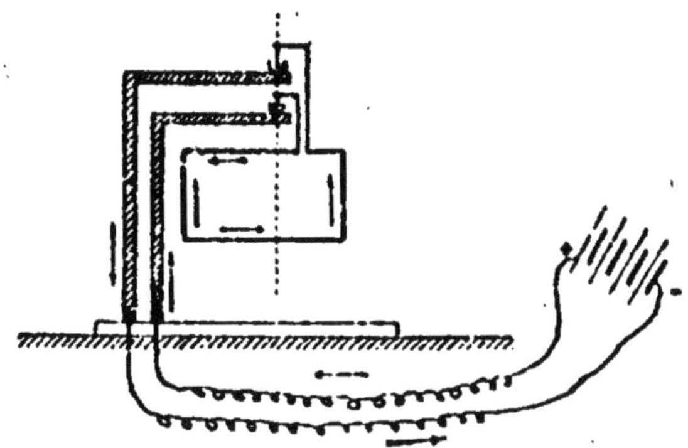

Fig. 140. — Courant mobile.

mobile en employant le même dispositif que pour le solénoïde (fig. 140).

Pour montrer l'action d'un aimant sur un courant, on n'a qu'à approcher de ce courant mobile un barreau aimanté, en le plaçant horizontalement et l'introduisant ainsi dans le rectangle. Le cadre se met immédiatement à tourner, et s'arrête lorsque son plan est perpendiculaire à la direction de l'aimant.

Remarquons que le cadre se déplace de façon à être traversé par le plus grand nombre possible de lignes de force, autrement dit de façon que le *flux* qui le traverse soit maximum.

Nous constatons que le déplacement est différent selon qu'on en approche un pôle nord ou un pôle sud d'aimant.

Dans tous les cas, la rotation a pour effet d'amener le

plan du cadre à être perpendiculaire à la direction de l'aimant, de telle sorte que les lignes de force de l'aimant et celles du cadre soient parallèles et de même sens. Ceci est un fait général : *Quand un circuit mobile est placé dans un champ magnétique, il se place toujours de manière que le flux du champ extérieur qui le traverse soit maximum et de même sens que le sien.*

On pourrait dire aussi en appliquant la règle du tire-bouchon, que le cadre mobile se place dans la direction perpendiculaire au champ et de telle sorte que les lignes de force de ce champ le traversent dans le sens où progresce un tire-bouchon qui tourne dans le sens du courant.

Remarque. — L'action d'un aimant sur un courant peut se déduire de l'action d'un aimant sur un aimant, si l'on remarque qu'un courant fermé est l'analogue d'un solénoïde très plat, réduit à une spire.

Un courant fermé est donc assimilable à un aimant aplati, à une plaque métallique aimantée. Nous pouvons donc distinguer dans un courant fermé la *face nord* et la *face sud*, la face nord étant celle par laquelle sortent les lignes de force [1].

Et dès lors, lorsque l'on approche d'un courant mobile un pôle d'aimant, le courant s'oriente de façon à présenter à ce pôle, sa face de nom contraire : les lignes de forces de l'aimant et du courant sont alors parallèles et de même sens.

II. — AIMANTATION PAR LES COURANTS. ÉLECTRO-AIMANTS

177. Aimantation par les courants. — Le champ magnétique d'un courant étant comparable à celui d'un aimant, il en résulte qu'un morceau d'acier ou de fer doux placé dans le voisinage d'un courant doit s'aimanter comme s'il était placé au voisinage d'un aimant (145). C'est ce que l'expérience vérifie.

1° *Aimantation permanente de l'acier trempé.* — Lorsqu'on

---

1. Toutes les règles données pour déterminer le pôle nord d'un solénoïde s'appliquent sans restriction ici.

veut réaliser une intensité d'aimantation notable par l'emploi d'un courant, il faut employer un dispositif susceptible de produire un champ magnétique intense.

C'est pour cette raison que l'on *aimante toujours un barreau en le plaçant à l'intérieur d'un solénoïde parcouru par un courant intense* (174).

Plaçons un barreau d'acier à l'intérieur d'un tube de verre autour duquel on enroule, toujours dans le même sens, un fil conducteur.

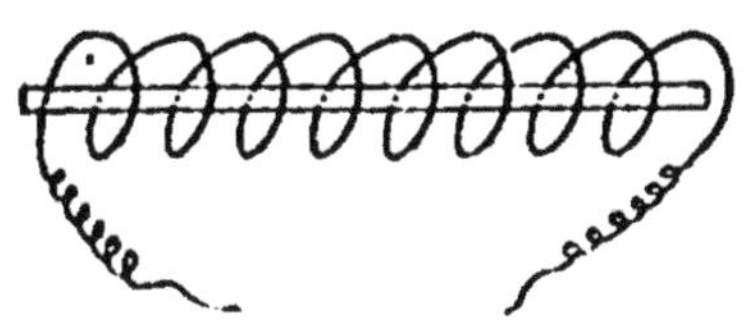

Fig. 141. — Aimantation de l'acier par le courant.

Dès que le courant passe, le barreau s'aimante fortement, le pôle nord de l'aimant apparaissant du côté du pôle nord du solénoïde. Cette même aimantation persiste, un peu affaiblie, lorsqu'on supprime le courant.

Il y a donc une grande analogie entre ce phénomène et l'aimantation par influence produite par un aimant (145-151) : dans les deux cas, l'acier s'aimante d'une façon permanente (magnétisme rémanent), *un pôle sud prenant naissance à l'extrémité où les lignes de force pénètrent dans le barreau.*

2° *Aimantation temporaire du fer doux.* — En plaçant à l'intérieur du solénoïde un *barreau de fer doux*, l'aimantation est plus rapide encore, et plus intense que pour l'acier trempé. Mais cette aimantation cesse aussitôt qu'on supprime le courant.

On obtient ainsi des aimants très puissants, temporaires, nommés *électro-aimants*.

178. Electro-aimants. — Un *électro-aimant* est donc constitué par un noyau de fer doux autour duquel s'enroule, en spirale, un fil conducteur isolé par une enveloppe de coton ou de soie.

Ce fil conducteur est long, assez fin, et le nombre des spires est souvent considérable.

On donne aux électro-aimants, comme aux aimants, tantôt la forme rectiligne (fig. 142), tantôt la forme de fer à cheval.

Quand l'électro-aimant est en fer à cheval, le noyau de fer

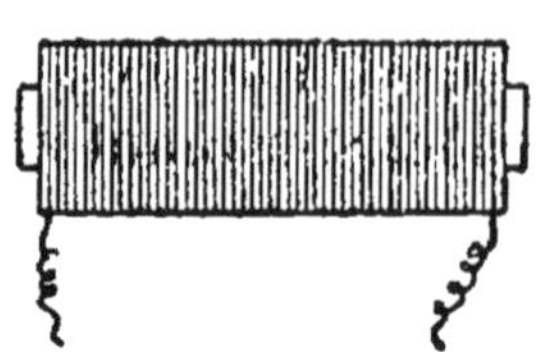

Fig. 142. — Électro-aimant
rectiligne.

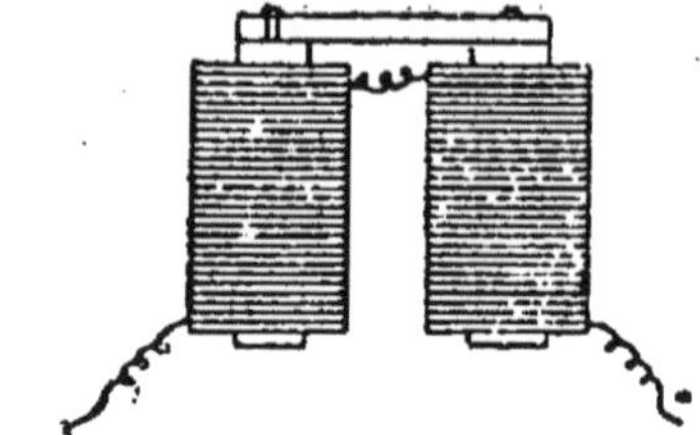

Fig. 143. — Électro-aimant en fer
à cheval, à deux bobines distinctes.

doux est recourbé, et l'enroulement du fil se fait seulement sur les deux branches parallèles. Le fil, après avoir constitué par son enroulement une bobine sur la première branche, va s'enrouler sur la seconde pour y former une seconde bobine. Le sens de l'enroulement sur la seconde bobine est le même que si on avait enroulé le fil sur un noyau rectiligne, toujours dans le même sens, et qu'on l'ait courbé ensuite (fig. 144).

Souvent le fer à cheval est formé de trois pièces distinctes, assemblées les unes aux autres : deux bobines et une barre de fer doux qui les unit (fig 143). Avec le sens d'enroulement indiqué ci-dessus, l'effet produit est absolument le même que si le noyau était d'une seule pièce.

179. Propriétés et usages des électro-aimants.

— Les électro-aimants créent un champ magnétique comparable à celui d'un aimant de même forme, mais beaucoup plus intense.

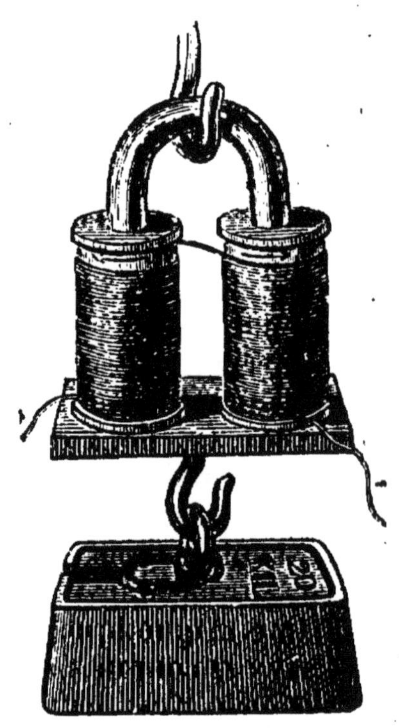

Fig. 144. — Électro-aimant en fer à cheval muni de son armature, ou contact, et supportant un poids de 20 kilogrammes.

On voit le sens de l'enroulement sur les deux bobines.

L'intensité du champ produit est d'autant plus considérable que les bobines de l'électro-aimant ont plus de spires et que le courant qui les traverse est plus intense. Un morceau de fer placé dans ce champ est aimanté par influence ; il est alors attiré par les deux extrémités de l'électro-aimant contre lesquelles il reste appliqué tant que le courant passe. Si l'on suspend des poids à un crochet dont est muni le morceau de fer qu'on appelle *armature*, l'électro aimant peut les maintenir soulevés.

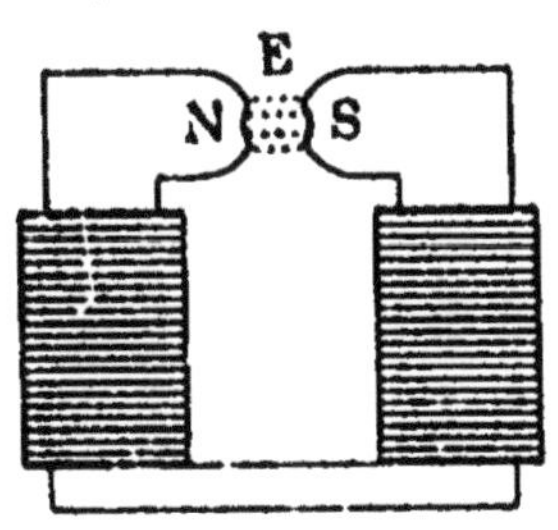

Fig. 145. — Electro-aimant destiné à produire un champ magnétique intense.

Si l'on envoie un courant intermittent dans le fil de l'électro-aimant, l'armature portée par un ressort antagoniste est animée de mouvements de va et vient successifs : c'est le principe des *sonnettes électriques* trembleuses et du *télégraphe* (271 et 272).

On peut utiliser les électro-aimants, non seulement pour attirer une armature, mais aussi pour réaliser des champs magnétiques très intenses. On y arrive en rapprochant les extrémités polaires, auxquelles on donne dans ce cas une forme un peu différente (fig. 145). On peut constater alors l'existence d'un champ très intense dans la région E située entre les pôles et qu'on appelle *entrefer*.

Si l'on place dans cet entrefer des enroulements de fils parcourus par un courant électrique et convenablement disposés, le champ magnétique intense développé par l'électro aimant agit sur ces courants et peut produire une rotation continue du système : c'est le principe des *moteurs électriques (récepteurs mécaniques,* 220).

III. — GALVANOMÈTRES. AMPÈREMÈTRES

180. But et principe du galvanomètre. — Le galvanomètre est un appareil qui sert à constater le passage d'un courant dans un fil et à mesurer l'intensité de ce courant.

Il est basé sur l'action directrice qu'exerce un courant sur une aiguille aimantée, ou sur l'action inverse d'un aimant sur un courant mobile.

De là deux sortes de galvanomètres, différant, non pas par le principe, mais par la disposition relative des organes qui les constituent. Ce sont les galvanomètres à aimant mobile et à courant fixe, et les galvanomètres à courant mobile et à aimant fixe.

181. Galvanomètre à aimant mobile. — L'expérience d'OErstedt nous montre que si, d'une aiguille en équilibre dans la direction du méridien magnétique, on approche un

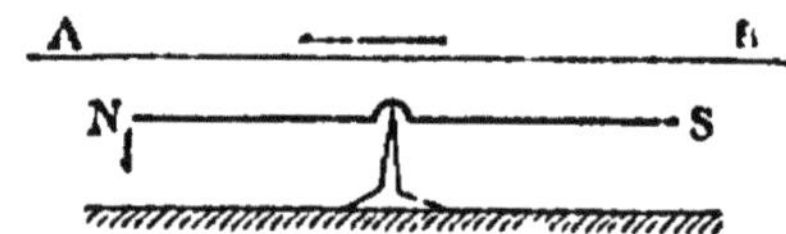

Fig. 146. — Action d'un courant rectiligne sur une aiguille aimantée.

courant rectiligne AB placé aussi dans ce plan, l'aiguille est déviée, et prend une nouvelle position d'équilibre faisant avec la première un angle d'autant plus grand que l'intensité du courant est elle-même plus grande.

Réciproquement, quand nous voyons qu'une aiguille, placée dans le voisinage d'un fil conducteur, est déviée de sa position normale d'équilibre, nous sommes en droit d'affirmer que le fil est traversé par un courant.

Si le courant est de très faible intensité, la déviation est si petite qu'elle peut passer inaperçue. On augmente la *sensibilité* de l'appareil en enroulant le fil autour d'un cadre de manière à réaliser une *bobine* (solénoïde) ayant un champ intérieur beaucoup plus grand (fig. 147).

A l'intérieur de cette bobine, un petit aimant est suspendu au moyen d'un fil *sans torsion*, c'est-à-dire un fil qui ne réagit pas d'une façon sensible quand on le soumet à une torsion. La bobine est placée de façon que son axe soit perpendiculaire au champ terrestre H.

Quand on fait passer un courant dans la bobine, il produit un champ H' dans la direction de son axe, c'est-à-dire perpendiculaire à H.

Sous l'influence de ces deux champs, l'aimant prend la direction de leur résultante R, et par suite tourne d'un angle α = ROH. La figure 148 représente une projection horizontale de la bobine et de l'aimant.

La déviation α de l'aimant est d'autant plus grande que le

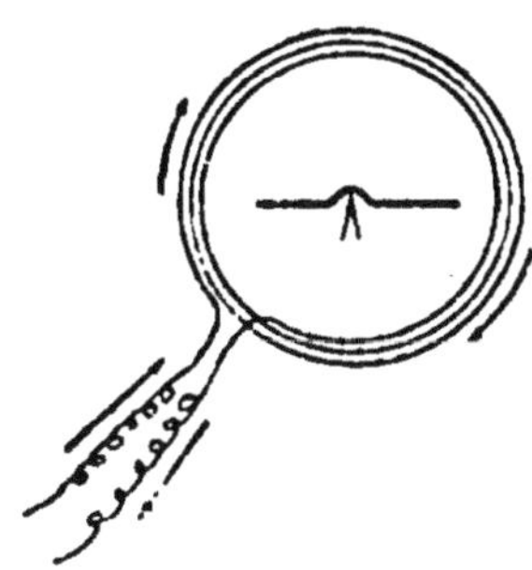

Fig. 117. — Galvanomètre à une seule aiguille.

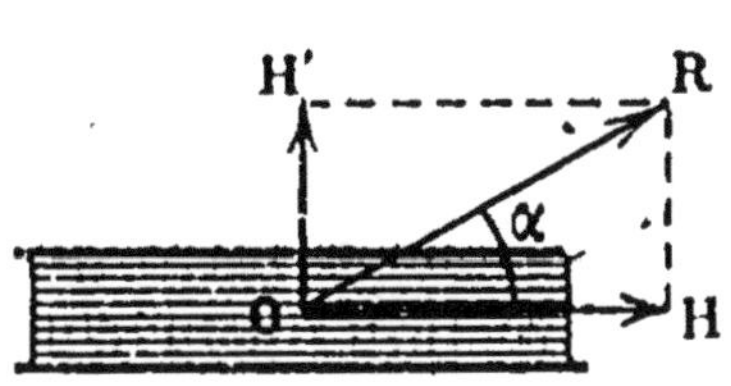

Fig. 148. — Principe du galvanomètre à aimant mobile. Projection horizontale.

le champ H' est plus grand : elle augmente avec l'intensité du courant.

Réduit à sa plus simple expression, le galvanomètre se compose donc d'une petite aiguille aimantée entourée d'une bobine ; le tout est placé dans le plan du méridien magnétique. L'aiguille est déviée quand un courant passe dans le fil de la bobine.

182. Système astatique de deux aiguilles. Galvanomètre à deux bobines.

— Un galvanomètre à aimant mobile sera d'autant plus sensible que, pour un courant donné, la déviation α sera plus grande. Pour construire un appareil de grande sensibilité on est donc conduit à augmenter le champ du courant H' et à diminuer le champ directeur H.

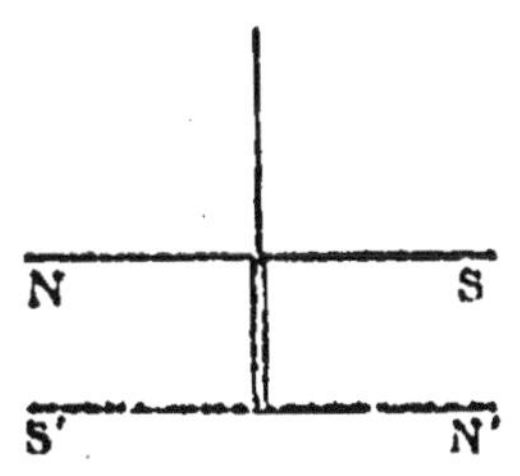

Fig. 149. — Système astatique de deux aiguilles.

On rend H' aussi grand que possible par l'emploi d'une bobine plate ayant un grand nombre de spires.

Pour diminuer H, on emploie généralement deux aiguilles aimantées à peu près identiques, attachées l'une à l'autre par une petite baguette d'aluminium, de telle sorte que ces aiguilles soient parallèles, et que les pôles de noms contraires soient placés les uns sous les autres.

Si l'on suspend ce système à un fil, l'action directrice de la terre s'y fait très peu sentir, puisque l'action du champ terrestre sur l'une des aiguilles est compensée par son action sur l'autre : il suffit de la plus faible influence pour dévier le système.

Avec un tel système dit *astatique* on construit un galvanomètre d'une extrême sensibilité, en plaçant chaque aiguille au centre d'une bobine, le courant traversant les deux bobines en sens inverse.

C'est le même fil conducteur, de longueur suffisante, qui passe dans les deux bobines ; mais l'enroulement du fil se fait en sens contraire sur les deux.

En appliquant la règle d'Ampère à ces deux bobines, on voit que le pôle N' doit aller en arrière du plan de la figure, le pôle N en avant (fig. 150). Ce sont là deux mouvements concordants.

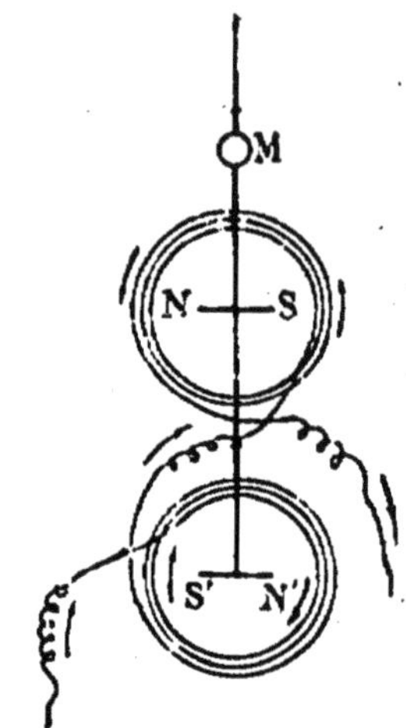

Fig. 150. — Gavalnomètre à deux bobines.

Et par suite on a, par cette disposition, affaibli l'action du champ terrestre, puisqu'il y a un système astatique, et augmenté l'action du champ magnétique du courant, puisque ce champ se compose de deux régions produisant sur les deux aiguilles des actions concordantes.

L'un des galvanomètres basés sur ce principe est le *galvanomètre Thomson* très employé dans les laboratoires. Il est extrêmement sensible : il peut accuser par une déviation visible un courant de un milliardième d'ampère.

183. Galvanomètre à cadre mobile. — Ce galvanomètre est basé sur le déplacement d'un circuit, traversé par le courant à mesurer, placé dans un champ magnétique fixe.

Un gros aimant en fer à cheval NS est dressé verticalement. Entre les pôles est un cadre autour duquel s'enroule un fil conducteur ; les deux extrémités de ce fil aboutissent à deux pinces métalliques fixes F et F' qui servent à amener le courant, et en même temps à soutenir le cadre.

Dans sa position d'équilibre, l'axe du cadre est perpendiculaire à la ligne NS qui joint les deux pôles de l'aimant.

Si un courant vient à passer dans le cadre conducteur, celui-ci se met à tourner autour de la ligne FF'. D'après la

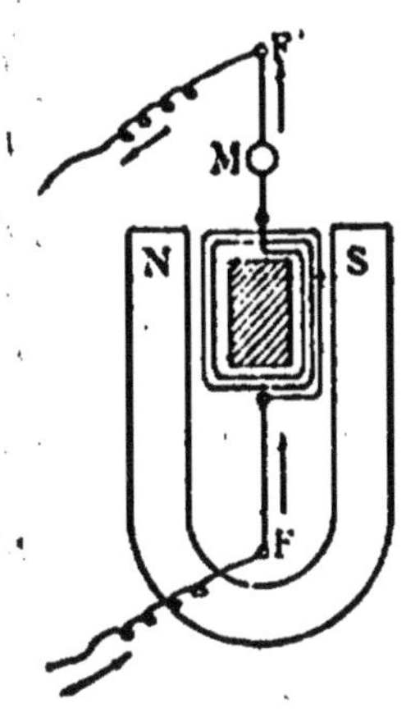

Fig. 151. — Schéma du galvanomètre à cadre mobile.

règle que nous avons donnée à propos de l'action d'un champ sur un circuit, le cadre tend en effet à se placer de façon que le flux dû au champ de l'aimant soit maximum et de même sens que le sien. Si le courant a le sens indiqué sur la figure 151, la partie gauche du cadre tend donc à venir en avant du plan de la figure. On peut vérifier que si l'on change le sens du courant le cadre tourne en sens inverse.

Ainsi quand le courant passe, le cadre tend à tourner de 90° autour de FF', mais dans cette rotation il tord le fil FF', et l'équilibre s'établit lorsque l'action directrice du champ magnétique de l'aimant est contrebalancée par la tendance qu'à le fil à se détordre.

On conçoit que le couple électromagnétique qui s'exerce sur le cadre soit d'autant plus grand que l'intensité du courant est plus grande. On peut vérifier qu'en effet la déviation croît en même temps que l'intensité.

Dans le cadre du galvanomètre est un cylindre de fer doux fixe, soutenu par un support spécial. Ce cylindre de fer doux s'aimante par influence, et cette aimantation augmente l'action de l'aimant en fer à cheval, ce qui donne une sensibilité plus grande à l'appareil.

La figure 152 représente le galvanomètre de Despretz-d'Arsonval, qui est parmi les galvanomètres à cadre mobile, l'un des plus fréquemment employés.

On peut d'ailleurs le rendre très sensible, presque aussi sensible que le galvanomètre Thomson, sur lequel il a l'avantage d'être plus simple à installer et plus facile à observer.

184. Lecture de la déviation. Méthode de Poggendorf. — Dans les deux galvanomètres dont nous venons de donner le principe, l'intensité du courant est proportionnelle à l'angle de déviation, pourvu qu'il ne dépasse pas 7 à 8 degrés.

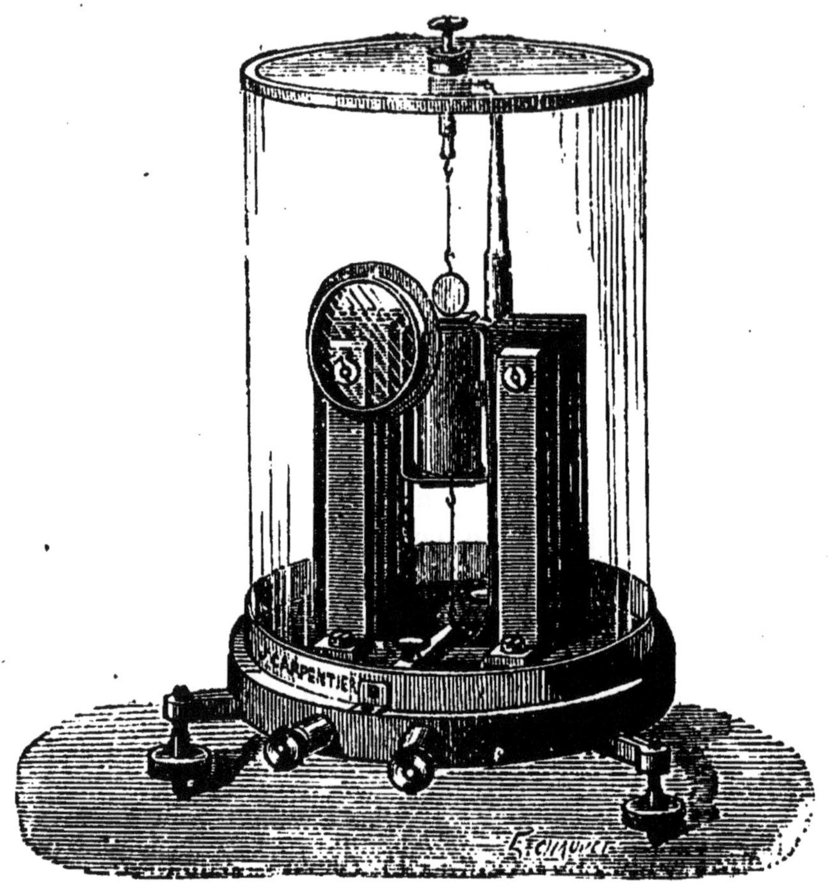

Fig. 152. — Galvanomètre Despretz-d'Arsonval.

De là la nécessité de pouvoir mesurer exactement la déviation la plus petite.

On y arrive par un procédé optique.

Nous savons que, si une droite lumineuse est placée devant un miroir concave, et à une distance de ce miroir égale à la longueur du rayon de courbure, l'image de cette droite est réelle, renversée, égale à la droite elle-même, et située aussi à une distance égale à la longueur du rayon de courbure (20).

Ceci posé, soit un petit miroir concave M, placé dans une chambre obscure, et, en face de ce miroir, à une distance égale à la longueur du rayon, une droite lumineuse AB constituée par le filament incandescent d'une ampoule électrique.

Il se formera, par réflexion des rayons lumineux sur le miroir, une image symétrique A'B, de la droite AB, et si on a placé un écran directement au-dessous de la fente lumineuse, on verra sur cet écran une trace verticale brillante, qui sera l'image réelle et renversée de la droite AB.

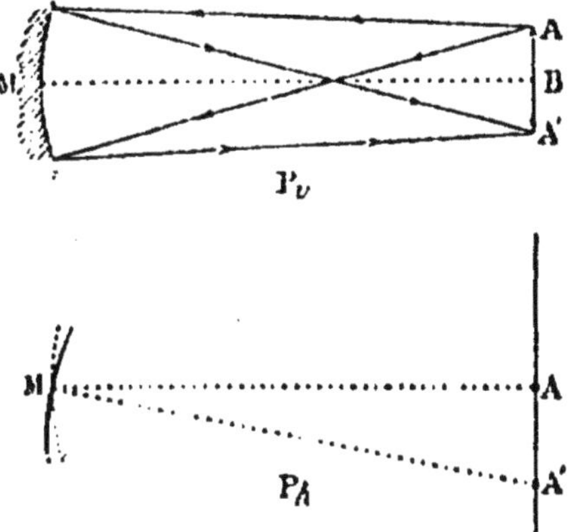

Fig. 153. — Mesure des déviations par la méthode du miroir tournant.

P_v, projection verticale. — P_h, projection horizontale.

Cet écran est constitué par une règle horizontale, graduée. Le zéro de la division est exactement au-dessous de la fente lumineuse, puis les divisions, partant de ce zéro, s'étendent sur la règle à droite et à gauche.

Supposons maintenant que le miroir tourne sur lui-même d'un petit angle. Le faisceau des rayons réfléchis tourne en même temps que lui[1], et l'image, tout en continuant à se former sur la règle, se déplace vers la droite ou vers la gauche d'un certain nombre de divisions.

Et si la règle est assez éloignée du miroir (1, 2, 3 mètres, par exemple), la plus petite rotation du miroir suffit à donner à l'image un grand déplacement.

C'est ce procédé de lecture qu'on emploie dans les galvanomètres ; pour cela le fil qui porte l'aiguille ou le cadre mobile est muni d'un petit miroir concave très léger M (fig. 150, 151, 152); puis en dehors du galvanomètre, à une distance de 1 mètre, par exemple, se trouvent la fente lumineuse et la règle graduée.

---

1. Si le miroir tourne d'un angle α, le faisceau réfléchi tourne de 2α (11).

185. Galvanomètres industriels. Ampèremètres. —

Les appareils que nous venons de décrire sont d'une grande sensibilité et ne peuvent servir que pour comparer entre eux des courants de faible intensité : ils ne donnent pas la valeur absolue de ces intensités. Pour les usages industriels, il est nécessaire d'avoir des galvanomètres dans lesquels on puisse faire passer un courant de grande intensité et qui donnent par une simple lecture la valeur de cette intensité.

De plus, l'appareil doit être résistant, et il doit pouvoir être placé dans une position quelconque, verticale, horizontale, inclinée, sans avoir besoin d'être orientée dans la direction du méridien magnétique.

Les galvanomètres industriels qui satisfont à ces diverses conditions sont appelés des *ampèremètres* : ils sont basés sur le même principe que les galvano-mètres.

Voici la description rapide d'un *ampèremètre* à aimant mobile.

Un petit barreau de fer doux, mobile autour d'un axe perpendiculaire à sa direction, est soumis à l'influence de deux aimants en fer à cheval NS et N'S' (fig. 154). Il s'aimante lui-même, et, comme l'action des aimants sur lui est incomparablement plus grande que l'action de la terre, il prend la direction CD, déterminée par les pôles des aimants, quelle que soit la position donnée à l'appareil.

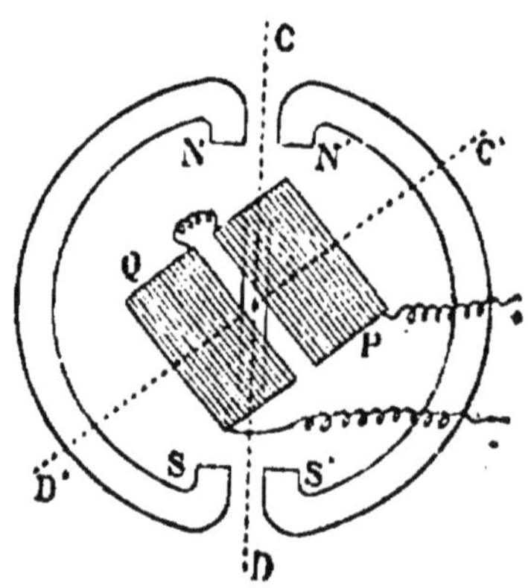

Fig. 154. — Ampèremètre.
(Vue intérieure.)

Ce petit barreau est à l'intérieur de deux bobines P et Q, sur lesquelles s'enroule un fil conducteur, gros et court, entouré de soie. L'enroulement du fil est tel que les actions des deux bobines sur le barreau soient concordantes.

Quand le courant traverse le fil, le barreau aimanté est dévié, et il prend une direction comprise entre CD et C'D', d'autant plus rapprochée de C'D' que l'intensité du courant est plus grande.

A l'extrémité de l'axe de rotation est une aiguille qui se meut sur un cadran. On gradue cet appareil empiriquement en le mettant dans un circuit qui contient un voltamètre à sulfate de cuivre. On fait passer dans ce circuit un courant constant dont l'intensité est mesurée en ampères au moyen du dépôt de cuivre (**171**); en faisant varier l'intensité du

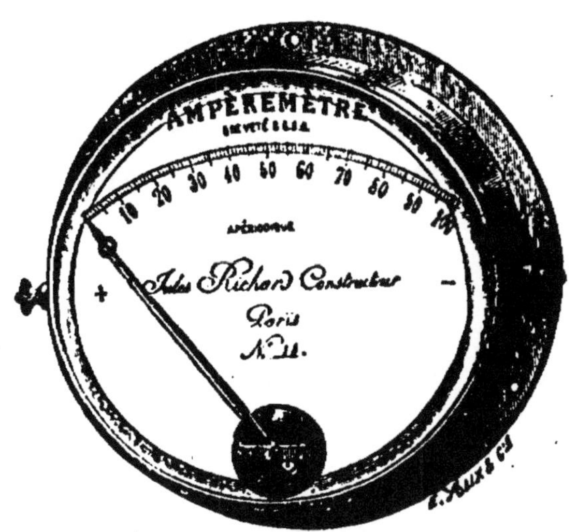

Fig. 155. — Ampèremètre.
(Vue extérieure.)

courant, on détermine autant de numéros que l'on veut sur le cadran divisé. L'expérience montre que les déviations sont sensiblement proportionnelles aux intensités des courants. La graduation (fig. 155) est donc composée de divisions équidistantes, indiquant les intensités en *ampères*.

CHAPITRE III

ACTIONS CALORIFIQUES DES COURANTS
RÉSISTANCE D'UN CONDUCTEUR

I. — LOI DE JOULE

186. Mesure de la quantité de chaleur dégagée. Loi de Joule. — Nous avons montré par des expériences simples (**159**) que le passage du courant dans un fil conducteur échauffe ce fil. Les lois de ce phénomène ont été établies par Joule à l'aide d'expériences calorimétriques précises dont nous allons donner le principe.

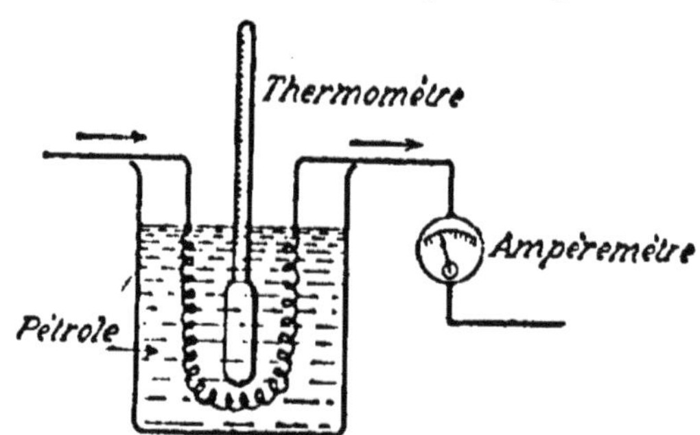

Fig. 156. — Calorimètre pour mesurer la quantité de chaleur créée par le courant.

Prenons un calorimètre contenant du pétrole, liquide non conducteur, pour éviter toute action de décomposition de la part du courant et plongeons dans le calorimètre un fil métallique traversé par le courant (fig. 156). La chaleur dégagée dans ce fil échauffe le liquide ; pour la mesurer il suffit de déterminer l'élévation de température t d'un thermomètre plongé dans le calorimètre et de connaître la capacité calorifique du calorimètre.

Nous savons d'ailleurs que la quantité de chaleur q, créée par le passage du courant et cédée au calorimètre, est proportionnelle à l'élévation de température T.

En nous appuyant sur ce résultat, nous allons chercher comment varie q lorsqu'on fait varier l'intensité I du courant, I étant mesuré au moyen d'un ampèremètre (fig. 156).

1° *Variation avec le temps.* — Faisons passer un courant dans un conducteur déterminé, une spirale de platine par exemple, et notons à chaque instant les indications du thermomètre. Nous constatons que si l'intensité du courant reste constante, *l'élévation de température croît proportionnellement au temps.*

2° *Variation avec l'intensité.* — Soit T l'élévation de température correspondant au passage d'un courant d'intensité I, dans un conducteur déterminé, pendant une minute par exemple. Doublons l'intensité du courant; nous constatons que l'élévation de température pendant une minute devient 4 T. En faisant passer un courant d'intensité 3 I, l'élévation de température pour le même conducteur et le même temps devient 9 T etc. *L'élévation de température est donc proportionnelle au carré de l'intensité.*

Puisque les quantités de chaleur dégagées sont proportionnelles aux élévations de température, on peut résumer les résultats précédents dans l'énoncé suivant.

Loi de Joule. — *La quantité de chaleur dégagée par le passage du courant dans un conducteur homogène est proportionnelle au temps et au carré de l'intensité du courant.*

On peut traduire cette loi par la formule suivante

$$(1) \qquad\qquad q = K I^2 t$$

le coefficient K exprime le nombre de calories dégagées dans le conducteur employé, lorsqu'on y fait passer un courant de 1 ampère pendant 1 seconde; K varie si l'on change les dimensions ou la nature du fil plongé dans le calorimètre.

187. Énergie du courant. — Les expériences précédentes nous ont permis d'évaluer la quantité de chaleur dégagée par le passage du courant dans un conducteur AB déterminé, pendant un temps donné. Nous connaissons donc l'énergie calorifique créée par le passage du courant, et le nombre trouvé peut nous servir à évaluer l'énergie du courant dans le conducteur AB.

On a l'habitude d'évaluer cette énergie comme un travail en prenant le Joule pour unité; il suffit pour cela de multiplier le nombre de calories trouvé par 4,18. Nous avons vu en effet, dans l'étude de la machine à vapeur, que dans une transformation de travail en chaleur ou de chaleur en travail, il y a le même rapport constant 4,18 entre le travail $\mathfrak{E}$ évalué en joules et la quantité de chaleur q évaluée en petites calories.

L'énergie W joules[1] créée par le courant dans le fil AB est donc, d'après la formule (1) :

$$W = 4,18 \, K I^2 t$$

ou :

$$(2) \qquad W = R I^2 t$$

la constante $R = 4,18 \, K$ caractérisant le conducteur.

188. Notion de résistance. — Si le passage du courant dans le conducteur AB exige une dépense d'énergie calorifique donnée par la formule (2), c'est que ce courant effectue un travail, comme s'il éprouvait une *résistance à vaincre*, analogue au frottement de l'eau contre les parois d'une canalisation.

Si nous nous reportons à la formule 2, nous voyons que pour un courant d'intensité déterminée et pendant un temps donné, l'énergie calorifique dépensée dans le conducteur, et par conséquent la résistance qu'il oppose au passage du courant, est d'autant plus grande que la constante R est elle-même plus grande.

Ce facteur R caractéristique de chaque conducteur mesure, *par définition* la *résistance électrique* du conducteur.

189. Unité de résistance. — La formule (2) qui traduit la loi de Joule fournit immédiatement la définition de l'unité de résistance, appelée *ohm*.

---

1. Rappelons que le *joule* vaut 10^7 ergs et que 1 kilogrammètre vaut 9joules,81.

L'ohm est la résistance d'un conducteur tel qu'un courant de 1 ampère y dégage par seconde la quantité de chaleur qui équivaut à 1 Joule.

Pratiquement l'ohm légal est représenté par la résistance d'une colonne cylindrique de mercure à 0°, d'une section de 1 millimètre carré et d'une longueur de 106 centimètres.

190. Variations de la résistance avec la forme et la nature du conducteur. — En répétant l'expérience de Joule avec des conducteurs de formes et de natures différentes, nous pouvons déterminer les lois de variation de la résistance des conducteurs en fonction de leurs dimensions géométriques et de leur nature. Il suffira de faire passer dans chaque conducteur le même courant pendant le même temps.

1° *Variation avec la longueur du fil.* — Considérons deux fils cylindriques homogènes AB, A'B' de même nature et de même section, le fil A'B' étant trois fois plus long que le fil AB.

Si nous plaçons ces deux fils dans deux calorimètres identiques et si nous y faisons passer le même courant pendant le même temps, nous constatons que l'élévation de température est trois fois plus forte dans le calorimètre qui renferme le fil A' B'. L'élévation de température étant proportionnelle à la quantité de chaleur dégagée, et par conséquent à la résistance du conducteur, il faut en conclure que :

La résistance d'un fil conducteur homogène et cylindrique est proportionnelle à sa longueur.

2° *Variation avec la section.* — En répétant l'expérience précédente avec deux fils AB, A"B", de même nature et de même longueur, mais de sections différentes, on remarque que l'élévation de température est plus forte dans le calorimètre où est plongé le fil le plus fin AB. Si par exemple le fil A" B" a une section double de celle de AB, l'élévation de température est deux fois plus forte dans le calorimètre qui renferme AB.

En généralisant ce résultat, nous pourrons dire que *la résistance d'un fil cylindrique est inversement proportionnelle à sa section.*

3° *Variation avec la nature du conducteur.* — Si maintenant nous plongeons, dans les deux calorimètres, deux fils de même longueur et de même section, mais de nature différente, l'un en cuivre, l'autre en fer par exemple, nous constatons que le thermomètre monte plus vite dans le calorimètre qui renferme le fil de fer. La résistance dépend donc de la nature du conducteur : *toutes choses égales d'ailleurs, un fil de fer est plus résistant qu'un fil de cuivre.*

On peut résumer les trois résultats précédents dans une formule unique :

$$R = k \times \frac{l}{s}.$$

Cette formule montre que *la résistance d'un conducteur cylindrique homogène est proportionnelle à sa longueur l, inversement proportionnelle à sa section, la constante de proportionnalité k dépendant du métal dont est fait le conducteur.*

191. Résistance spécifique. — Dans la formule $R = \frac{k \times l}{s}$, l est exprimé en centimètres et s en centimètres-carrés. Si nous considérons un fil ayant 1 centimètre de longueur et 1 centimètre carré de section, sa résistance ρ est, d'après cette formule :

$$\rho = k.$$

Cette valeur caractérise donc la nature du conducteur; on la nomme la *résistance spécifique* ou *résistivité* du métal.

C'est la résistance, *exprimée en ohms,* qu'opposerait au passage du courant, un fil cylindrique homogène de ce conducteur, qui aurait 1 centimètre-carré de section et 1 centimètre de longueur.

L'expérience montre que la résistivité des métaux augmente avec la température, la variation n'étant sensible que pour de grandes différences de température.

Le tableau suivant donne les résistances spécifiques des

métaux usuels à 0°. Comme elles sont très petites, on les a exprimées en michrohms ou millionièmes d'ohms :

	michrohms.			michrohms.
Argent	1,5		Fer pur (commercial) . .	10
Cuivre	1,54		Platine	11
Or	2		Mercure	94
Aluminium	2,8		Charbon de cornues . . .	66 000

Dans ce tableau, les métaux sont classés par ordre de *résistivité croissante*, c'est-à-dire par ordre de *conductibilité décroissante*.

L'argent est le meilleur conducteur de tous les métaux, la conductibilité du cuivre est presque égale à celle de l'argent. Comme ce dernier est beaucoup plus cher, on s'explique l'emploi du cuivre dans presque tous les conducteurs électriques.

Applications numériques. — 1° *Calculer la résistivité du mercure*. — Nous savons que l'ohm légal est représenté par la résistance d'une colonne de mercure de 106 centimètres de longueur et de 1 millimètre carré de section (189).

Une colonne de même section et de 1 centimètre de longueur aurait pour résistance $\frac{1}{106} = 0^{ohm},0094$. Une colonne de 1 centimètre carré de section aura donc une résistance 100 fois plus petite, ce qui donne :

$$\rho = 0^{ohm},000094, \text{ ou en michrohms : } \rho = 94.$$

2° *Calculer la résistance d'une ligne télégraphique de 100 kilomètres de long et dont le fil a 4 millimètres de diamètre, sachant que la résistance spécifique du fer est de 15 millionièmes d'ohms.*

Nous appliquons la formule :

$$R = \rho \times \frac{l}{s}$$

$$\rho = \frac{15}{1\,000\,000}$$

l doit être évalué en centimètres.

$$l = 10\,000\,000$$

s doit être évalué en centimètres carrés.

$$s = r\pi^2 = \pi \times (0,2)^2 = 0 \text{ cm}^2, 1256$$

$$R = \frac{15}{1\,000\,000} \times \frac{10\,000\,000}{0,1256} = 1190 \text{ ohms.}$$

II. — APPLICATIONS DE LA LOI DE JOULE
ÉCLAIRAGE ÉLECTRIQUE

192. Conséquence de la loi de Joule. — La loi de Joule est absolument générale et s'applique à tous les conducteurs d'un circuit parcouru par un courant, qu'ils soient solides (fils métalliques) ou liquides (voltamètre), qu'il s'agisse d'un circuit extérieur ou des enroulements intérieurs d'une dynamo.

Lorsque l'énergie électrique qui se manifeste sous forme de chaleur de joule est dépensée en pure perte, on cherche à la réduire le plus possible en employant des conducteurs de section suffisante.

Par contre, on profite des effets calorifiques du courant dans un certain nombre d'applications : *chauffage et éclairage électriques*, installation des *coupe-circuits fusibles*.

193. Coupe-circuit. — La température d'un fil traversé par un courant s'élève rapidement et devient stationnaire lorsque la quantité de chaleur que perd le fil, par rayonnement autour de lui, fait équilibre à la quantité de chaleur développée par le passage du courant.

Si cette température maximum est assez élevée, il se produit une incandescence qui peut être utilisée pour l'*éclairage*. Dans tous les cas le conducteur pourra être utilisé pour le *chauffage*.

Si l'on augmente l'intensité du courant, le conducteur finit par fondre. Ce fait est utilisé dans le *coupe-circuit fusible* qui supprime automatiquement le courant quand, par suite de l'accroissement de son intensité, il peut devenir dangereux pour les appareils et les immeubles. Le coupe-circuit consiste essentiellement en un fil de plomb, d'étain, ou d'alliage de plomb et d'étain, intercalé dans le circuit.

Fig. 157. — Coupe-circuit fusible.

Remarque. — Un fil parcouru par un courant, en même temps qu'il s'échauffe, subit un allongement d'autant plus grand que la quantité de chaleur dégagée est plus grande ; cet allongement peut donc servir à mesurer l'intensité du courant qui traverse le fil. Les appareils de mesure basés sur cette propriété sont appelés *ampèremètres thermiques.*

194. Lampes à incandescence. — Les *lampes à incandescence* du système *Edison* qui sont les plus anciennes, sont encore très employées aujourd'hui. Le fil médiocrement conducteur y est constitué par un *filament de charbon* ayant à peu près un dixième de millimètre de diamètre. Il est enfermé dans une ampoule de verre, dans laquelle on a fait un vide presque parfait à l'aide d'une machine pneumatique à mercure. Ce fil est ainsi préservé, non seulement des chocs, mais surtout de la combustion.

Contourné en forme de boucle, le filament est attaché à deux gros fils métalliques, qui traversent le fond de l'ampoule, et sont destinés à assurer le passage du courant.

La lampe la plus employée a une intensité lumineuse de 16 *bougies*, mais on en fait qui n'ont pas plus d'une bougie, et d'autres qui vont jusqu'à 500 bougies.

D'ailleurs l'éclat d'une lampe augmente avec l'intensité du courant qui la traverse. On admet que la température la plus favorable est un peu inférieure à 1.600° ; elle correspond à un éclat suffisant, et permet au filament une durée qui, dans les cas les plus favorables, peut aller jusqu'à 2.000 heures de fonctionnement effectif.

Actuellement on emploie beaucoup de lampes à incandescence à fil métallique : Tungstène, Osmium.

Fig. 158. — Lampe à filament de charbon.

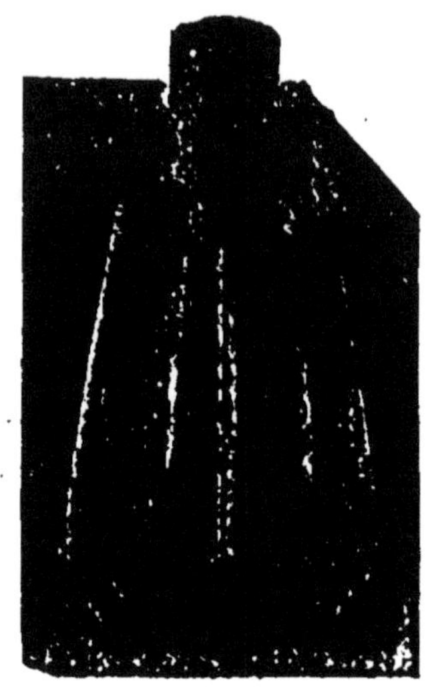

Fig. 159. — Lampe à filament métallique.

Elles sont beaucoup plus économiques que les lampes à fil de charbon. Une lampe à filament métallique consomme environ 1 watt par bougie, une lampe à filament de charbon de 2 à 3 watts.

195. Arc électrique. — Si l'on intercale sur le circuit d'un électro-moteur assez puissant, deux baguettes de charbon se touchant par la pointe, on voit les extrémités de ces baguettes devenir incandescentes. En éloignant alors les baguettes l'une de l'autre, l'incandescence persiste tant que la distance des pointes n'est pas trop grande, et il s'établit de l'une à l'autre un *arc lumineux* en forme de croissant. Si l'on examine attentivement le phénomène à travers un verre de couleur foncée, pour n'être pas ébloui, on constate que l'éclat de l'arc est beaucoup moindre que celui des pointes de charbon, et surtout que celui de la pointe positive.

Le charbon positif se creuse en forme de cratère, tandis que le charbon négatif s'allonge en pointe (fig. 160).

L'explication du phénomène est la suivante. Quand le contact est établi entre les pointes, qui sont médiocrement conductrices, celles-ci s'échauffent sous l'action du courant, comme le fait le filament d'une lampe à incandescence : l'élévation de la température est telle que le carbone est vaporisé. Au moment de la séparation des pointes, la vapeur de carbone est entraînée dans le sens du courant, et établit dans l'espace qui va d'une pointe à l'autre une atmosphère médiocrement conductrice qui permet le passage du courant ; l'arc de carbone se comporte donc comme un fil fin qui irait d'une pointe à l'autre. Si l'éclat de l'arc, malgré sa température élevée, est inférieur à celui des pointes, c'est parce que le pouvoir émissif de la vapeur de carbone pour la lumière est inférieur au pouvoir émissif du charbon solide.

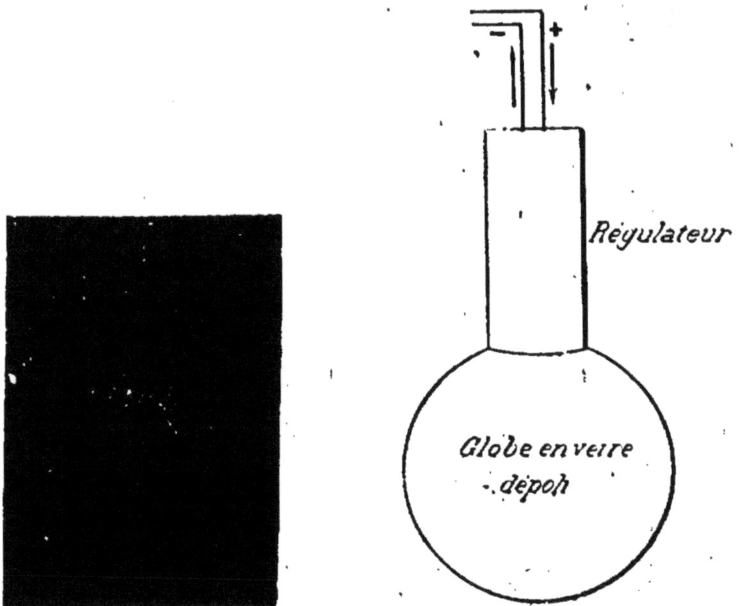

Fig. 160. — Vue extérieure d'une lampe à arc et aspect des charbons avec le courant continu.

196. Lampes électriques à arc. — L'intensité lumineuse du *cratère positif* de l'arc électrique atteint souvent plusieurs milliers de bougies. Aussi peut-on l'employer avantageusement pour l'éclairage des grands espaces.

Mais l'installation des lampes à arc présente des difficultés. Les charbons s'usent assez rapidement par combustion ; le charbon positif s'use plus rapidement que l'autre, puisque c'est à son extrémité que se produisent les vapeurs qui, entraînées par le courant, vont partiellement se condenser sur le charbon négatif. Aussi la distance qui sépare les deux pointes va-t-elle en augmentant progressivement, jusqu'à ce que, la résistance devenant trop grande, il y ait extinction.

De là la nécessité de maintenir l'écartement constant, à l'aide de régulateurs qui se trouvent disposés dans la partie cylindrique qui surmonte le globe en verre dépoli.

Le charbon employé dans les lampes à arc est un charbon très homogène, assez bon conducteur, qu'on obtient en comprimant fortement, et en calcinant à très haute température, un mélange de charbon des cornues finement pulvérisé, de noir de fumée et de goudron.

197. Four électrique. — La température très élevée de l'arc électrique est utilisée fréquemment dans les laboratoires et dans l'industrie.

La meilleure disposition qu'on puisse adopter pour cette

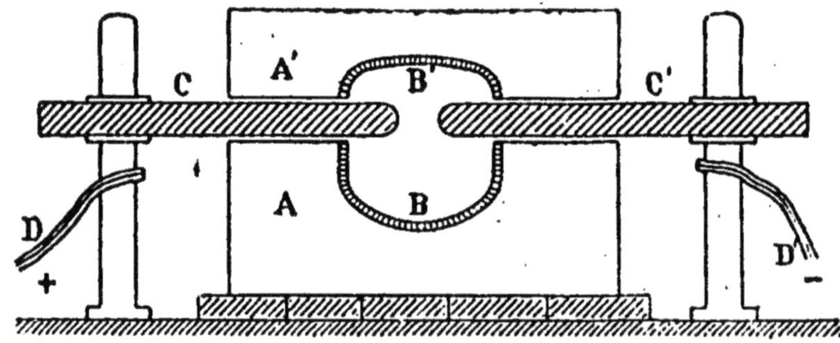

Fig. 161. — Four électrique.

utilisation est celle du four électrique de MM. Moissan et Violle (fig. 161).

Ce four est creusé dans un bloc de pierre calcaire, à couvercle AA', avec un revêtement intérieur en charbon BB'. Deux grosses électrodes de charbon, horizontales CC', communiquent par des câbles métalliques DD' avec les deux pôles d'une dynamo. On amène au contact les pointes des électrodes, puis on les sépare de façon à faire jaillir l'arc dans l'intérieur du four.

La température de l'arc est voisine de 3.500°, et indépendante de la puissance de la dynamo. Mais pour que cette température soit également celle du four tout entier, il faut que les dimensions de l'arc, et par suite la puissance de la dynamo, soient en rapport avec la grandeur du four.

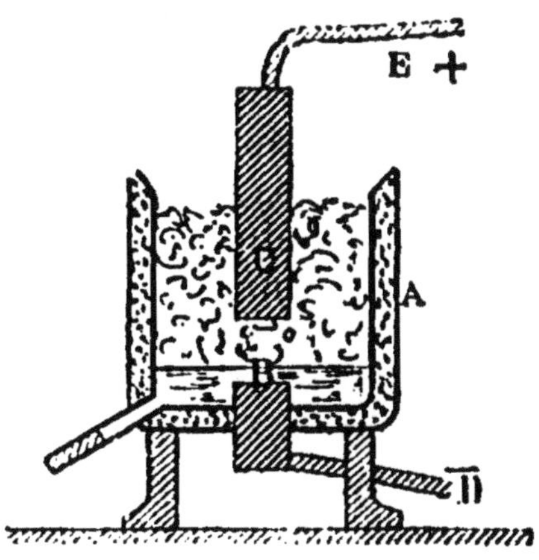

Fig. 162. — Four électrique pour la fabrication du carbure de calcium.

Pour les petits fours de laboratoire, une intensité de 30 ampères suffit. Mais les grands fours industriels exigent jusqu'à 1.000 ampères.

Les substances que l'on veut soumettre à l'action de la chaleur seule sont placées en B. C'est ainsi qu'on a pu fondre et volatiliser les substances les plus réfractaires (silice, chaux), décomposer par le charbon les oxydes les plus stables, et principalement la chaux. D'une façon plus générale, on a pu, à la température du four électrique, produire un grand nombre de réactions chimiques nouvelles.

L'application industrielle la plus importante du four électrique est la fabrication du *carbure de calcium* destiné à la préparation de l'*acétylène*. On met dans le four un mélange de chaux vive et de charbon ; sous l'influence de la très haute température, la chaux est réduite, avec production d'oxyde de carbone et de carbure de calcium :

$$CaO + 3C = C^2Ca + CO$$

Le four a d'ailleurs, dans ce cas, des dispositions différentes de celles de la figure 161. Il ressemble plutôt au four employé dans la métallurgie de l'aluminium, four dont le fonctionnement est suffisamment indiqué par la figure 162. Autour des électrodes C et B, on met le mélange de chaux et de charbon ; le carbure de calcium liquide se rend à la partie inférieure du four.

CHAPITRE IV

LOI D'OHM. — DIFFÉRENCE DE POTENTIEL. FORCE ÉLECTROMOTRICE

I. — LOI D'OHM

198. Chute de potentiel entre deux points d'un circuit. — Si l'on considère un fil métallique A B, de résistance R, intercalé dans un circuit et parcouru par un courant d'intensité I, l'énergie électrique développée par le passage du courant dans le conducteur s'exprime, en Joules, par la formule :

$$W = RI^2 t.$$

On sait d'autre part que la quantité d'électricité Q correspondant à cette production d'énergie est :

$$Q = It.$$

Par suite, la loi de Joule peut s'exprimer par la formule :

$$W = RI \times Q$$

où :

$$\frac{W}{Q} = RI.$$

La quantité $\frac{W}{Q}$ représente l'énergie électrique développée par l'unité de quantité d'électricité : le *coulomb*, par suite de son passage de A en B, c'est-à-dire la *perte d'énergie* subie par 1 coulomb entre les points A et B.

Ce phénomène peut être comparé à la perte d'*énergie potentielle* que subit une certaine masse d'eau passant d'un niveau A à un autre B moins élevé. Dans ce cas, la perte d'énergie par unité de masse caractérise la différence de niveau[1].

Par analogie, nous dirons que la perte d'énergie électrique subie par 1 coulomb passant de A en B mesure la différence de niveau électrique, autrement dit la *différence de potentiel* entre A et B. Si l'on désigne cette chute de potentiel par V_{AB}, elle est définie par la relation :

$$(1) \qquad\qquad V_{AB} = RI.$$

Unité de différence de potentiel. — La formule (**1**) conduit à définir de la manière suivante l'unité de différence de potentiel ou *Volt*.

Le volt est la différence de potentiel qui existe entre les extrémités d'une résistance égale à 1 ohm, quand cette résistance est traversée par un courant de 1 ampère ou encore d'après la définition même de l'ohm (**189**) : *Le volt est la chute de potentiel que doit éprouver une quantité d'électricité d'un coulomb, pour produire un travail d'un Joule.*

199. Potentiels absolus. — Dans une chute d'eau, ce qui importe pour le calcul du travail effectué, c'est la différence de hauteur entre le point de départ et le point d'arrivée, et non pas les altitudes absolues de ces points; de même dans le calcul de l'énergie d'un courant électrique entre deux points A et B, on ne fait intervenir que la différence de potentiel entre ces points et non leurs potentiels absolus.

Cependant, il est commode dans certains cas de pouvoir définir le potentiel électrique d'un point; il suffit pour cela de fixer le *zéro des potentiels*. De même qu'on a adopté pour zéro des altitudes, le niveau de la mer; de même on a adopté pour zéro, le *potentiel du sol*. Et dès lors si l'on met un point d'un circuit en communication avec le sol, les différents points de ce circuit se trouvent avoir des potentiels bien déterminés, qu'on pourra représenter par un nombre

____

1. Si l'énergie est mesurée en kilogrammètres, la différence de niveau est évaluée en mètres.

14.

algébrique, les points du circuit qui sont à un potentiel inférieur à celui du sol ayant un potentiel négatif.

Utilisation du potentiel zéro. — On profite souvent du sol dans les installations électriques étendues, telles que la traction électrique. Ainsi dans les tramways à trolley, on n'emploie en général qu'un conducteur aérien, le retour du courant se faisant par les rails eux-mêmes qui se trouvent au

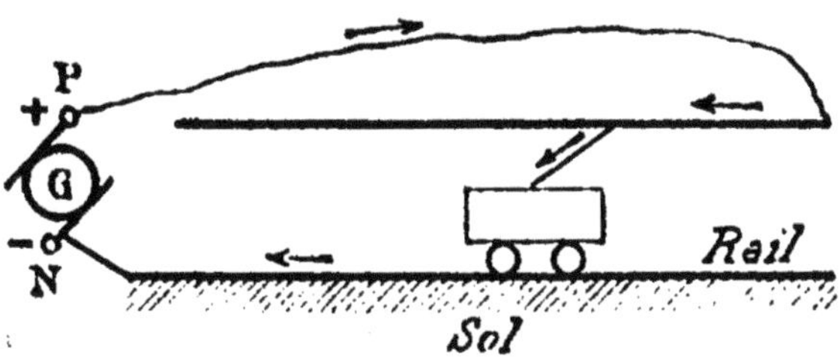

Fig. 163. — Utilisation du potentiel zéro dans les tramways électriques.

potentiel zéro; le pôle négatif de la génératrice du courant se trouve par suite au potentiel zéro. Ce dispositif présente en outre de grands avantages en temps d'orage; on évite ainsi que les différents points du réseau soient portés à des potentiels absolus très élevés et par conséquent dangereux.

200. Loi d'Ohm. — La formule précédente : $V_{AB} = RI$, qui résulte de la considération de l'énergie calorifique dépensée dans le conducteur AB, montre comment cette énergie est intimement liée à la chute de potentiel correspondante.

Ohm en 1825 était parvenu à la même formule, bien avant la vulgarisation de la notion d'énergie, en comparant le phénomène du courant électrique au phénomène de la propagation de la chaleur. Aussi donne-t-on à la formule (1) le nom de *formule d'Ohm*, la traduction de cette formule constituant la loi d'Ohm.

Loi d'Ohm. 1ʳᵉ *forme. La différence de potentiel entre les extrémités d'un conducteur est égale au produit de l'intensité du courant qui le traverse, par sa résistance.*

2ᵉ forme. Pour un conducteur déterminé, le quotient de la différence de potentiel qui existe entre ses extrémités, par l'intensité du courant qui le traverse est constant et égal à sa résistance.

La loi d'Ohm sous l'une ou l'autre de ces deux formes équivalentes, montre l'analogie frappante qui existe entre le courant électrique qui traverse un fil métallique et le courant d'eau qui traverse un tuyau.

1re *analogie*. — Si l'on dispose d'une différence de potentiel (ou de niveau) constante entre deux points A et B, et si l'on réunit ces points par un conducteur métallique (ou par un tuyau), l'intensité du courant électrique (ou le débit d'eau) sera d'autant plus grande que la longueur du conducteur (ou du tuyau) sera plus faible et que sa section sera plus large.

2° *analogie*. — Si l'on fait passer un courant électrique (ou hydraulique) d'intensité (ou de débit) constante dans un conducteur (ou un tuyau) AB, la chute de potentiel (ou la différence de pression) produite entre A et B sera d'autant plus grande que la résistance du conducteur (ou du tuyau) sera elle-même plus grande.

En résumé, il y a analogie entre la *perte de charge* due au frottement du liquide contre les parois du tuyau, autrement dit à la *résistance* du tuyau à l'écoulement, et la *chute de potentiel* due à la résistance électrique du conducteur.

II. — APPLICATIONS DE LA LOI D'OHM

201. Rhéostats. Mesure des résistances. Boîtes de résistance. — Quand il y a lieu de faire varier l'intensité dans un circuit, on modifie la résistance de ce circuit en y intercalant un rhéostat[1].

En particulier dans les tramways, on utilise des rhéostats dits *rhéostats de démarrage* qui permettent d'envoyer des courants d'intensité variable dans les moteurs électriques.

Un rhéostat est une résistance formée d'une série de spires ou de bobines qui communiquent avec une série de petits disques métalliques appelés *plots*. Une manette actionnée à la main, vient prendre contact avec ces plots, introduisant

---

1. Les lampes à incandescence constituent à l'occasion des rhéostats très commodes.

dans le circuit, suivant sa position, un nombre de spires plus ou moins grand.

Lorsque les résistances qui composent le rhéostat sont

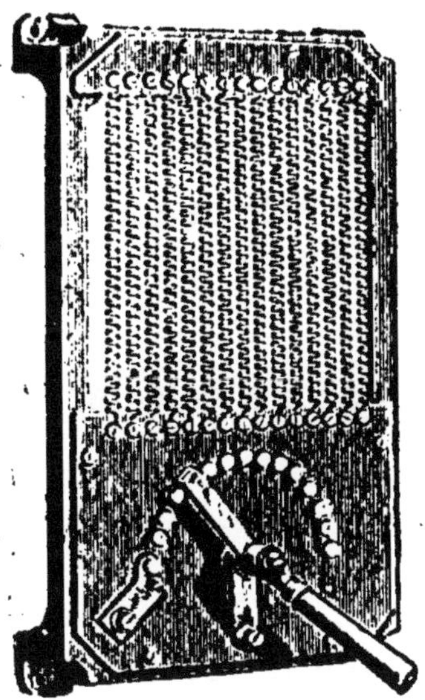

Fig. 104. — Rhéostat.

étalonnées, l'appareil peut servir pour les mesures électriques et porte alors le nom de *boîte de résistances*.

Si l'on veut évaluer la résistance d'un fil métallique, par exemple, on interpose ce fil, en même temps qu'un ampèremètre, sur le trajet du circuit d'une pile à courant constant; l'ampèremètre indique une certaine intensité I.

On substitue alors au fil une boîte de résistances et on donne à la manette une position telle que l'ampèremètre indique la même intensité I que précédemment. La somme des résistances des bobines de la boîte qui se trouvent alors dans le circuit, mesure la résistance du fil.

202. Bifurcation d'un courant. — Il arrive parfois qu'un circuit se bifurque, à partir d'un point A, en plusieurs branches qui se rejoignent en un même point B. La loi d'Ohm va nous permettre de trouver comment se fait le par-

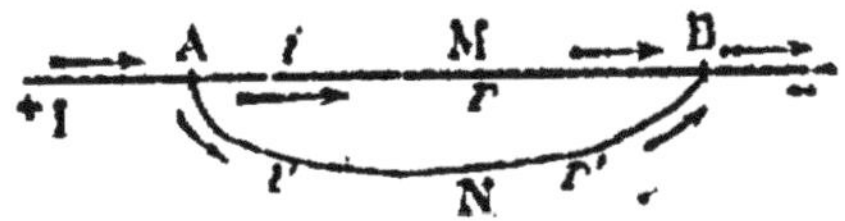

Fig. 105. — Courants dérivés.

tage du courant entre les diverses branches que nous supposerons réduites à deux.

Si les deux branches ont des résistances inégales r et r', il est à peu près évident que le courant d'intensité I va se partager inégalement entre ces deux branches. En effet, les deux points A et B présentent entre eux une différence de potentiel bien déterminée, indépendante du chemin considéré entre ces deux points. On a donc, d'après la loi d'Ohm, en appelant i et i' les intensités du courant dans les deux branches AMB et ANB :

$$(1) \qquad V_{AB} = ir = i'r'.$$

Mais d'autre part d'après les expériences mêmes qui nous ont donné la *notion d'intensité* (fig. 132), on a :

$$(2) \qquad I = i + i'.$$

Les équations (1) et (2) permettent donc de calculer les deux inconnues i et i'.

L'équation (1) peut s'écrire

$$(3) \qquad \frac{i}{i'} = \frac{r'}{r}.$$

La traduction de cette formule constitue la *loi des courants dérivés : les intensités dans les branches de bifurcation sont inversement proportionnelles aux résistances de ces branches.*

Nous allons trouver une application immédiate de cette loi dans les *shunts de galvanomètres* et d'*ampèremètres.*

203. Shunts. — On ne peut lancer dans un galvanomètre sensible que des courants de faible intensité.

Pour l'étude des courants d'intensité trop grande, on établit une *dérivation* qui permet d'envoyer dans l'appareil une *fraction connue* du courant à mesurer. L'appareil qui sert à établir cette dérivation se nomme *shunt* (d'un mot anglais qui signifie *dérivation*).

Le shunt se compose d'une boîte renfermant trois bobines (fig. 166) dont les résistances sont respectivement égales à $\frac{1}{9}$, $\frac{1}{99}$ et $\frac{1}{999}$ de la résistance du galvanomètre G auquel le shunt doit être associé. Les extrémités des fils de ces bobines aboutissent à des tiges de laiton assez courtes et assez grosses pour que leurs résistances puissent être considérées comme

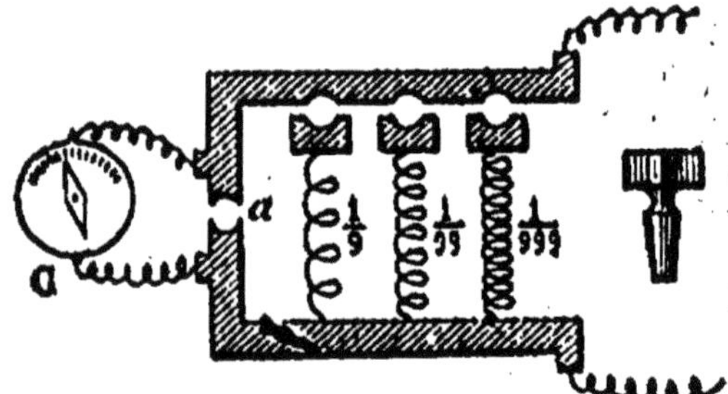

Fig. 166. — Shunt établi en dérivation.

La cheville est figurée à droite.

pratiquement nulles. Entre ces tiges, on peut introduire une grosse cheville métallique, de résistance également nulle.

La cheville étant en *a*, si l'on ferme le circuit de la source d'électricité (la pile par exemple) sur le shunt, la résistance du shunt étant à peu près infiniment petite, le courant y passe entièrement, et le galvanomètre ne reçoit rien.

Mais si l'on met la cheville dans l'un des trois autres trous, la résistance du shunt est égale à $\frac{1}{9}$, $\frac{1}{99}$ ou $\frac{1}{999}$ de celle du galvanomètre et d'après la loi des courants dérivés (formule 3), le galvanomètre reçoit $\frac{1}{10}$, $\frac{1}{100}$ ou $\frac{1}{1000}$ du courant total.

La déviation donne donc la mesure, selon les cas, de la millième, de la centième ou de la dixième partie de l'intensité totale du courant.

204. Mesure des différences de potentiel. Voltmètres.

— La formule d'Ohm permet de calculer l'une des trois grandeurs I, R, V_{AB}, quand on connaît les deux autres. On conçoit donc le principe de la mesure des différences de

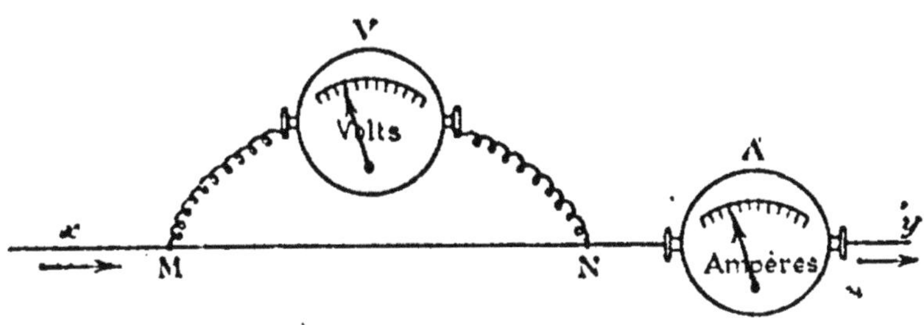

Fig. 167. — Mesures d'une différence de potentiel et d'une résistance.

potentiel. Il suffit qu'un ampèremètre porte sur sa graduation le produit RI, R étant la résistance du fil de l'ampèremètre, pour qu'il indique immédiatement, en volts, la différence de potentiel entre ses deux bornes. On donne le nom de *voltmètre* à un ampèremètre ainsi gradué.

En général les voltmètres ont une résistance intérieure R de plusieurs centaines d'ohms. Si alors on met les bornes d'un voltmètre V (fig. 167) en communication avec les deux points M et N d'un circuit parcouru par un courant, comme la résistance du voltmètre est beaucoup plus grande que celle de la portion MN du fil, la fraction du courant qui passe dans le voltmètre est négligeable, d'après la *loi des courants déri-*

vés. La *dérivation* ainsi établie ne modifie donc pas de manière sensible l'intensité du courant, ni par suite la différence de potentiel V_{MN}. D'après ce qui précède V_{MN} se trouve donnée par l'indication du voltmètre.

Mesure pratique des résistances. — Un voltmètre donnant par une simple lecture la différence de potentiel entre les deux extrémités d'un conducteur MN, il suffit pour déterminer la résistance R de ce conducteur, de connaître l'intensité I du courant qui le traverse. On aura en effet :

$$ R = \frac{V_{MN}}{I} $$

L'emploi simultané d'un ampèremètre et d'un voltmètre constitue donc une nouvelle méthode très pratique pour la mesure des résistances. Le conducteur étudié sera intercalé dans un circuit avec un ampèremètre A placé en *série* ; le voltmètre sera placé *en dérivation* entre les deux extrémités M et N du conducteur (fig. 167).

III. — GÉNÉRALISATION DE LA LOI D'OHM POUR UN CIRCUIT FERMÉ

205. Force electromotrice d'un générateur. — Considérons un générateur dont les pôles P et N sont réunis par un fil conducteur de résistance R : ce fil est traversé par un courant I et s'échauffe.

D'après ce qui précède, chaque coulomb passant de P en N subit une perte d'énergie égale à RI, perte d'énergie qui *par définition* mesure la différence de potentiel entre P et N.

Mais l'électricité ne s'arrête pas en N ; elle va de N en P à travers le générateur lui-même qui peut être assimilé à un conducteur de résistance *r*.

Il en résulte donc, par coulomb, une perte d'énergie égale à *r*I et par conséquent une nouvelle chute de potentiel *r*I.

Arrivé de nouveau en P, c'est-à-dire ayant parcouru le circuit fermé de résistance totale R + *r*, chaque coulomb a donc subi d'après la loi de Joule une perte d'énergie, et par conséquent une chute de potentiel, égale à I (R + *r*).

Or, par suite de la continuité du courant, la différence de potentiel entre P et N reste constante : il existe donc à l'intérieur du générateur une cause capable de déterminer un relèvement brusque de potentiel de $I(R+r)$ volts, c'est-à-dire de redonner à chaque coulomb l'énergie $I(R+r)$ qu'il a perdue sous forme de chaleur.

Cette cause est appelée la *force électromotrice* du générateur. On *la mesure par le relèvement de potentiel* produit par le générateur, ou ce qui revient au même par *la quantité d'énergie qu'il est capable de communiquer à chaque coulomb qui le traverse.* C'est en général une constante E caractéristique de l'appareil.

En résumé, dans l'exemple que nous venons d'étudier, le générateur *emprunte* de l'énergie chimique, calorifique ou mécanique à l'extérieur, pour produire *l'énergie électrique* qui se dépense sous forme de chaleur dans le circuit. Cette transformation est mise en évidence par la formule qui définit la force électromotrice du générateur

$$(1) \qquad E = I(R + r).$$

En effet, si le générateur fonctionne pendant un temps t, il a passé It coulombs et l'on a d'après la formule (1)

$$Elt = I^2(R + r)t.$$

Elt est l'énergie électrique produite par le générateur, $I^2(R + r)t$ mesure l'énergie calorifique (en joules) dépensée dans le circuit.

La puissance P du générateur étant l'énergie produite par seconde, est égale à EI et est mesurée en *watts*.

La puissance d'un générateur est donc égale au produit de sa force électromotrice par l'intensité du courant qu'il débite.

Ce résultat très important résulte du reste de la définition que nous avons été conduit à donner de la force électromotrice. Si, en effet, le générateur communique à chaque coulomb une énergie égale à E joules, comme il débite I coulombs par seconde, sa puissance sera égale à EI watts.

206. Relation entre la force électromotrice d'un

générateur et la différence de potentiel aux bornes. — La formule (1) peut s'écrire :

$$E = IR + Ir$$

mais comme IR représente la différence de potentiel aux bornes V_{PN}, on a

$$(2) \qquad E = V_{PN} + Ir.$$

La force électromotrice est donc toujours plus grande que la différence de potentiel aux bornes. Elle ne lui est égale que dans deux cas.

Premier cas. — L'électromoteur est en circuit ouvert; il ne débite pas de courant et $I = 0$; donc *la force électromotrice d'un générateur est égale à la différence de potentiel aux bornes en circuit ouvert.* Cette propriété montre qu'on peut mesurer la force électromotrice d'un générateur en réunissant ses bornes à celle d'un voltmètre de grande résistance. Le courant qu'il débite est alors négligeable et l'indication du voltmètre, égale à V_{PN}, représente sensiblement E.

Deuxième cas. — L'électromoteur a une résistance intérieure négligeable; c'est-à-dire que pratiquement $r = 0$.

Alors on a toujours

$$E = V_{PN}.$$

Nous verrons que c'est le cas des *accumulateurs;* aussi lorsqu'on veut établir une différence de potentiel constante entre deux points, on les réunit aux deux pôles d'une batterie d'accumulateurs.

207. Analogie hydraulique. — Un générateur d'électricité est analogue à une pompe.

Imaginons une pompe centrifuge semblable à celle dont on se sert dans les automobiles (fig. 168). En la faisant tourner à l'aide d'un moteur auxiliaire, on peut faire circuler un courant liquide contenu dans un tuyau métallique; l'ensemble forme un circuit fermé. Supposons le tuyau muni d'indicateurs de niveau ; ces tubes nous montrent que la pression va en diminuant de a vers b : on a une *perte de charge* ou *chute de niveau progressive.*

La pompe est destinée à produire entre les points *a* et *b* un relèvement de pression, de même qu'un générateur établit un relèvement de potentiel entre ses pôles.

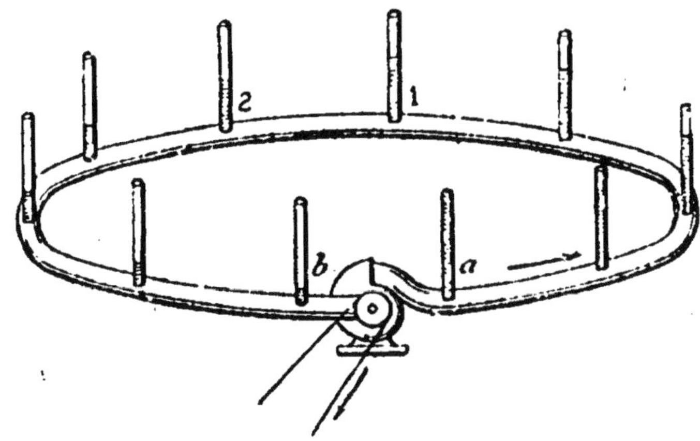

Fig. 168. — Une pompe centrifuge qui produit une circulation continue d'eau, est assimilable à un électromoteur.

Le débit du liquide est d'ailleurs proportionnel à la pression créée par la pompe et inversement proportionnel à la résistance hydraulique du tuyau.

208. Force contre-électromotrice d'un récepteur. —

Nous avons supposé jusqu'ici que le circuit du générateur était formé uniquement de conducteurs métalliques le long desquels se produisaient des *chutes progressives de potentiel* correspondant à l'apparition d'énergie calorifique.

Si nous plaçons maintenant dans le circuit du générateur un moteur ou un voltamètre, ils produisent une quantité d'énergie mécanique ou chimique proportionnelle à la quantité d'électricité qui les a traversés.

Chaque coulomb qui traverse l'appareil subit donc une brusque perte d'énergie et, par suite, une *chute brusque de potentiel*.

Cette chute brusque de potentiel, de *e* volts, s'appelle *force électromotrice inverse* ou *force contre-électromotrice* du moteur ou du voltamètre, la dénomination de force électromotrice étant réservée pour les relèvements de potentiel.

Si le récepteur est alimenté par un courant d'intensité I,

il produit par seconde une énergie égale à *eI*, qui représente *sa puissance.*

La puissance d'un récepteur est donc encore égale au produit de sa force électromotrice inverse par l'intensité du courant qui le traverse.

Remarque. — Cette chute brusque *e* due à la production d'énergie mécanique ou chimique, n'empêche pas la chute progressive due à la production d'énergie calorifique et qui existe dans ces appareils en vertu de leur résistance même.

209. Généralisation de la loi d'Ohm pour un circuit fermé. — Si nous considérons un circuit qui renferme un générateur de force électromotrice E, un récepteur de force électromotrice inverse *e*, et dont la *résistance totale* est égale à R ohms, on a, en écrivant que le relèvement de potentiel E produit par le générateur compense exactement la *chute progressive* IR due à l'énergie calorifique produite dans le circuit et la *chute brusque e* due à l'énergie mécanique ou chimique du récepteur :

$$E = e + IR$$

ou

$$(3) \qquad E - e = IR.$$

Cette égalité est souvent appelée formule d'Ohm relative à un circuit fermé et sa traduction constitue une autre loi d'Ohm qu'on peut généraliser ainsi :

2e Loi d'Ohm. Dans un circuit fermé, la somme algébrique des forces électromotrices des générateurs et des récepteurs est égale au produit de l'intensité du courant par la résistance totale du circuit.

Cette loi appliquée à un circuit renfermant un générateur unique conduit à la formule (1) (§ 205).

Remarque. — La formule (3) rend compte de la transformation de l'énergie électrique en diverses autres formes d'énergie. Si, en effet, le générateur fonctionne pendant un temps *t*, il débite I*t* coulombs et l'on peut écrire

$$EIt = eIt + I^2Rt$$

Mise sous cette forme, la formule qui traduit la deuxième loi d'Ohm montre que l'énergie électrique crée par le générateur est égale à la somme de l'énergie mécanique ou chimique produite dans le récepteur et de l'énergie calorifique créée dans le circuit total. L'équation d'Ohm est donc une traduction du principe de la conservation de l'énergie.

Il nous faut maintenant étudier comment s'effectue la transformation inverse, c'est-à-dire comment on peut créer de l'énergie électrique en dépensant de l'énergie mécanique ou chimique : c'est le principe des générateurs électriques.

CHAPITRE V

GÉNÉRATEURS ÉLECTRIQUES

I. — GÉNÉRATEURS CHIMIQUES. ACCUMULATEURS. PILES

210. Polarisation des voltamètres — Un voltamètre dans lequel le courant a passé un certain temps est modifié. Considérons par exemple un voltamètre à eau acidulée dans lequel plongent deux lames de plomb P et P' et qui peut être placé à volonté dans le circuit d'un générateur E ou d'un galvanomètre G au moyen de godets de mercure A, B et C (fig. 169). Si l'on réunit les godets B et C par un fil métallique, on constate d'abord qu'aucun courant ne traverse le galvanomètre G. Si l'on joint alors au lieu de B et C, les godets A et B, on fait passer le courant du générateur E dans le voltamètre : l'électrolyse se produit. La lame de plomb P se recouvre de

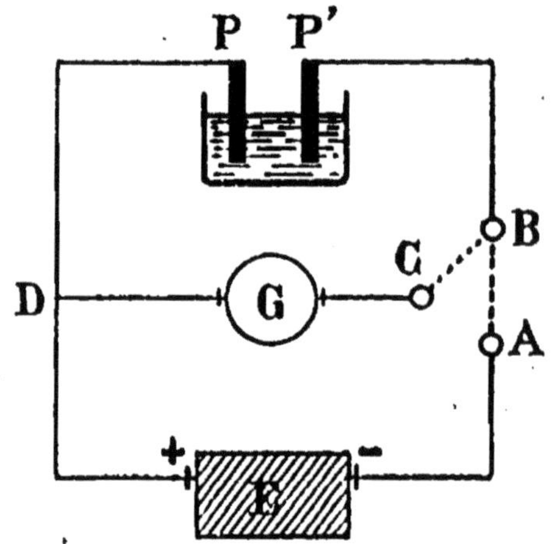

Fig. 169. — Polarisation des voltamètres.

bulles d'oxygène, la lame P' de bulles d'hydrogène. Au bout de quelque temps, on supprime le courant et on réunit les godets B et C, ce qui met de nouveau les deux bornes du galvanomètre en communication avec les électrodes P et P'. Cette fois l'aiguille est déviée : le sens de sa déviation est le même que celui que l'on obtiendrait si, réunissant A et C, on faisait passer dans le galvanomètre le courant du générateur.

Ainsi un voltamètre modifié par le passage d'un courant est un véritable générateur dans lequel les pôles sont les lames de plomb qui ont servi d'électrodes.

Le courant de charge a produit une dissymétrie entre elles : on dit qu'il les a polarisées; le courant de décharge est en sens inverse du premier, aussi détruit-il peu à peu la polarisation. Il cesse dès que les électrodes ont repris leur état primitif.

211. Principe des accumulateurs. — Un voltamètre polarisé ne peut servir pratiquement de générateur que s'il donne un courant durant assez longtemps. Il y a donc intérêt à utiliser des électrodes pouvant s'imprégner d'une quantité considérable de gaz, puisque le courant dure tant que la polarisation n'a pas disparu.

Le métal qui convient le mieux est le plomb. Dans les accumulateurs actuels, les électrodes sont de larges plaques de plomb, très voisines les unes des autres et immergées dans de l'eau additionnée d'acide sulfurique. Toutes les lames de rang pair communiquent entre elles, ainsi que toutes les lames

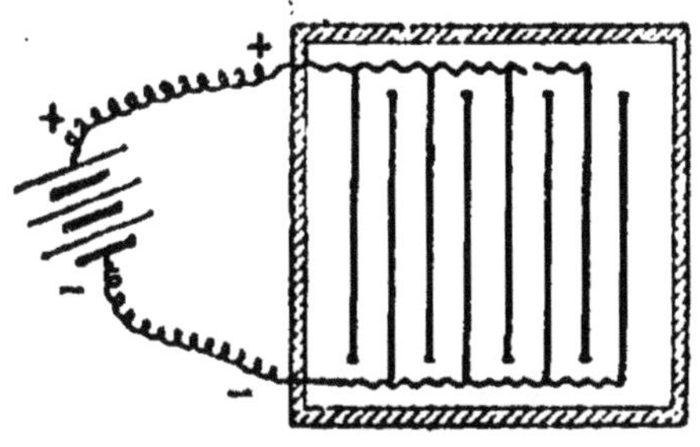

Fig. 170. — Projection horizontale d'un accumulateur en charge. Les lames de rang pair communiquent entre elles, ainsi que les lames de rang impair et forment respectivement les deux électrodes.

de rang impair (fig. 170). Tout se passe comme s'il y avait, pour chaque électrode, une lame unique de grandes dimensions, recevant le gaz sur ses deux faces.

Pour charger un accumulateur on y envoie le courant d'un générateur. L'oxygène se rend sur les lames positives qui s'oxydent et prennent une teinte rouge; l'hydrogène sur les lames négatives : le métal toujours oxydé est d'abord réduit, puis il est imprégné par l'hydrogène. Tant que dure la charge, l'accumulateur est un récepteur chimique, possédant une force contre-électromotrice égale à $2^{\text{volts}},5$.

On reconnaît que l'accumulateur est chargé quand les gaz, au lieu d'être retenus par les électrodes, se dégagent à la surface de l'eau. On a observé d'ailleurs qu'un accumulateur qui a beaucoup servi se charge davantage, le plomb étant devenu plus spongieux.

L'accumulateur peut rester chargé très longtemps et même être transporté. Pour l'utiliser comme générateur, il suffit de réunir ses électrodes par un conducteur : l'anode devient le pôle négatif et la cathode le pôle positif. L'hydrogène se porte sur les lames oxydées qu'il réduit peu à peu. Le radical SO^4 va en sens inverse, s'unit à l'hydrogène pour reformer de l'acide sulfurique.

La force électromotrice qui est de $2^{volts},5$ au début, tombe rapidement à $2^{volts},1$ et s'y maintient assez longtemps. Il y a

Fig. 171. — Accumulateur démonté.

d'ailleurs intérêt à ne pas produire une décharge complète.

Pratiquement, on recharge les accumulateurs dès que leur force électromotrice tombe au-dessous de $1^{volt},8$.

212. Caractéristiques d'un accumulateur. — Un
accumulateur est caractérisé, non seulement par sa force électromotrice que nous venons de signaler, mais aussi par sa *résistance intérieure* toujours très faible, ne dépassant pas quelques centièmes d'ohm. La *capacité*, ou quantité d'électricité employée à le charger, est proportionnelle à la masse des électrodes : sa valeur habituelle est 30.000 à 50.000 coulombs par kilogramme de plomb.

Son débit dépend de la résistance du circuit extérieur : il y a intérêt, pour la conservation de l'appareil, à ce que le courant qui le traverse ne dépasse pas 3 ampères par kilogramme de plomb.

Piles.

213. Elément de pile de Volta. — Plongeons dans de l'acide sulfurique étendu d'eau, une lame de cuivre A et une lame de zinc B. Si l'on réunit les lames A et B par un fil métallique C, ce fil est parcouru par un courant qu'on peut mettre en évidence au moyen d'un galvanomètre. Ce courant va du cuivre au zinc dans le fil de jonction C, et par suite du zinc au cuivre à l'intérieur du vase contenant l'eau acidulée.

L'appareil ainsi réalisé, qu'on appelle un élément de *pile*, a été découvert par Volta. L'expérience précédente nous montre que cette pile est un générateur, dont le pôle positif est la lame de cuivre et le pôle négatif la lame de zinc.

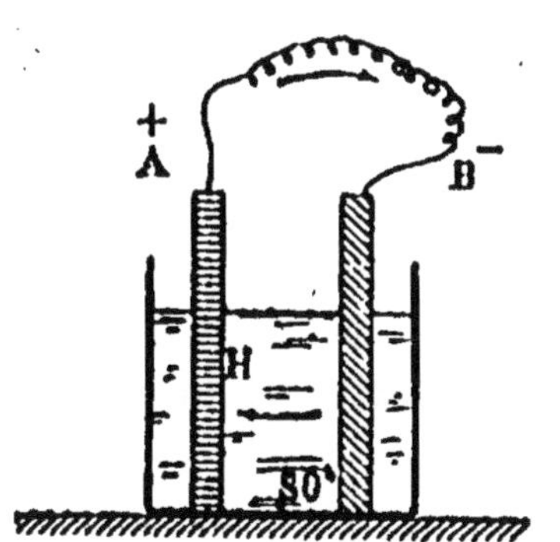

Fig. 172. — Actions chimiques à l'intérieur d'une pile.

214. Explication du fonctionnement de la pile. — Origine de l'énergie électrique. — Considérons une pile de Volta en circuit ouvert, le pôle négatif étant constitué par une lame de zinc amalgamé, lequel n'est pas attaqué par l'acide sulfurique étendu ; tant que le circuit reste ouvert, il n'y a aucune action chimique à l'intérieur de l'élément.

Si nous réunissons les pôles de l'élément aux bornes d'un voltmètre de grande résistance, nous constatons qu'il existe une différence de potentiel de l'ordre du volt entre les deux pôles[1]. L'existence de cette différence de potentiel en circuit ouvert était à prévoir, d'après nos observations sur la polarisation des voltamètres : *de même que la force électromotrice des voltamètres et accumulateurs est due à la dissymé-*

[1]. On peut également mettre en évidence cette différence de potentiel en circuit ouvert à l'aide de l'*électroscope condensateur* (**260**).

trie artificielle que l'on produit entre les électrodes, de même la force électromotrice d'un élément de pile s'explique par la dissymétrie naturelle des électrodes.

Réunissons maintenant les deux bornes de la pile ; les pôles A et B n'étant pas au même potentiel, il s'établit nécessairement un courant dans le fil de jonction ; c'est ce que l'expérience nous a montré. Il nous faut maintenant expliquer l'origine de l'énergie électrique créée.

Dès que le circuit de la pile est fermé, on constate que la lame de zinc diminue, transformée peu à peu en sulfate de zinc, tandis que de l'hydrogène se dégage sur le cuivre. Cette réaction chimique résulte de ce fait que le courant, créé par la différence de potentiel préexistante, traverse l'élément de pile en allant du zinc au cuivre et décompose l'acide sulfurique ; l'hydrogène suit le courant et apparaît donc sur la lame de cuivre, l'ion SO⁴ apparaît sur la lame de zinc qu'il attaque en donnant du sulfate de zinc.

Le passage du courant est donc corrélatif de la réaction chimique suivante :

$$SO^4H^2 + Zn = SO^4Zn + H^2.$$

Si l'on produit cette réaction en mettant une lame de zinc dans de l'acide sulfurique, on constate qu'elle est accompagnée d'un grand dégagement de chaleur : *l'énergie chimique* des corps en présence s'est transformée en *énergie calorifique.* Or dans la pile de Volta cette même réaction se produit en dégageant beaucoup moins de chaleur [1] ; c'est donc que la plus grande partie de l'énergie chimique est transformée en énergie électrique : c'est par suite de cette transformation que la force électromotrice de la pile est maintenue constante.

On conçoit dès lors la possibilité de constituer différents éléments de pile. Il suffit pour cela d'employer des substances diverses (lames métalliques et sels) qui soient suscep-

---

1. On peut constater une légère élévation de température du liquide de la pile ; cette élévation est due principalement au dégagement de chaleur produit par le passage du courant à l'intérieur de la pile (loi de Joule).

tibles de produire, sous l'influence du courant lui-même, un ensemble de réactions chimiques qui dégage de la chaleur.

Les différentes piles ainsi construites peuvent différer soit par la nature des électrodes et de l'électrolyte, soit par leurs dimensions. Nous allons montrer comment on peut les caractériser.

215. Caractéristiques d'un élément. — Considérons une pile de Volta, par exemple, qui n'a pas encore fonctionné. Si nous réunissons ses pôles aux bornes d'un voltmètre de grande résistance, l'indication du voltmètre mesure la *force électromotrice* de l'élément (206).

Rapprochons alors les lames de cuivre et de zinc, puis soulevons-les de manière à en retirer du liquide une partie plus ou moins grande ; malgré tous ces déplacements *l'indication du voltmètre reste invariable*.

Modifions au contraire la nature même de la pile en ajoutant de l'acide sulfurique, en remplaçant l'eau acidulée par de l'eau salée, la lame de zinc par une lame de plomb..., nous constatons alors que l'aiguille du voltmètre se déplace.

En résumé, *la force électromotrice d'un élément de pile ne dépend ni de la forme, ni de la grandeur, ni de la position des électrodes ; elle dépend uniquement de la nature des corps en présence et de leur température.*

La force électromotrice d'un élément étant déterminée, réunissons, *pendant un temps très court*, ses bornes à celles d'un ampèremètre. Soit R la résistance du circuit extérieur (ampèremètre compris) et I l'intensité du courant.

Si nous désignons par r la *résistance intérieure de l'élément*, nous savons (**205**) qu'entre ces diverses grandeurs, on a la relation :

$$E = I (R + r).$$

équation qui nous donne r.

Si l'on vient alors à modifier la forme de l'élément, comme précédemment (déplacement des électrodes par exemple), on constate que I et par conséquent r varient.

La résistance intérieure caractérise donc une pile de

forme et de nature données ; elle ne caractérise pas, comme la force électromotrice, une pile d'un système donné.

En général la force électromotrice d'un élément est comprise entre 1 et 2 volts. La résistance intérieure, qui est de l'ordre de $\frac{1}{10}$ d'ohm lorsque les électrodes sont baignées dans le même liquide, peut dépasser 1 ohm si les électrodes sont séparées par une cloison poreuse.

216. Polarisation des piles.

— Si dans l'expérience précédente, réalisée avec un élément Volta, on laisse le courant passer un certain temps dans l'ampèremètre, on observe que l'intensité du courant baisse assez rapidement, et d'autant plus que le débit de la pile est plus fort.

Il faut en conclure que la force électromotrice a diminué ; on peut du reste s'en assurer au moyen d'un voltmètre.

La cause de cette diminution doit être attribuée à la formation, par suite du passage du courant, d'une gaine d'hydrogène adhérant à la lame de cuivre. Enlevons en effet la lame de cuivre et brossons-la soigneusement de manière à la débarrasser des bulles gazeuses qui la recouvrent ; lorsque nous la remettons en place, la force électromotrice reprend pour un instant sa valeur initiale.

En résumé, sous l'influence du courant, il s'est produit une modification de l'état de surface des électrodes. Ce phénomène étant analogue à celui qui se produit dans la polarisation des voltamètres, on dit que *la pile s'est polarisée.*

Cette polarisation d'un élément de pile produit, comme celle d'un voltamètre, une force contre-électromotrice qui, se retranchant de la force électromotrice du générateur (ici la pile), explique la diminution que nous avons observée.

En résumé, la pile Volta et les piles analogues se polarisent par suite de l'apparition de l'hydrogène sur la lame positive, la polarisation étant évidemment d'autant plus rapide que la formation d'hydrogène est plus rapide et par conséquent le courant plus intense.

On peut atténuer la polarisation de ces piles en cherchant à détruire plus ou moins complètement l'hydrogène, au fur et à mesure de sa formation, par une substance dite *dépola-*

risant. Le seul moyen pratique consiste à utiliser un oxydant qui, entourant la lame positive, transformera l'hydrogène en eau.

On peut d'ailleurs éviter la polarisation en construisant des piles telles que les décompositions qui s'y produisent ne donnent lieu à aucun dégagement gazeux sur les électrodes.

Ceci nous conduit à considérer deux classes de piles sans polarisation sensible[1] : les *piles à dépolarisant* et les *piles impolarisables par nature*.

Dans les unes et les autres nous trouverons toujours comme électrode négative une lame de zinc qui est en général amalgamé[2].

Quant à l'électrode positive, elle est en général constituée par une lame de cuivre ou par un prisme de charbon des cornues (substance conductrice, solide et inattaquable).

217. Piles à dépolarisant. — Une des solutions les plus simples pour obtenir un élément peu polarisable consiste à oxyder superficiellement la lame de cuivre. L'hydrogène qui s'y porte réduit l'oxyde de cuivre, et il suffit de chauffer de temps en temps la lame à l'air pour régénérer le dépolarisant. C'est ce qui est réalisé dans l'*élément Lalande et Chaperon* qui ne diffère de l'élément de Volta que par cette modification.

Cet élément n'est plus employé actuellement; on préfère remplacer la lame de cuivre par un prisme de *charbon des cornues* et employer comme dépolarisant une substance solide ou liquide qui entoure cette lame. Nous allons énumérer les trois types les plus usuels.

1° *Élément de pile au bichromate de potassium*. — Le charbon et le zinc sont tous deux plongés dans un même liquide contenant, en solution dans l'eau, l'*électrolyte*, qui est l'acide sulfurique, et le *dépolarisant*, qui est du bichromate de potassium $Cr^2O^7K^2$. L'hydrogène réduit le bichro-

---

1. Les piles impolarisables possédant une force électromotrice à peu près invariable sont aussi appelées *piles à courant constant*.

2. Le zinc amalgamé a l'avantage de ne pas s'user en circuit ouvert et par suite de ne pas se recouvrir d'une couche d'hydrogène, ce qui serait une nouvelle cause d'affaiblissement du courant.

mate en donnant, grâce à la présence de l'acide sulfurique, un mélange de sulfate de chrome et de sulfate de potassium.

Cette pile a une force électromotrice de 2 volts environ. Dans l'élément Grenet, la lame de zinc est comprise entre deux lames de charbon qui communiquent extérieurement ; on a ainsi une résistance intérieure inférieure à $\frac{1}{10}$ d'ohm.

2° *Élément Bunsen.* — Le liquide dépolarisant employé est l'acide azotique et l'électrolyte est encore l'acide sulfurique,

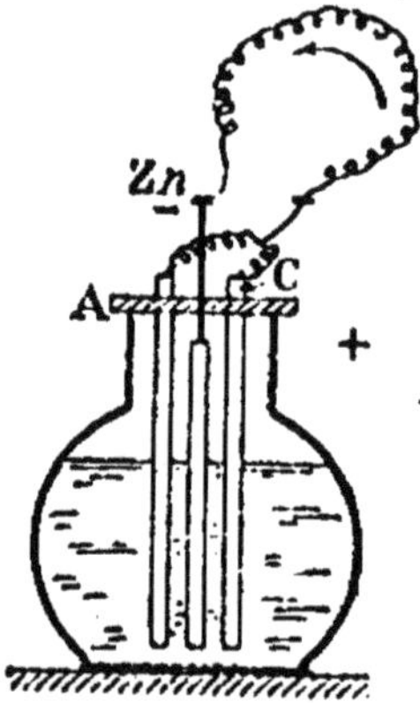

Fig. 173. — Pile Grenet, à un seul liquide.

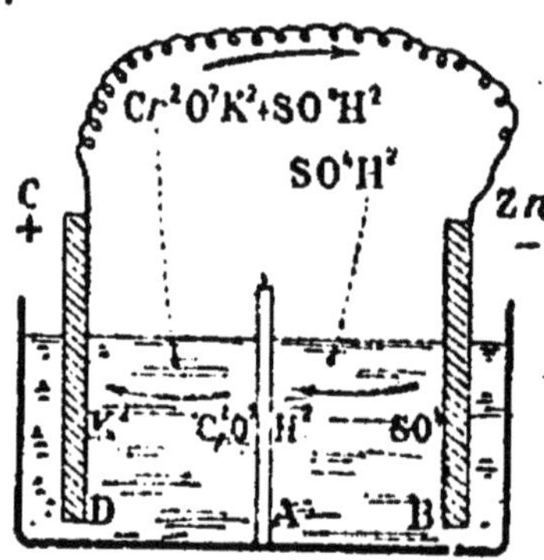

Fig. 174. — Théorie de la pile au bichromate de potasse.

mais ici les deux acides ne sont pas mélangés : ils restent en contact à travers une cloison poreuse. Le zinc plonge dans l'acide sulfurique étendu et le charbon dans de l'acide azotique du commerce.

Sous l'influence du courant, les acides sont décomposés comme l'indique la figure 174. En B, il se forme du sulfate de zinc ; les ions H² de l'acide sulfurique et 2AzO³ se rencontrent en A dans la cloison poreuse et forment de l'acide azotique. L'hydrogène de cet acide se porte sur le charbon D où il réduit l'acide azotique en donnant principalement du peroxyde d'azote qui se dissout dans le liquide.

La force électromotrice de cette pile est de 1^{volt},87, mais sa résistance intérieure est bien supérieure à la précédente à cause de la présence du vase poreux (plusieurs ohms).

Cette pile ne se polarise pas, mais sa force électromotrice diminue cependant par suite du changement de concentration des solutions acides ; elle a de plus l'inconvénient de dégager des vapeurs nitreuses, aussi l'emploie-t-on de moins en moins.

3° *Élément Leclanché*. — Le zinc plonge dans une solution de chlorure d'ammonium AzH^4Cl (électrolyte) et le charbon est entouré d'un mélange de coke concassé et de bioxyde de manganèse MnO^2 qui joue le rôle de dépolarisant. Ce mélange solide est renfermé dans un vase poreux et est par suite imprégné par la solution de chlorure d'ammonium.

Sous l'influence du courant, le chlorure d'ammonium est décomposé en AzH^4 et Cl. Le chlore remonte le courant et vient former du chlorure de zinc. Le radical AzH^4 se dirige vers l'électrode positive (charbon et coke), là il se dédouble en ammoniaque AzH^3, qui reste en dissolution, et en hydrogène, qui réduit le bioxyde de manganèse MnO^2 à l'état de protoxyde MnO.

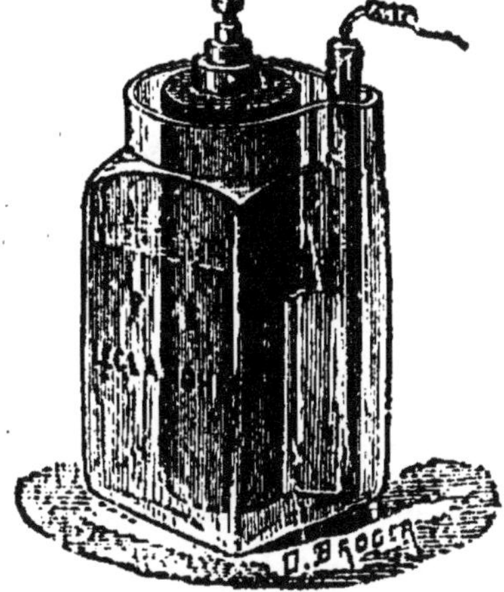

Fig. 175. — Pile Leclanché.

Ce dépolarisant solide agit beaucoup plus lentement qu'un liquide, aussi l'élément Leclanché se polarise-t-il assez vite en service continu : la dépolarisation ne se produit qu'à la longue, par le repos. Cette raison explique pourquoi les piles Leclanché sont employées uniquement pour les travaux intermittents (sonnettes, télégraphe). Ces piles, à l'état neuf, ont une force électromotrice de $1^{volt},46$.

218. Piles impolarisables par nature. Élément Daniell.

— Ces piles renferment toujours deux liquides électrolysables dans lesquels plongent respectivement les deux électrodes métalliques, l'électrolyte de la lame positive étant un sel du même métal.

Nous allons voir que grâce à ce dispositif, les électrodes ne sont pas modifiées par le passage du courant, aucun ion gazeux ne pouvant apparaître.

Dans l'élément Daniell, de beaucoup le plus employé, une

lame de zinc de forme cylindrique (pôle négatif) plonge dans de l'acide sulfurique étendu. A l'intérieur se trouve un vase poreux contenant une solution saturée de sulfate de cuivre, dans laquelle plonge une tige de cuivre (pôle positif).

Sous l'influence du courant, la lame de zinc diminue, transformée en sulfate de zinc, et la tige de cuivre augmente. Les

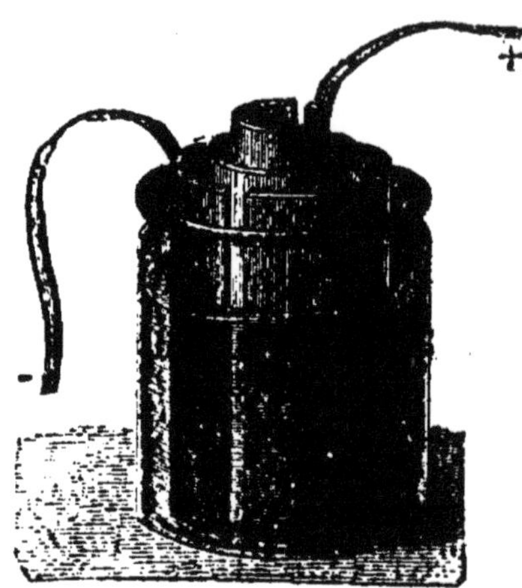

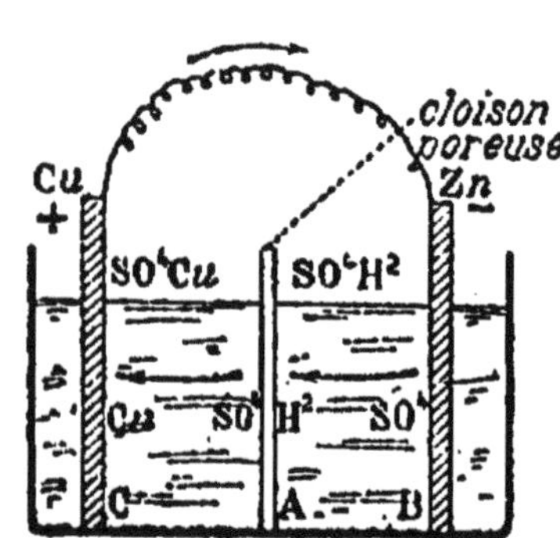

Fig. 176. — Pile Daniell.   Fig. 177. — Théorie de la pile Daniell.

ions SO⁴ (du sulfate de cuivre) et H² (de l'acide sulfurique) se rencontrent et se combinent dans le vase poreux [1].

Le passage du courant ne modifie donc pas l'état de surface des électrodes; il se produit simplement des changements dans la concentration des électrolytes.

Pour remédier à ces modifications, on place souvent un excès de cristaux de sulfate de cuivre à l'intérieur du vase poreux et on emploie comme deuxième électrolyte une solution saturée de sulfate de zinc (au lieu d'acide sulfurique). Dans ces conditions la force électromotrice de la pile reste rigoureusement invariable et égale à 1^{volt},07.

On utilise la constance de la pile Daniell surtout lorsqu'il s'agit de travaux prolongés, comme en galvanoplastie.

1. Tout se passe comme si l'on avait la réaction suivante :

$$SO^4Cu + Zn = SO^4Zn + Cu.$$

L'énergie calorifique (5000 calories) correspondant à cette action apparaît en grande partie sous forme d'énergie électrique.

Élément Latimer-Clark. — Cet élément est du même type que le précédent. L'électrode positive en mercure est en contact de sulfate de mercure, l'électrode négative en zinc plonge dans une solution de sulfate de zinc.

Cet élément, dont la force électromotrice est rigoureusement constante et égale à 1 volt,434 à 15°, est utilisé dans les laboratoires comme *étalon de différence de potentiel.*

Pratiquement le volt est défini comme étant la fraction $\frac{1}{1,434}$ de la différence de potentiel entre les pôles de l'élément Latimer-Clark en circuit ouvert.

219. Couplage des piles et des accumulateurs. —

La puissance d'un élément de pile, comme celle d'un accumulateur, mesurée par le produit EI, dépasse rarement quelques watts. Pour augmenter cette puissance, on est conduit à asso-

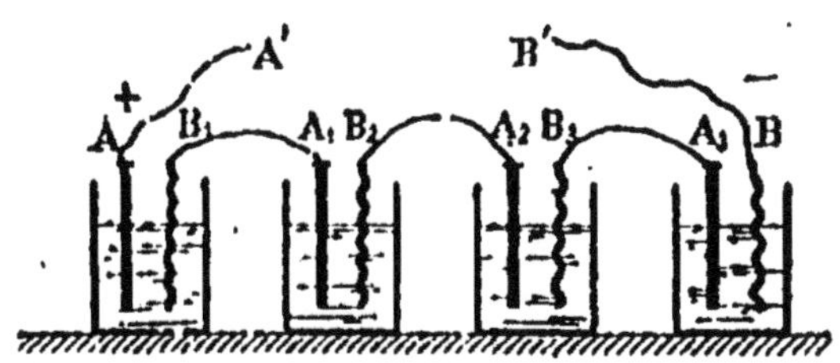

Fig. 178. — Association en série.

cier entre eux plusieurs éléments de piles ou plusieurs accumulateurs, de façon à obtenir un *groupe* dont la force électromotrice est plus élevée ou susceptible de débiter un courant plus intense. Selon le cas, on emploie l'un des modes d'association suivants.

1° *Couplage en série* ou *en tension.* — Considérons quatre éléments identiques de force électromotrice e et de résistance intérieure r. Relions le pôle négatif B_1 du premier au pôle positif A_2 du deuxième et ainsi de suite.

Entre le pôle positif A du premier élément et le pôle négatif B du dernier, il y a une différence de potentiel égale à $4e$; $4e$ mesure donc la force électromotrice du groupe des pôles A et B.

Si l'on ferme le circuit sur une résistance R, le courant qui s'établit traverse l'un après l'autre les quatre éléments dont les résistances s'ajoutent. Par suite, l'intensité I de ce courant est donnée par la formule

$$I = \frac{4e}{R + 4r} \cdot$$

Dans le cas général où n éléments sont associés en série, on a :

$$I = \frac{ne}{R + nr} \cdot$$

Ce mode d'association convient particulièrement lorsqu'on a besoin d'une grande différence de potentiel, ou encore lorsque la résistance extérieure R est très grande vis-à-vis de r.

2° *Couplage en surface (en batterie, en quantité ou en*

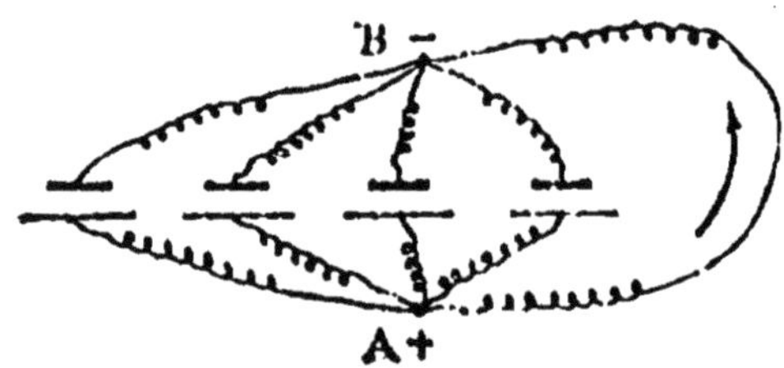

Fig. 179. — Association en batterie.

parallèle). Réunissons entre eux tous les pôles positifs et tous les pôles négatifs de nos éléments, le conducteur extérieur reliant l'ensemble A des pôles positifs à l'ensemble B des pôles négatifs (fig. 179).

Le groupe se comporte comme un élément unique dont les électrodes auraient une surface quatre fois plus grande ; la force électromotrice étant indépendante de la surface des électrodes reste égale à e, mais la résistance intérieure variant en raison inverse de la surface des électrodes devient quatre fois plus faible.

L'intensité du courant passant dans une résistance extérieure R est donc

$$I = \frac{e}{R + \frac{r}{4}} = \frac{4e}{4R + r} \cdot$$

En général, pour n éléments associés en surface, on a

$$I = \frac{ne}{nR + r}.$$

Ce mode de couplage convient lorsque le conducteur extérieur présente une résistance très petite : on peut obtenir ainsi un courant de grande intensité.

En utilisant l'un de ces modes de couplage, on peut donc obtenir avec les piles et les accumulateurs une puissance suffisante, avec un assez bon rendement. Il est cependant beaucoup plus commode, sans être toujours plus économique, d'utiliser les courants produits dans les usines par des générateurs vraiment industriels dont nous allons donner le principe.

II. — PRINCIPE DES GÉNÉRATEURS MÉCANIQUES. INDUCTION

220. Courants d'induction. — En 1831, Faraday montra qu'un champ magnétique agissant sur un circuit peut y déterminer dans certaines conditions la production d'un courant.

Les courants ainsi produits, dits *courants d'induction*, jouent actuellement un rôle fondamental dans l'industrie électrique : tous les générateurs industriels de grande puissance sont basés sur l'induction.

Nous allons indiquer rapidement dans quelles circonstances peuvent prendre naissance des courants d'induction.

221. Expériences fondamentales de l'induction. — 1° *Induction produite par un aimant.* — L'expérience fondamentale de Faraday peut être répétée de la façon suivante : On a une bobine creuse, dont on met les extrémités du fil en communication avec les bornes d'un galvanomètre (fig. 180), puis on introduit un aimant dans la bobine. On constate une déviation brusque du galvanomètre, indiquant la production d'un courant dans le circuit de la bobine. Si l'on retire l'aimant, un nouveau courant, en sens inverse du premier, se produit. On donne le nom de *courants induits* à ces courants, la bobine est le *système induit*, l'aimant le *système inducteur*.

2° Induction produite par une bobine. — Au lieu d'introduire un aimant dans la bobine B, on peut y faire entrer une autre bobine A qui reçoit le courant d'une pile (fig. 181). On constate de même la production de deux courants de sens

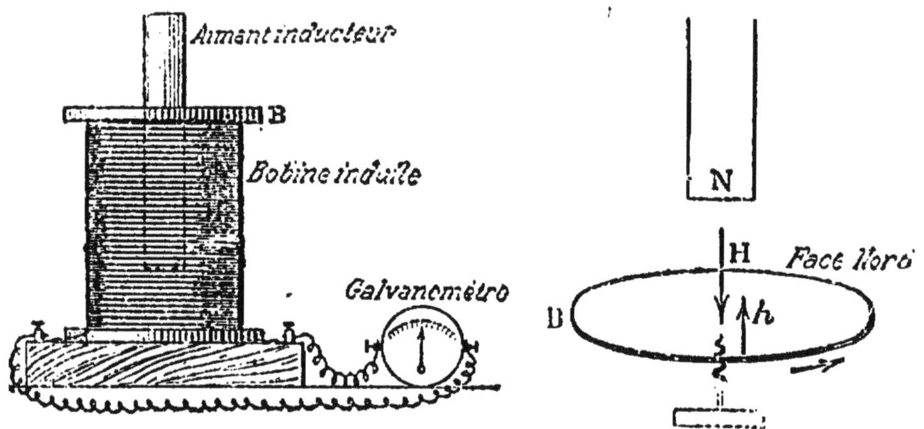

Fig. 180. — Production des courants d'induction, à l'aide d'un aimant qu'on déplace.

inverses, l'un quand on l'approche, l'autre quand on l'éloigne.

Dans les expériences que nous venons de citer, les courants induits sont produits par le déplacement d'un pôle dans le voisinage de la bobine. Ils peuvent aussi se produire sans qu'il y ait déplacement du système inducteur, ainsi que vont nous le montrer les exemples suivants.

3° Induction produite par l'établissement ou la suppression d'un courant voisin. — Au lieu d'introduire dans la bobine B une bobine A traversée par un courant, plaçons celle-ci à demeure dans la première; puis, à l'aide d'un interrupteur, établissons le courant dans la bobine A. Immédiatement le galvanomètre est dévié, ce qui indique qu'un *courant induit* a traversé la bobine A. Une nouvelle déviation de sens contraire à la première se produit si nous interrompons le courant.

Nous pourrions, dans les différentes expériences, prendre comme inducteur un électro-aimant. L'effet est alors beaucoup augmenté, car on a à la fois un courant et un aimant qui s'éloignent ou s'approchent, et dans le deuxième cas un courant et un aimant qui prennent naissance ou qui cessent.

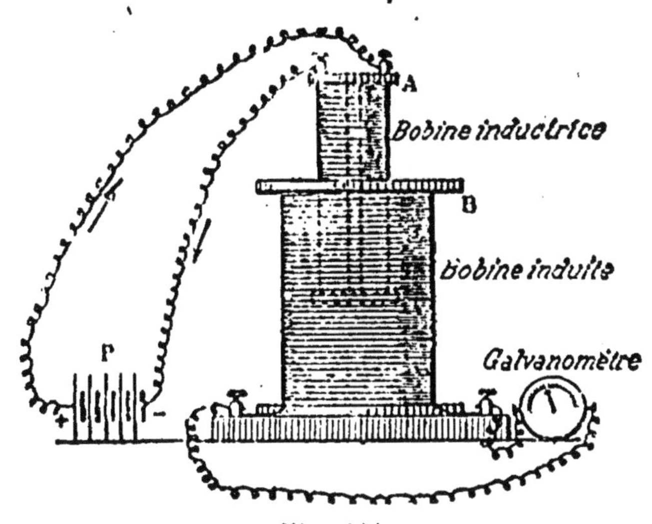

Fig. 181.
Production de courants d'induction à l'aide d'un courant.

4° Induction produite par la terre. — La bobine B étant placée horizontalement, si on la retourne brusquement face pour face, la déviation du galvanomètre indique la production d'un courant. Si on la ramène à sa position initiale, elle est traversée par un courant en sens inverse ; le déplacement d'un circuit dans le champ magnétique terrestre détermine la production de courants induits.

222. Lois de Faraday. — Si nous essayons de comparer toutes ces expériences, pour déterminer ce qu'elles ont de commun, nous sommes amenés à énoncer la loi suivante :

1re *Loi.* — *Chaque fois que l'on constate la production de courants induits, il y a variation du flux inducteur au travers du circuit induit.* Cette variation de flux est produite par la création d'un champ magnétique ou par la variation du champ. Ainsi, quand on a approché l'aimant de la bobine, on a augmenté le nombre des lignes de force de l'aimant qui traversent la bobine; autrement dit, on a augmenté le flux inducteur à travers celle-ci. De même, en abaissant l'interrupteur, on a envoyé un courant dans la bobine A, ce qui a créé un champ et par suite un flux inducteur à travers la bobine B.

Dans tous les cas, *le courant induit ne dure que pendant que le flux varie.* Nous avons vu, par exemple, un courant se produire pendant le déplacement relatif d'un aimant et d'un circuit. Mais le courant a cessé dès que les deux systèmes sont restés fixes l'un par rapport à l'autre.

2e Loi. — La durée du courant induit est la même que celle de la variation de flux.

223. Sens des courants induits. Loi de Lenz. — En étudiant attentivement, dans chacun des cas, le sens des courants induits, on arrive à la conclusion suivante : *Le courant induit est d'un sens tel que par son flux propre il tend à s'opposer à la variation de flux qui lui donne naissance.*

Cette loi, appelée *loi de Lenz*, est facile à vérifier dans les différents cas précédents. Considérons, par exemple, l'introduction d'un pôle nord d'aimant ou de solénoïde dans la bobine B (fig. 180). Les lignes de force du champ H de l'aimant, vont du pôle nord au pôle sud, donc ici de haut en bas : le flux inducteur croît. Le courant induit doit donc produire un flux de sens contraire, c'est-à-dire un champ magnétique h en sens inverse de H, donc de bas en haut; ce courant induit est alors dit *inverse*. L'application de la règle du tire-bouchon nous permet de vérifier que le courant induit a son sens représenté par les flèches de la figure.

La règle précédente nous explique immédiatement pourquoi le courant induit qui se produit quand on éloigne l'aimant est de sens contraire à celui qui se produit quand on l'approche. En effet, dans ce cas le flux inducteur décroît, le courant induit doit donc produire un flux de même sens : le courant induit est dit *direct*.

Cas particulier. — Si la variation de flux est produite par un déplacement relatif du système inducteur et du système induit, le courant s'oppose au déplacement qui lui a donné naissance.

Ceci résulte encore de l'étude de l'expérience fondamentale de Faraday. Si on approche le pôle nord d'un aimant, un courant induit, dont nous avons déterminé le sens, s'établit. A la partie supérieure, on le voit tourner en sens inverse des aiguilles d'une montre : il y a donc là un pôle nord. Celui-ci repousse le pôle nord qu'on approche et par suite tend à s'opposer à l'introduction de l'aimant dans la bobine (fig. 180).

L'expérience suivante est une démonstration plus frappante de ce fait :

On fait osciller un anneau de cuivre entre les pôles rapprochés d'un électro-aimant puissant (fig. 182).

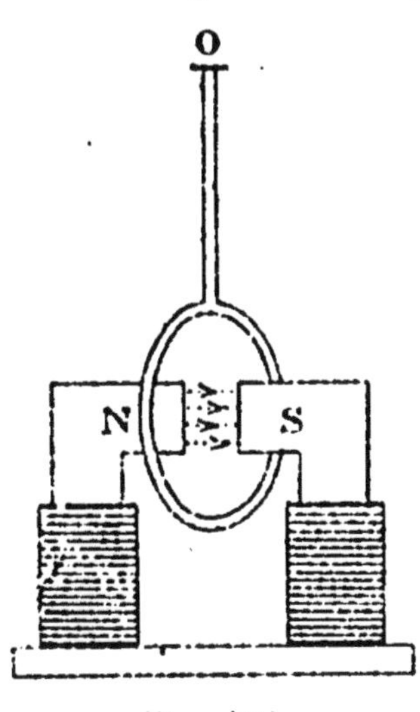

Fig. 182.

Les oscillations persistent quand aucun courant ne passe dans les bobines de l'électro-aimant; mais dès qu'on y lance un courant, les oscillations s'arrêtent assez vite, comme si elles se produisaient dans un milieu très visqueux.

Une application de ce fait est l'amortissement des oscillations du cadre d'un galvanomètre, quand on place un conducteur de faible résistance entre ses bornes. Quand le circuit est ouvert, les oscillations peuvent durer très longtemps, ce qui peut être gênant. Dès qu'on ferme le circuit, elles diminuent et s'arrêtent, par suite des courants induits qui prennent naissance dans le cadre.

224. Force électromotrice d'induction. — L'existence d'un courant induit d'intensité I, dans un circuit de résistance R, indique la production dans ce circuit d'une force électromotrice d'induction, dont la valeur E est obtenue au moyen de la relation d'Ohm :

$$E = IR.$$

Cette force électromotrice est d'autant plus grande que la variation du flux inducteur est plus grande. De plus, elle dépend de la durée de la variation du flux. Dans l'expérience fondamentale de Faraday, il faut déplacer l'aimant assez rapidement pour avoir une déviation appréciable au galvanomètre. On constate alors que la déviation est d'autant plus grande qu'on approche plus rapidement l'aimant. Nous admettrons que *la force électromotrice d'induction est proportionnelle à la variation de flux et inversement proportionnelle à sa durée.*

On produira donc une force électromotrice très grande en faisant varier très vite un flux inducteur très intense.

225. Induction d'un courant sur lui-même, self-induction. — Nous venons de voir que si deux circuits fermés sont dans le voisinage l'un de l'autre, un courant qui vient à s'établir ou à cesser dans le premier circuit détermine la production, dans le second, d'un courant d'induction inverse ou direct.

Dans un circuit unique, il se produit également des phénomènes d'induction dus à ce qu'un circuit traversé par un courant produit à travers lui-même un flux magnétique qui varie quand on fait varier le courant.

Quand un courant est lancé dans un circuit, le flux augmente brusquement et cette variation donne lieu à un *courant de self-induction inverse* ou *courant de fermeture*, de telle sorte que le courant ne prend son intensité normale qu'au bout d'un certain temps.

De même, quand on ouvre le circuit dans lequel passait un courant, la cessation de ce courant donne naissance, dans le même circuit, à un *courant de self-induction direct*, qui augmente considérablement, pendant un temps très court, l'intensité du courant qui va finir.

Ce *courant* de rupture explique le phénomène suivant :

Si l'on approche l'une de l'autre les deux électrodes d'une pile, il ne jaillit entre elles aucune étincelle, aussi petite que soit la distance. Mais si l'on amène les électrodes au contact, de façon à fermer le circuit, puis qu'on les sépare, une faible étincelle apparaît au moment de la rupture. Elle est précisément due à l'augmentation de l'intensité du courant, par suite de la production du courant de self-induction direct.

Ce courant de self-induction direct est surtout de grande intensité quand il y a une bobine dans le circuit, à cause de l'induction des spires de la bobine les unes sur les autres. Si le circuit est composé d'un simple fil direct, sans enroulement, la self-induction y est très faible.

Quand la bobine renferme un noyau de fer doux, l'effet produit est plus grand encore. L'étincelle de rupture est alors assez forte, bruyante; et le courant de self-induction direct est capable de donner à l'opérateur une commotion violente.

226. Principe des dynamos. Courant alternatif. —
L'expérience de Faraday nous a montré qu'il se produit un

courant d'induction lorsqu'on déplace un aimant au voisinage d'un circuit. Ce courant très court ne peut être utilisé ; aussi dans la pratique produit-on des courants de grande durée, par la rotation continue soit de l'inducteur, soit de l'induit. C'est le principe des dynamos dans lesquelles *de l'énergie mécanique est transformée en énergie électrique.*

Pour comprendre le fonctionnement des dynamos, étudions d'abord la rotation d'un circuit dans un champ magnétique.

Prenons un cadre métallique et plaçons-le dans un champ magnétique, entre les deux pôles d'un aimant par exemple

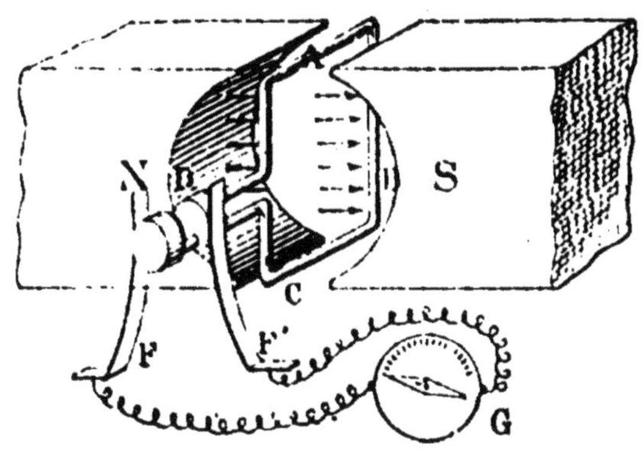

Fig. 183. — Production d'un courant alternatif.

(fig. 183). Faisons tourner ce cadre autour d'un axe perpendiculaire au champ, les deux extrémités communiquant avec deux bagues métalliques tournant en même temps que lui et sur lesquelles s'appuient deux ressorts F et F' jouant le rôle de balais. Sur le circuit extérieur qui relie ces deux balais est intercalé un galvanomètre G.

Dans la position indiquée par la figure, le cadre embrasse le maximum de flux.

Quand il passe de A en B, le flux va en diminuant pour s'annuler en B. En appliquant les lois de l'induction, il est facile de voir qu'à cette variation de flux correspond la production d'un courant qui traverse le cadre en allant de F' vers F.

En B le flux change de sens, la face d'entrée des lignes de force devenant la face de sortie et réciproquement. Ce flux augmente de B en C ; le courant d'induction doit donc, pour produire un flux de sens contraire, traverser encore le cadre en allant de F' en F.

Au moment où la partie supérieure du cadre arrive en C, le flux est de nouveau maximum comme au début, mais de sens contraire. Par suite, le courant d'induction qui naît quand le cadre se déplace de C en D, puis de D en A est aussi de sens inverse : il traverse le cadre en allant de F vers F'. Après quoi le courant change de nouveau de sens si le cadre continue à tourner de A vers C.

En résumé, le circuit considéré est le siège d'un courant qui change de sens à chaque demi-tour du cadre : ce courant est dit *alternatif*.

Remarque. — Ce qui précède nous montre qu'un courant alternatif résulte de la rotation, dans un champ magnétique, d'un cadre qui communique avec le circuit extérieur par des bagues continues, de sorte que les connexions sont fixes par rapport à l'induit (fig. 183).

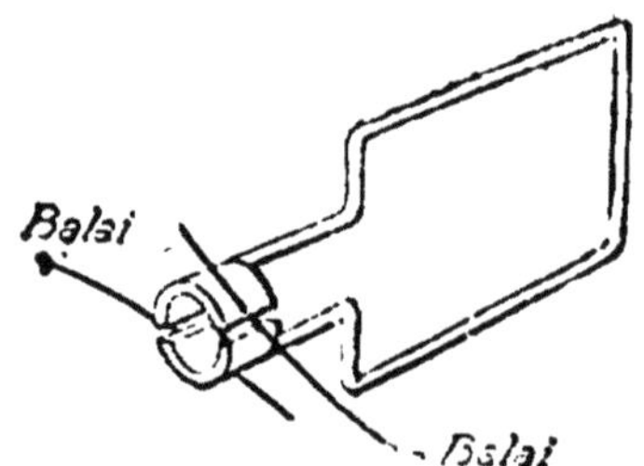

Fig. 184. — Demi-bagues permettant d'avoir un courant de sens constant.

Si au contraire, à chaque demi-rotation, c'est-à-dire chaque fois que le courant change de sens, on intervertit les connexions par rapport à l'induit, en prenant par exemple deux demi-bagues isolées (fig. 184), le courant est encore alternatif dans la spire, mais il est toujours dans le même sens dans le circuit extérieur relié aux balais.

C'est ce dispositif qui est réalisé dans la *machine Gramme à courant continu*.

227. Machine Gramme. Description. — Comme toute dynamo, la machine Gramme comprend un champ magnétique et des circuits mobiles; elle comprend en outre un dispositif, destiné à recueillir les courants induits produits dans les circuits mobiles, que l'on appelle *collecteur*.

1° *Appareil créateur de champ ou inducteur*. — Dans les petites machines appelées *magnétos*, l'*inducteur* est un aimant en fer à cheval; dans les machines modernes plus puissantes ou *dynamos*, l'*inducteur* est un électro-aimant, mais dans tous les cas, la disposition générale est sensiblement la même.

La partie mobile de la machine appelée *armature* est composée d'un manchon cylindrique de fer doux, mobile autour d'un axe horizontal O ; les deux pôles de l'aimant ou de

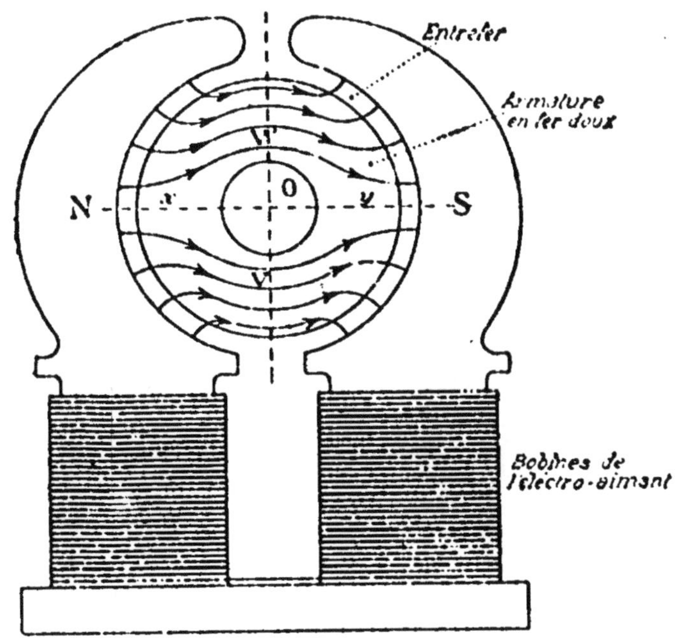

Fig. 185. — Machine Gramme. Champ magnétique donné par l'inducteur.

l'électro-aimant, qui ont la forme de deux demi-cylindres creux, l'entourent presque complètement. La partie comprise entre les *pôles* et l'*armature* s'appelle l'*entre-fer*. L'armature canalise toutes les lignes de force qui partent du *pôle Nord* pour les ramener au *pôle Sud ;* on a ainsi un champ très intense dans l'*entre-fer*. La figure 185 montre la disposition générale des lignes de force du champ magnétique.

Si l'on considère les diverses sections de l'armature par des plans passant par l'axe de rotation O, sections qui sont des rectangles, on voit que c'est à travers les sections verticales V et V' que le champ magnétique est maximum ; il est nul au contraire à travers les sections horizontales x et y.

2° *Circuit mobile : anneau et collecteur Gramme*. — Sur l'armature sont enroulées une série de petites bobines formées d'un fil de cuivre isolé, les différents enroulements étant faits dans le même sens. Le bout finissant de la première bobine est soudé au bout commençant de la deuxième ; le bout finissant de la deuxième est soudé au bout commençant de la troisième, etc.; enfin le bout finissant de la dernière est soudé au bout commençant de la première. On a donc à l'aide de ce dispositif un enroulement continu.

Cet enroulement et l'armature constituent l'*anneau Gramme*.

Fig. 186. — Anneau Gramme avec son collecteur.

Fig. 187. — Collecteur monté.

Pour redresser le courant alternatif produit dans ce circuit ininterrompu, on se sert du *collecteur Gramme* (fig. 186 et 187).

Sur l'axe de la machine se trouve un cylindre formé d'autant de lames de cuivre, isolées les unes des autres, qu'il y a de bobines sur l'anneau. Les différentes soudures dont il vient d'être question se trouvent du même côté que le collecteur et chacune d'elles est reliée par une tige de cuivre avec la lame correspondante du collecteur (fig. 187).

Sur le collecteur et en deux points diamétralement opposés B_1 et B_2 s'appuient deux *balais* qui sont en fils métalliques ou en charbon aggloméré ; ces balais sont reliés respectivement aux deux bornes de la machine.

228. Principe de la machine Gramme génératrice.

— Faisons tourner l'induit de la machine Gramme par l'intermédiaire d'un moteur et envoyons un courant dans les bobines de l'électro-aimant ; en réunissant par un fil les deux balais, nous pouvons constater que ce fil est parcouru par un courant continu. Les lois de l'induction permettent d'expliquer ce phénomène.

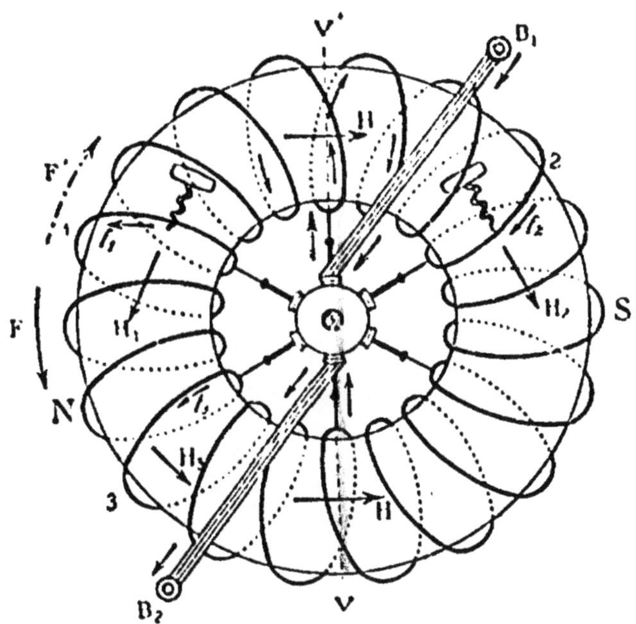

Fig. 188. — Théorie de la dynamo Gramme.

Supposons que l'anneau tourne dans le sens F' et considérons la spire 1 (fig. 188). Elle se rapproche de la section V' où, comme nous l'avons vu, le flux est maximum ; le flux inducteur qui traverse la spire 1 va donc en augmentant, par suite le courant induit doit être d'un sens tel que le flux qu'il produit soit dirigé en sens inverse c'est-à-dire de haut en bas (sens II₁).

Pour la spire 3 le flux inducteur décroît, le courant induit doit donc produire un flux qui s'oppose à cette diminution, c'est-à-dire qui soit dirigé dans le même sens et encore de haut en bas (sens II₃). Il en est de même pour les spires voisines.

En somme, pour toutes les spires situées à gauche du diamètre VV' passant par les balais $B_1 B_2$, le flux induit, qui a le sens du champ du courant induit, est dirigé de haut en bas. L'application de la règle du tire-bouchon permet d'en conclure que ces spires sont parcourues par des courants f_1, f_3, de même sens, tous dirigés d'arrière en avant.

Nous verrions de même que, par suite de la rotation, un flux induit, dirigé de bas en haut, prend naissance dans

Fig. 189. — Dynamo Gramme.

toutes les spires situées à droite du diamètre VV'. Il en résulte que toutes ces spires sont parcourues par des courants de même sens (flèche f_2) mais dirigés d'avant en arrière, c'est-à-dire en sens inverse des précédents ; de sorte que le courant induit qui traverse une spire change de sens au moment où elle franchit le diamètre vertical.

En résumé, tout se passe comme si chaque moitié de l'anneau constituait un générateur unique dont la force électromotrice serait la somme des forces électromotrices d'induction développées dans les spires. Les deux générateurs

17.

seraient réunis par leurs pôles de même nom, de sorte que les deux courants s'annuleraient si le fil extérieur n'existait pas. Au contraire, si un conducteur est en comunication avec les deux balais B_1B_2, il est traversé par un courant dont l'intensité est deux fois plus grande que celle qui serait fournie par l'une des moitiés de l'anneau.

Le balai B_2 par lequel sort le courant est le pôle positif de la machine, le balai B_1 en est le pôle négatif ; dans l'anneau Gramme, le courant va du pôle négatif B_1 au pôle positif B_2.

Force électromotrice de la machine. — La force électromotrice d'induction qui prend naissance dans les spires a la même valeur pour chacune d'elles. Il en résulte que la force électromotrice de la machine, somme des forces électromotrices des différentes spires, est proportionnelle au nombre des spires des bobines.

De plus, nous avons vu (**224**) que la force électromotrice d'induction dans un circuit est proportionnelle à la variation de flux et inversement proportionnelle à la durée de cette variation. Il en résulte que *la force électromotrice d'une machine Gramme est proportionnelle : 1° au nombre des spires de l'induit ; 2° à la grandeur du flux inducteur ; 3° à la vitesse de rotation de l'anneau.*

Remarque. — La force électromotrice d'un générateur étant égale à la différence de potentiel aux bornes en circuit ouvert, pour mesurer la force électromotrice d'une dynamo-Gramme, nous la ferons tourner à sa vitesse normale et nous mettrons un voltmètre en dérivation sur les balais, la machine ne débitant aucun courant.

La force électromotrice de la machine Gramme et celle des autres générateurs industriels peut varier de 110 volts (voltage employé pour l'éclairage) à 3 000 volts environ.

Le *débit* de ces générateurs et par conséquent leur *puissance* sont très variables : le débit peut atteindre 1 000 ampères, la puissance 1 000 kilowatts.

229. Réversibilité de la machine Gramme. Moteurs électriques. — L'expérience montre qu'en mettant les deux balais de la machine Gramme en communication avec les deux pôles d'une batterie d'accumulateurs de force électromotrice suffisante, l'anneau se met à tourner, à condition toutefois qu'un courant passe également dans les bobines de l'électro-aimant producteur de champ.

On exprime ce fait en disant que la machine Gramme est *réversible*, c'est-à-dire qu'elle peut transformer à volonté de l'énergie mécanique en énergie électrique (*machine génératrice*), ou de l'énergie électrique en énergie mécanique (*machine réceptrice* ou *moteur*).

Le fonctionnement de la machine Gramme réceptrice résulte immédiatement des lois de l'induction (Lois de Lenz). Nous savons en effet que les courants fournis par la machine tendent à s'opposer à la rotation de son induit ; autrement dit les forces développées par ce courant tendent à produire un mouvement de sens contraire. Si donc on envoie, dans l'induit Gramme, un courant allant de B_1 vers B_2 (dans l'anneau), les forces électro-magnétiques résultant de l'action du champ sur ce courant vont faire tourner l'induit dans le sens de la flèche F (fig. 188), inverse du sens F' qui serait nécessaire pour produire le même courant.

Lorsqu'une machine Gramme fonctionne comme réceptrice, elle absorbe de l'énergie électrique pour la transformer en énergie mécanique, il y a donc nécessairement une *chute brusque de potentiel* dans la machine : c'est sa *force contre-électromotrice* (**208**).

Les lois de l'induction rendent également compte de cette force contre-électromotrice ; en effet, que la machine fonctionne comme réceptrice ou comme génératrice, l'induit tourne : il y a donc production de *courants d'induction*. Ces derniers tendant à s'opposer au mouvement, dans le cas de la machine réceptrice la force électromotrice d'induction est nécessairement de sens inverse à la force électromotrice du générateur qui la fait tourner.

Il résulte du reste de cette explication que *la force contre-électromotrice d'une machine Gramme réceptrice est précisément égale à la force électromotrice qu'aurait cette même machine fonctionnant comme génératrice et tournant avec la même vitesse.*

230. Transport de l'énergie. — La réversibilité de la

machine Gramme donne la solution du problème du transport de l'énergie que nous avons posé au début de ce cours (**161**) et qui constitue une des applications les plus importantes du courant électrique.

En utilisant l'énergie d'une chute d'eau, par l'intermédiaire d'une turbine, on fait tourner l'induit d'une machine Gramme. Le courant fourni par cette génératrice est transporté dans une ville voisine au moyen d'une ligne à deux fils ; là ce courant en traversant l'induit d'une autre machine Gramme le fait tourner et peut produire du travail.

La seule déperdition d'énergie dans le trajet résulte de l'effet calorifique produit dans les fils transporteurs, par effet Joule : on cherche à atténuer cette perte le plus possible.

Remarque. — Ce que nous avons dit pour la machine Gramme s'applique à tous les générateurs fondés sur l'induction. En particulier les générateurs de courant alternatif ou *alternateurs* sont également *réversibles*, à condition d'y envoyer des courants alternatifs identiques à ceux qu'ils produiraient. Actuellement du reste, tous les transports d'énergie se font par l'intermédiaire du courant alternatif qui se prête beaucoup mieux que le courant continu à des transformations ayant pour but de diminuer les pertes d'énergie par effet Joule.

CHAPITRE VI

ÉLECTROSTATIQUE

231. Électrodynamique. Electrostatique. — Jusqu'ici nous avons étudié les propriétés du courant électrique en émettant l'hypothèse que ce courant était dû à l'écoulement dans les fils de quelque chose d'inconnu que nous avons appelé l'électricité.

Nous allons maintenant montrer, pour compléter cette hypothèse, qu'on peut immobiliser cette électricité sur des corps matériels et nous verrons qu'elle possède alors des propriétés nouvelles.

Pour différencier ces deux parties de l'électricité, on donne le nom d'*électrodynamique* à l'étude des propriétés de l'électricité en mouvement et *d'électrostatique* à l'étude des propriétés de l'électricité au repos.

I. — ÉLECTRISATION

232. Electrisation d'un conducteur. — Pour les expériences qui vont suivre, nous emploierons un générateur de grande force électromotrice : une batterie de 500 petits accumulateurs par exemple. Le pôle négatif N de la batterie étant au sol, relions le pôle positif P à un conducteur C de grande surface, bien isolé, une planche de 2 mètres carrés recouverte de papier d'étain par exemple (fig. 190).

Si nous avons eu soin d'établir la communication par l'intermédiaire d'un galvanomètre très sensible G, nous observons une brusque déviation au moment où cette communication est établie, puis le galvanomètre revient au zéro.

La batterie a produit un courant très court de P vers C, bien que le circuit n'ait pas été fermé : il y a donc eu transport d'électricité sur le conducteur C.

Cette quantité d'électricité peut du reste se calculer, connaissant la déviation du galvanomètre ; on trouve qu'elle est extraordinairement petite : de l'ordre de $\dfrac{1}{10\,000\,000}$ de coulomb.

Pour montrer qu'il y a réellement de l'électricité sur le plateau C, il nous suffit de supprimer la communication entre P

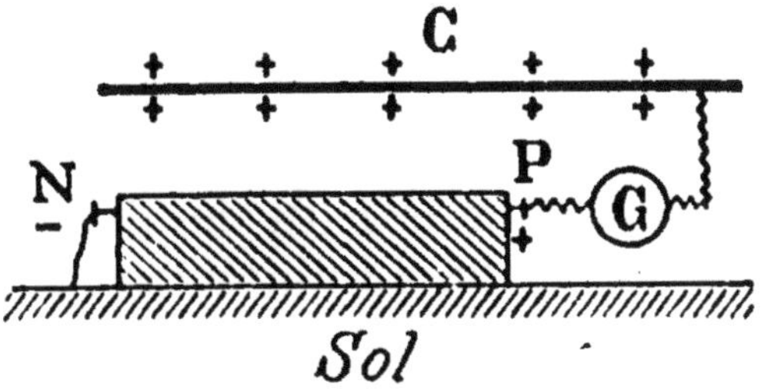

Fig. 190. — Charge d'un conducteur à l'aide d'un générateur.

et C et de réunir ce plateau au sol au travers du galvanomètre G : on constate encore la production d'un courant instantané de C vers le sol.

Répétons la même expérience en mettant le pôle positif P de la batterie au sol, le conducteur C étant relié au pôle négatif N. Là encore, il se produit un courant instantané, de l'électricité s'immobilisant sur C ; mais lorsqu'on réunit C au sol, après avoir supprimé toute communication avec la batterie, on constate que le courant instantané qui prend naissance est dirigé du sol vers C.

Electricité positive et électricité négative. — Dans les expériences précédentes, le conducteur C a eu deux charges électriques de natures différentes, puisqu'elles ont donné lieu à deux courants de sens inverses.

Pour exprimer cette différence, on convient de dire que le conducteur avait pris une *charge d'électricité positive*, ou s'était *électrisé positivement*, lorsqu'il était en communication avec le pôle positif de la batterie, et qu'il s'était *électrisé négativement* lorsqu'il était relié au pôle négatif.

233. Attractions et répulsions électrostatiques. — Les charges électriques du conducteur C qui se sont différenciées par le sens du courant qu'elles produisaient lorsqu'on réunissait C au sol. peuvent donner lieu à des actions à distance de sens contraires.

Le conducteur C, une fois chargé positivement ou négativement, a la propriété d'attirer les corps légers tels que des feuilles de papier, des barbes de plume, etc... Pour le montrer d'une façon nette, on utilise un *pendule électrique* constitué par une très petite balle de sureau B, portée par un fil de cocon attaché à une potence en verre (fig 192).

La balle B est *attirée* par le conducteur C, mais dès qu'elle l'a touché, elle est *repoussée*.

Cette expérience réussit également si l'on approche la balle B de l'un des pôles de la batterie, l'autre pôle étant au sol; il y a donc de l'électricité immobilisée sur ce pôle.

Si l'on remarque que la balle, en arrivant au contact du conducteur ou de l'un des pôles de la batterie, s'est chargée de la même électricité que ces corps, on peut énoncer la loi suivante :

1° *Loi des répulsions. Deux électricités de même signe se repoussent.*

La balle B ayant touché le pôle + de la batterie (le pôle — étant au sol) est repoussée par lui. Si alors on l'approche du pôle —, le pôle + seul étant au sol, on constate que la balle chargée d'électricité positive est attirée par le pôle négatif, sur lequel de l'électricité négative est immobilisée. L'expérience inverse réussissant également, on peut énoncer une deuxième loi.

2° *Loi des attractions. Deux électricités de signes contraires s'attirent.*

234. Electroscope à feuilles d'or. — Il résulte des expériences précédentes que le pendule électrique permet de reconnaître qu'un corps est électrisé. Il existe des appareils beaucoup plus sensibles que le pendule et jouant le même rôle : l'un des plus simples est l'électroscope à feuilles d'or.

Il se compose d'une tige métallique terminée à sa partie

supérieure par une boule métallique et portant à sa partie inférieure deux feuilles d'or ayant la forme de rectangles très allongés de 1 à 2 millièmes de millimètre d'épaisseur.

La tige passe dans un bouchon de paraffine fixé dans l'ouverture d'une cage métallique, dont un des effets est de protéger les feuilles contre l'agitation de l'air. Dans l'une des parois est pratiquée une fenêtre qui permet d'apercevoir les feuilles.

Si l'on réunit l'un quelconque des pôles de la batterie d'accumulateurs à la boule métallique, la tige et les feuilles s'électrisent; celles-ci chargées de la même électricité se repoussent. Cet appareil permet de constater qu'un corps est électrisé, même dans le cas où celui-ci est sans action sensible sur la boule du pendule électrique.

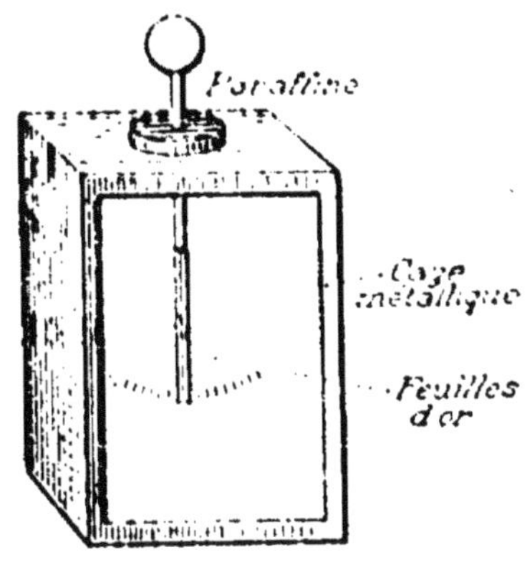

Fig. 191. — Électroscope.

C'est ainsi qu'avec un générateur d'une centaine de volts, on a un écart appréciable des feuilles, alors que le pendule n'accuse aucune déviation.

235. Mesure des différences de potentiels et des potentiels absolus. Électromètre.

— La cage métallique de l'électroscope étant reliée au sol, si on met la boule en communication avec un point quelconque du conducteur C (chargé positivement par exemple), par un fil long et fin, on constate que les feuilles divergent et que la divergence est indépendante du point d'attache du fil.

On constate de plus que l'écart des feuilles est d'autant plus grand que le conducteur C a été porté à un potentiel plus élevé, c'est-à-dire que la batterie qui a servi à la charger a plus d'éléments.

Il résulte de ces expériences qu'un électroscope dont la cage est au sol peut servir à mesurer le potentiel d'un conducteur relié à la boule.

Lorsque les feuilles sont chargées positivement, le conducteur qui a produit la divergence à un potentiel plus élevé que celui du sol : *son potentiel est dit positif*. Une charge négative des feuilles correspond à un *potentiel négatif*.

Pour pouvoir effectuer pratiquement la mesure des potentiels positifs ou négatifs, on gradue l'électroscope en volts, en utilisant des batteries d'accumulateurs d'un nombre variable d'éléments. La graduation est portée par une plaque de verre dépoli située en arrière des feuilles (fig. 191). Un électroscope ainsi gradué porte le nom d'*électromètre*.

Remarque I. — Ce même électromètre peut servir à mesurer la différence de potentiel entre deux conducteurs : il suffit de relier l'un des conducteurs à la boule, l'autre conducteur étant en communication avec le sol. La divergence des feuilles donne directement la différence de potentiel.

L'expérience montre du reste que si l'on réunit ces deux conducteurs par un fil métallique, il se produit un courant instantané si l'électroscope a accusé une déviation. Ce courant va du potentiel le plus élevé au potentiel le moins élevé ; le courant terminé, les deux conducteurs sont au même potentiel.

Remarque II. — On ne peut se servir d'un voltmètre pour mesurer la différence de potentiel entre deux conducteurs électrisés ; un tel appareil dont on réunit les bornes aux deux conducteurs livre passage à un courant instantané produisant l'égalisation des potentiels des deux conducteurs : il n'a pas le temps de fournir l'indication du voltage primitif.

236. Electrisation par frottement[1]. — Les expériences précédentes nous ont montré que l'on pouvait électriser les corps conducteurs en les mettant en communication avec le pôle d'un générateur, cette électrisation n'étant apparente qu'avec des générateurs de grande force électromotrice.

Un procédé d'électrisation connu depuis beaucoup plus longtemps et qui donne lieu à des actions mécaniques plus fortes va nous permettre de vérifier très facilement les lois précédentes.

---

1. L'électrisation par frottement fut observée pour la première fois par Thalès de Milet (VIIe siècle avant J.-C.) en frottant l'ambre jaune (en grec *électron*, d'où le nom d'électricité).

Frottons un bâton de verre avec un morceau de laine : il acquiert la propriété d'attirer les corps légers, cette propriété étant localisée aux points frottés. De l'électricité s'est donc développée aux points frottés et y est restée grâce à la mauvaise conductibilité du verre.

L'expérience réussit également bien en frottant un bâton de résine avec une peau de chat. Dans les deux cas si l'on approche le bâton électrisé d'un pendule électrique, il y a attraction de la balle, puis répulsion après contact : la première loi est donc ainsi vérifiée.

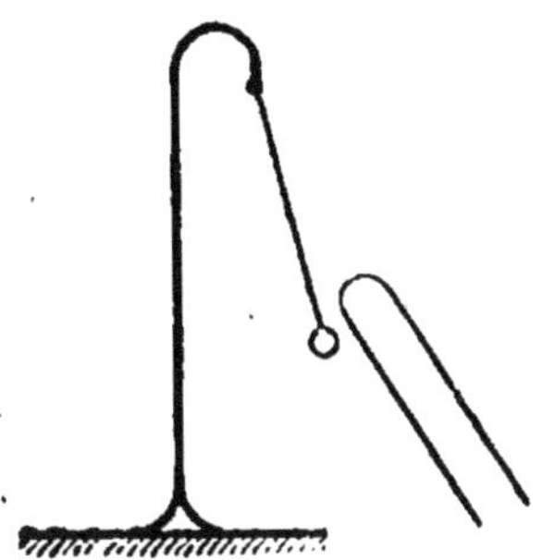

Fig. 192. — Attraction du pendule par un corps électrisé.

Mais on constate que le pendule repoussé par le verre frotté est attiré par la résine frottée : l'électrité développée par frottement sur le verre est donc différente de celle de la résine.

On trouve d'ailleurs que l'électricité du verre est identique à celle dont nous avons constaté la présence sur le pôle positif de la batterie d'accumulateur : c'est de l'*électricité positive* ; l'électricité développée sur la résine est de l'*électricité négative*.

Tout corps isolant frotté avec une substance isolante se comporte comme le verre ou comme la résine ; si on lui présente successivement deux pendules électrisés, l'un par contact avec un bâton de verre, l'autre avec un bâton de résine, il attire l'un et repousse l'autre ; en aucun cas il n'attire à la fois les deux pendules. Il faut en conclure qu'il n'y a que deux sortes d'électricité.

237. Électrisation des conducteurs. — Si l'on cherche à électriser par frottement une tige de fer ou de cuivre, tenue à la main, on n'y parvient pas. Mais si la tige est fixée à un manche de verre tenu à la main, elle acquiert par frottement la propriété électrique sur toute sa surface.

En particulier, si on relie la tige isolée à la boule d'un électroscope dont la cage est au sol, les feuilles ont une divergence notable qui correspond à un potentiel de plusieurs milliers de volts.

Les expériences précédentes s'expliquent grâce à la conductibilité du métal ; l'électricité se répand sur toute sa surface, et si elle n'est pas arrêtée par un corps bien isolant, comme le verre, elle se répand dans le sol par l'intermédiaire du corps de l'opérateur qui est relativement bon conducteur.

Remarque importante sur les isolants. — Lorsqu'on veut électriser un corps conducteur, il est nécessaire qu'il soit supporté par un support *très isolant*. Si les charges développées en électrostatiques sont très faibles, par contre les potentiels atteints sont très élevés ; si l'on veut donc éviter la déperdition de ces charges dans le sol, il faut avoir recours à des isolants présentant une très grande résistance.

Alors que dans l'étude des propriétés des courants, le corps humain (résistance de 3 000 à 6 000 ohms), le bois, étaient considérés comme d'assez bons isolants et suffisaient pratiquement pour empêcher le passage d'un courant ; en électrostatique ces mêmes corps ne sont pas mauvais conducteurs. Pour qu'un corps isole un conducteur chargé d'une façon efficace, sa résistance doit être de plusieurs millions d'ohms.

Pratiquement, on emploie comme isolants des plaques de paraffine, des colonnes de verre bien sec, des gâteaux de résine, de l'ébonite [1]. Il faut de plus opérer dans de l'air bien sec [2].

Par temps humide, si l'on n'a pas soin de dessécher la salle, les expériences d'électrostatique effectuées avec des conducteurs ne réussissent pas.

238. Electrisation par influence. — Si l'on approche doucement un bâton de verre frotté de la boule d'un électroscope, on remarque que les feuilles divergent, alors même que le bâton est encore loin de l'électroscope.

Bien qu'il n'y ait eu ni contact, ni frottement, les feuilles de l'électroscope se sont électrisées : on dit qu'*il y a eu électrisation par influence.*

Ce résultat est général : *on peut développer de l'électricité*

---

1. Mélange durci de 70 p. 100 de caoutchouc et de 30 p. 100 de soufre.

2. Pour réussir l'expérience de la figure 190, la plaque *c* doit être isolée en prenant toutes ces précautions.

sur un corps conducteur en l'amenant simplement au voisinage d'un corps électrisé.

C'est à ce mode d'électrisation qu'on donne le nom d'*influence électrique.*

Nous allons étudier les différents aspects que présente ce phénomène dans différents cas usuels.

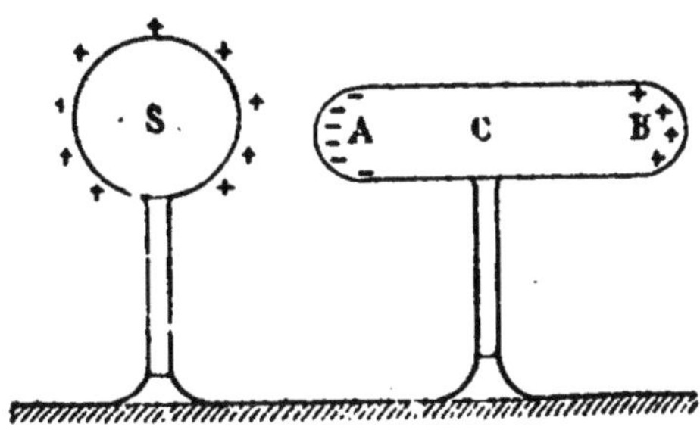

Fig. 193. — Développement de l'électricité par influence.

1er cas. — *Le corps influencé est isolé.* — Électrisons par frottement ou par contact une sphère métallique S, portée par un pied isolant, et approchons de cette sphère un cylindre AB isolé.

Si l'on déplace un petit pendule le long du cylindre, il est attiré dans les régions extrêmes A et B, mais il ne l'est pas dans la région centrale C : il s'est donc développé de l'électricité par influence en A et B, mais non en C.

Si le pendule a été primitivement chargé positivement, on constate qu'il est repoussé par B et attiré par A : en A l'électricité est donc négative, en B elle est positive. Cette distribution s'explique par l'attraction exercée par la charge positive de S sur l'électricité de nom contraire.

Si l'on éloigne la sphère électrisée, le cylindre revient à l'état neutre ; *nous dirons que, par définition, les deux charges positive et négative qui se sont exactement neutralisées sont égales et de signes contraires.*

2e cas. — *Le corps influencé est mis en communication avec le sol.* — La sphère S étant approchée du cylindre AB, si l'on met un *point quelconque* de ce cylindre en communication avec le sol, en le touchant avec le doigt par exemple, l'électricité positive qui était en B est repoussée par l'électricité de S jusqu'au sol. On peut constater en effet qu'il n'y a plus, sur le cylindre, que de l'électricité négative en A.

Retirons-alors le doigt, puis éloignons la sphère; l'électricité négative qui était en A se répand sur le cylindre. Nous avons donc électrisé un corps conducteur par influence, *l'électricité développée étant de signe contraire à celle du corps influençant.*

239. Applications. — 1° *Usage de l'électroscope.* — On peut répéter les expériences précédentes avec un électroscope et en déduire un procédé pratique pour reconnaître le signe de l'électricité dont est chargé un corps. A cet effet effectuons les opérations suivantes :

a. Approchons de la boule A un bâton de verre électrisé positivement : les feuilles chargées positivement par influence se repoussent (fig. 194);

b. Touchons A avec le doigt, les feuilles retombent parce que l'électricité positive s'en va dans le sol ;

c. Enlevons le doigt, puis

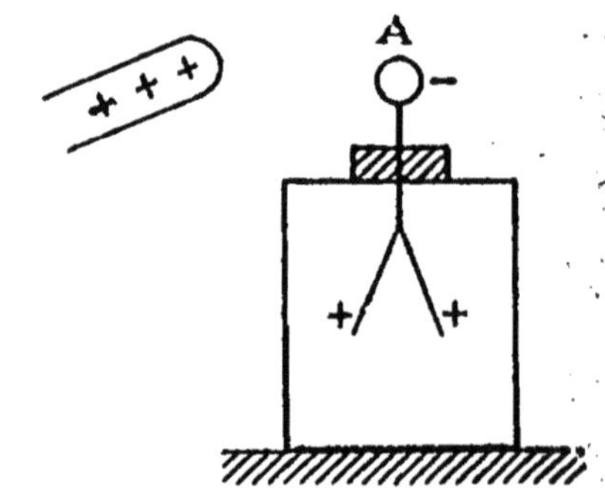

Fig. 194. — Charge de l'électroscope par influence.

éloignons le bâton de verre : les feuilles divergent de nouveau parce que la charge négative de A s'est répandue jusque dans les feuilles : *l'électroscope est chargé d'électricité négative.*

d. Approchons alors lentement de l'électroscope le corps dont il faut déterminer le signe de la charge : si les feuilles divergent davantage, c'est que le corps développe par influence de l'électricité négative dans les feuilles : il est donc chargé *négativement*; il est au contraire chargé d'électricité positive si les feuilles retombent.

2° *Attraction des corps légers. Pendule isolé et non isolé.* — D'un pendule électrique, suspendu à un fil isolant, approchons un corps électrisé positivement. La boule du pendule s'électrise par influence, négativement dans la région la plus proche, positivement dans la région la plus éloignée.

La charge positive de A attire la charge négative de B et repousse la charge positive de C. Mais comme la distance AB est moindre que la distance AC, l'attraction l'emporte (245), et le pendule est attiré.

Il arrive au contact, perd son électricité négative, qui est neutralisée par une partie de la charge positive de A, et l'attraction se change en répulsion.

Si la boule du pendule est suspendue à un fil métallique, l'électricité positive C s'en va par ce fil, et l'attraction est plus grande puisqu'elle n'est contrebalancée par aucune répulsion. Pour reconnaître si un corps est électrisé, un pendule à fil métallique est donc plus *sensible* qu'un pendule à fil isolant.

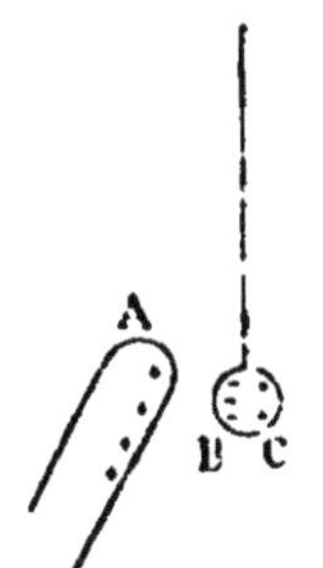

Fig. 195. — Théorie du pendule électrique.

240. — 3ᵉ cas. Le corps influencé entoure le corps influençant. Cylindre de Faraday. — Au lieu de placer un conducteur au voisinage du corps électrisé, introduisons le corps électrisé à l'intérieur d'un conducteur creux isolé. On prend en général un cylindre creux beaucoup plus haut que large ; il peut alors être considéré comme entourant complètement la boule électrisée qu'on y introduit.

Ce cylindre métallique isolé qui est relié à la boule d'un électroscope pour étudier son électrisation, est connu sous le nom de cylindre de *Faraday*.

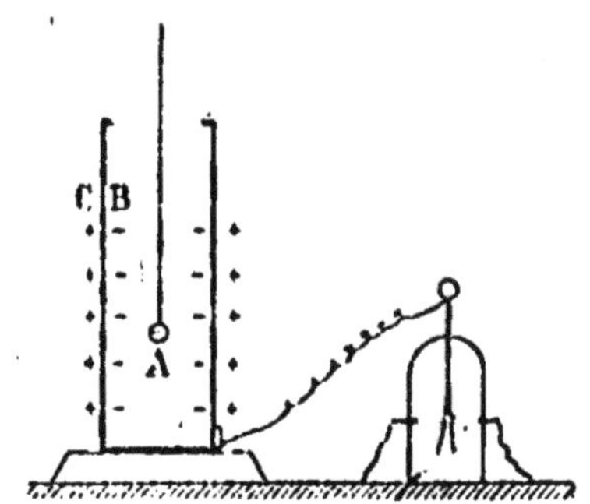

Fig. 196. — Influence dans le cas où l'induit entoure l'inducteur.

Introduisons dans ce cylindre une petite sphère chargée positivement : les feuilles de l'électroscope divergent et cette divergence ne dépend pas de la position de A à l'intérieur du cylindre, à condition toutefois qu'il ne soit pas trop près de l'ouverture.

L'ensemble du cylindre et de l'électroscope constitue un

conducteur unique ; de l'électricité négative s'est développée sur la face interne B du cylindre et de l'électricité positive sur la face externe C et sur les feuilles.

Si l'on retire A, les feuilles retombent : le corps influencé est revenu à l'état neutre ; *les deux charges développées par influence sont donc toujours égales et de signes contraires* (**238**), *mais dans le cas d'un conducteur fermé ces charges ne dépendent pas de la position du corps influençant.*

Lorsque la petite sphère électrisée est encore à l'intérieur du cylindre, si on la met en contact avec lui, puis qu'on la retire, la divergence des feuilles ne varie pas. A n'est plus électrisé, comme on peut le constater au moyen d'un pendule électrique. Il faut en conclure que la charge positive de A a exactement neutralisé la charge négative intérieure du cylindre.

Dans le cas d'un conducteur fermé, chacune des charges développées par influence est équivalente à la charge du corps influençant.

Remarque. — Les expériences précédentes réussissent encore si on remplit le cylindre de benzine ou de pétrole. Il faut en conclure que les phénomènes d'influence s'exercent à travers les *isolants,* d'où le nom de *diélectriques* qu'on leur donne aussi.

241. Application. Mesure électrostatique des quantités d'électricité. — Les expériences précédentes nous montrent qu'une charge électrique q, apportée sur un conducteur A dans un cylindre de Faraday, passe tout entière sur la surface extérieure lorsqu'on amène A au contact de la paroi intérieure du cylindre : l'écart des feuilles observé caractérise cette charge q et peut donc servir à la mesurer.

Pratiquement, pour pouvoir effectuer la mesure d'une charge, il faut faire choix d'une unité, et de plus graduer l'électroscope de façon que l'observation de la divergence des feuilles nous donne immédiatement la valeur du rapport entre la charge apportée au cylindre et la charge unité.

Choisissons par exemple comme unité arbitraire la charge que prend une boule métallique A au contact d'un des pôles d'une batterie d'accumulateurs dont l'autre pôle est au sol.

Notons l'écart des feuilles correspondant à cette charge.

Il est commode pour cela de munir l'électroscope d'un cadran divisé placé derrière les feuilles d'or, de façon que son centre coïncide avec leur point d'attache et que les feuilles soient au zéro quand le cylindre n'est pas chargé (fig. 197).

Si nous introduisons plusieurs fois successivement la boule A, électrisée de la même manière, en déterminant chaque fois le contact avec le cylindre, nous communiquons à celui-

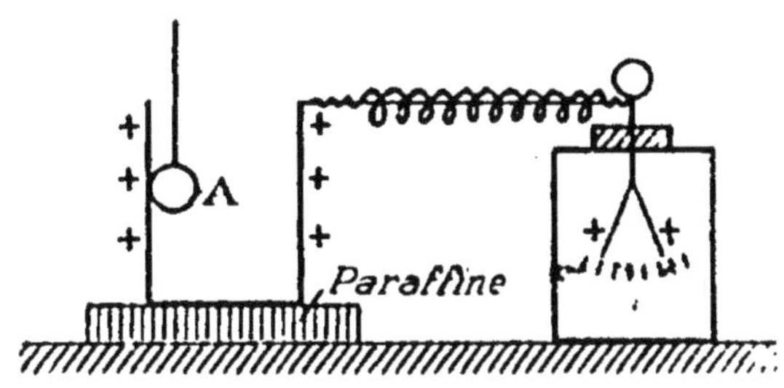

Fig. 197. — Mesure des charges électriques par le cylindre de Faraday.

ci des charges croissantes et égales à 1, 2, 3... unités. Notons la divergence après chaque nouvel apport, puis dressons une table en indiquant d'un côté les divergences observées et de l'autre le nombre des charges égales à l'unité apportées au cylindre.

Cette graduation permet de connaître immédiatement la charge d'un corps électrisé positivement en observant la divergence des feuilles quand on le plonge dans le cylindre.

Elle permet aussi de mesurer une *charge négative*, à condition de prendre comme unité, la charge négative qui produit la même divergence que la charge positive égale à l'unité. Une charge négative vaudra par exemple 3 unités. si elle produit la divergence correspondant à trois charges égales à celles de A.

Cette mesure des charges négatives est justifiée par ce fait que si l'on introduit simultanément ou successivement dans le cylindre deux corps chargés l'un positivement, l'autre négativement, qui seuls produisent la même divergence, la divergence finale est toujours nulle.

Par définition (**238**) ces deux corps ont bien des *charges égales et de signes contraires*.

Remarque. — Le cylindre de Faraday ne fournit que des mesures relatives.

Si l'on voulait faire avec cet appareil des mesures absolues, il faudrait connaître la valeur, en *coulombs*, de l'unité arbitraire choisie. Cette détermination est possible au moyen d'un galvanomètre (**232**). Nous savons du reste que ces charges sont des fractions infiniment petites de coulomb.

242. Principe de la conservation de l'électricité. —

Expérience. — Plaçons dans le cylindre de Faraday un manchon de feutre à l'intérieur duquel nous déplaçons un bâton de verre : les feuilles ne divergent pas, mais si l'on enlève le verre, les feuilles divergent et sont chargées négativement, tandis qu'on peut constater avec un pendule que le verre est électrisé positivement.

Il faut conclure de cette expérience *que, par frottement, les deux électricités se développent toujours simultanément et en quantités équivalentes.*

Les expériences d'influence, qu'on peut répéter à l'intérieur du cylindre de Faraday, nous ont donné un résultat analogue.

Toutes ces expériences sont des cas particuliers du principe de la conservation de l'électricité, principe que l'on peut énoncer ainsi. *Il est impossible de produire ou de détruire une certaine quantité d'électricité, sans produire ou détruire une quantité équivalente d'électricité contraire.*

En d'autres termes, on ne peut modifier la charge totale d'un système matériel. S'il se produit des modifications dans les charges partielles, la charge totale reste constante.

Ce principe est expérimental et peut être démontré avec le cylindre de Faraday, à condition de prendre comme charge totale la *somme algébrique* des charges partielles, en affectant du signe + les charges d'électricité positive, et du signe — les charges d'électricité négative.

Ceci explique pourquoi la divergence des feuilles de l'électroscope dépend uniquement des charges partielles des corps qu'on plonge dans le cylindre. Elle ne varie pas si on les met en contact entre eux ou avec la paroi.

243. Conclusion. — Nous avons vu dans cette étude trois procédés pour électriser les corps.

1° *Électrisation par contact ou par communication avec une source;*

2° *Électrisation par influence;*

3° *Électrisation par frottement.*

Les deux premiers procédés ne donnent des résultats qu'avec des conducteurs bien isolés; le troisième convient particulièrement aux isolants.

II. — CHAMP ÉLECTRIQUE

244. — Les expériences qui précèdent nous ont montré qu'un corps électrisé produit dans l'espace environnant des actions qu'on peut classer en deux catégories.

1° Il exerce sur un corps électrisé voisin une force dite *force électrique* qui se manifeste à nos sens si ce dernier corps est léger et mobile (pendule électrique).

2° Il produit des phénomènes d'influence électrique (création ou modification de charges) sur les conducteurs voisins.

D'une façon générale, *on appelle champ électrique la portion de l'espace dans laquelle se fait sentir l'action du corps électrisé.*

Nous allons d'abord étudier le champ électrique dans le cas où le corps électrisé peut être assimilé à un point.

245. Champ d'un point électrisé. Loi des actions électriques. — Considérons un corps O de petites dimensions chargé d'électricité positive par exemple, et plaçons en un point A voisin de O un petit corps électrisé. Nous savons que A sera repoussé ou attiré selon qu'il sera chargé positivement ou négativement.

De nombreuses expériences ont permis de vérifier que *la force d'attraction ou de répulsion s'exerce suivant la droite*

OA, qu'elle est proportionnelle au produit des charges des deux corps (ces charges étant mesurées au moyen du cylindre de Faraday) *et inversement proportionnelle au carré de leur distance.*

Nous retrouvons donc une loi analogue à celle du magnétisme (**143**).

Si l'on désigne par q, q' les charges électriques des deux corps, par d leur distance, la force f qui s'exerce entre ces deux points O et A, a pour expression :

$$f = k \times \frac{qq'}{d^2}$$

k étant un coefficient de proportionnalité qui dépend des unités choisies. f positif correspond à une *force attractive*, f négatif ($q\,q' < o$) correspond à une *force répulsive*.

En faisant $k = 1$, la formule précédente, dite *formule de Coulomb* conduit à définir une unité C. G. S. de masse électrique, comme on a défini une unité C. G. S. de masse magnétique. (**143**).

Le coulomb vaut 3×10^9 unités C. G. S.

Ceci étant, le champ électrique en un point quelconque A sera défini, comme le champ magnétique, par sa *direction*, son *sens* et son *intensité*.

La direction est évidemment la droite OA, le *sens* est par définition le sens de la force qui s'exerce sur un petit corps chargé positivement : dans l'exemple choisi, c'est donc le sens de O vers A.

Quant à l'intensité du champ en A, c'est le rapport constant qui existe entre la force qui agit sur le petit corps électrisé placé en A et la masse électrique de ce corps. *L'intensité du champ en un point est donc l'intensité de la force qui s'exerce sur l'unité de masse électrique positive placée en ce point.*

246. Cas d'un conducteur quelconque. Lignes de force. — Les définitions précédentes sont encore valables pour un conducteur électrisé de dimensions quelconques.

On peut alors représenter un champ électrique par un ensemble de vecteurs, chaque point étant caractérisé par un vecteur particulier dont la direction et le sens seraient ceux du champ et dont la longueur serait proportionnelle à l'intensité du champ en ce point. Si alors on trace des lignes continues, tangentes en chacun de leurs points à la direction du champ, on a ce qu'on appelle les *lignes de force* du champ.

D'après cette définition même, il est évident que par un point quelconque du champ, il ne passe jamais qu'une ligne de force.

Considérons celle qui passe par un certain point A. Si nous plaçons en A un corps électrisé supposé sans poids, il se déplacera dans le champ en suivant cette ligne. D'après la convention que nous avons faite pour le champ, nous devons appeler sens de la ligne de force le sens dans lequel se déplace un corps chargé positivement.

Nous pouvons donc dire aussi qu'une ligne de force est la trajectoire suivie par un très petit corps électrisé positivement, supposé soumis uniquement à l'action du champ.

Quelques propriétés des lignes de force se déduisent immédiatement de ces définitions.

Dans le cas simple déjà étudié d'un point électrisé, les lignes de force sont des droites passant par ce point.

Dans le cas d'un conducteur électrisé, les lignes de force aboutissent normalement à la surface de ce conducteur ; autrement dit *le champ au voisinage d'un conducteur est toujours perpendiculaire à la surface.* Si le corps électrisé est une sphère, les lignes de force sont les prolongements des différents rayons.

Si le corps est électrisé positivement, il repousse l'électricité positive, par suite les lignes de force partent des corps chargés positivement. Au contraire elles aboutissent aux corps chargés négativement.

247. Canalisation des lignes de force par les conducteurs. Analogie entre les champs électrique et magnétique. — La notion de champ électrique et sa représentation par les lignes de force permet d'interpréter le phénomène d'influence électrique et de le rapprocher du phénomène d'influence magnétique.

Si l'on place un conducteur dans un champ électrique (créé par une sphère électrisée positivement par exemple), l'aspect symétrique du champ disparaît : le conducteur a en quelque sorte canalisé les lignes de force.

Il se produit de l'électricité négative à l'extrémité du conducteur par laquelle pénètrent les lignes de force, de l'électricité positive à l'extrémité par laquelle elles sortent. Ces deux quantités d'électricité sont du reste égales en valeur absolue.

On voit que l'analogie est grande entre les propriétés des champs électrique et magnétique. Les lois des attractions et

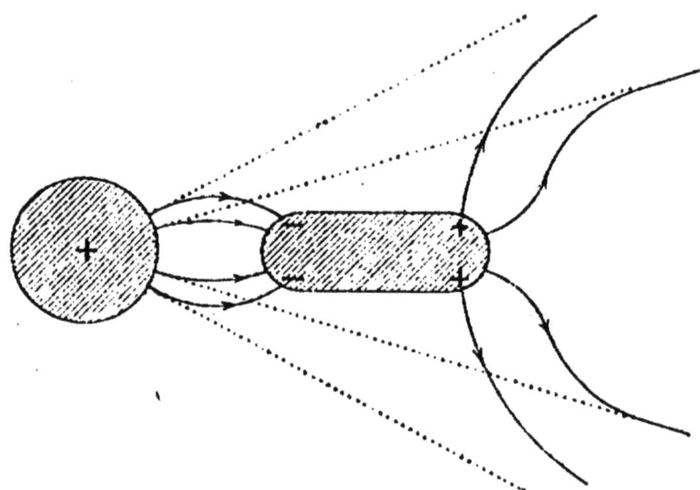

Fig. 198. — Canalisation des lignes de forces par un conducteur. Électrisation par influence.

répulsions sont les mêmes dans les deux cas et on peut comparer point par point l'aimantation par influence d'un morceau de fer doux et l'électrisation par influence d'un conducteur.

Nous avons vu en effet (**151**) qu'un morceau de fer placé dans un champ magnétique modifie profondément l'aspect du champ. Il canalise les lignes de force et il en résulte l'apparition de deux pôles égaux et de noms contraires.

L'électricité positive joue donc le rôle d'un pôle nord et l'électricité négative celui d'un pôle sud. Il faut toutefois signaler une différence : tandis qu'il nous a été impossible d'isoler un pôle, il est très facile d'isoler une charge électrique positive ou négative.

248. Valeurs particulières du champ au voisinage d'un conducteur. Distribution de l'électricité. — Le champ créé par un conducteur dépend évidemment de la répartition de l'électricité à la surface de ce conducteur supposé en équilibre électrique. Le cylindre de Faraday va nous permettre d'étudier cette répartition. A cet effet on emploie un *plan d'épreuve* constitué par un petit disque en clinquant porté par un manche isolant (fig. 199). Ce disque appliqué en un point d'un conducteur se substitue momentanément à la surface qu'il recouvre et se charge par suite de l'électricité qui s'y trouvait. En l'enlevant bien normalement et le portant dans le cylindre de Faraday, on obtient une divergence des feuilles caractéristique de l'électrisation au point touché. Cette divergence mesure la *densité électrique* en ce point, c'est-à-dire la quantité d'électricité existant sur l'unité de surface entourant ce point, si la surface du disque de clinquant est égale à 1 centimètre carré.

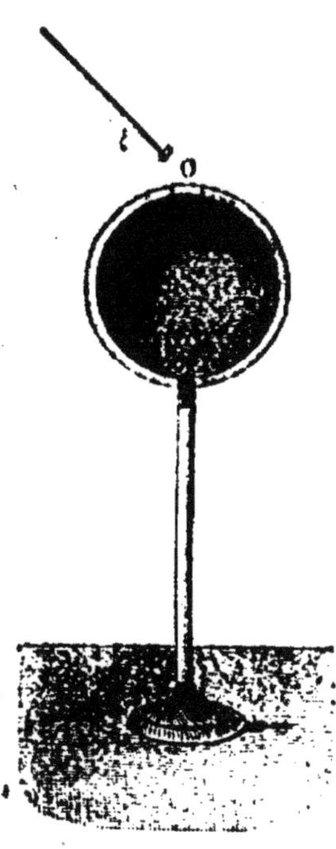

Fig. 199.

1° Série d'expériences. — *a)* Électrisons une sphère de cuivre creuse percée d'un trou et portée par un pied isolant, puis mettons le plan d'épreuve en contact avec la surface intérieure de la sphère, en l'introduisant par le trou *o*. Porté à l'intérieur du cylindre de Faraday, ce plan d'épreuve ne produit aucune divergence des feuilles.

b) Un conducteur chargé introduit dans le cylindre de Faraday se décharge par contact; on peut constater avec le plan d'épreuve qu'il n'y a pas d'électricité à l'intérieur du cylindre.

c) Faraday a réalisé une expérience plus concluante encore en se plaçant à l'intérieur d'une cage métallique isolée qu'on portait à un potentiel très élevé au moyen d'une machine électrique. Des électroscopes étaient mis en communication avec la paroi interne de la cage, d'autres étaient placés à l'intérieur de cette cage : on n'observait aucune déviation des feuilles ; les pendules extérieurs accusaient au contraire une grande accumulation d'électricité sur la surface externe.

Cette expérience réussit, que la surface de la cage soit continue ou formée d'un treillis métallique ; comme les précédentes, elle montre qu'il n'y a pas d'électricité sur la surface interne des conducteurs creux ; elle montre de plus qu'un corps placé à l'intérieur d'un tel conducteur est soustrait à l'action des charges réparties sur sa surface externe ainsi qu'à l'action des conducteurs électrisés extérieurs.

En d'autres termes : *L'électricité d'un conducteur est localisée uniquement sur sa surface extérieure et le champ électrique produit à l'intérieur est toujours nul*[1].

Écrans électriques. — Il résulte de ce fait qu'une cage métallique entourant un conducteur empêche toute action des corps électrisés extérieurs sur celui-ci : elle constitue pour ce corps un *écran électrique*.

Les expériences effectuées avec le cylindre de Faraday (**240**) nous ont montré également que les phénomènes électriques qui se produisent à l'intérieur ne modifient pas les corps extérieurs (électroscope).

Une enceinte conductrice isolée partage donc l'espace en deux régions complètement indépendantes.

Si l'on introduit dans le cylindre de Faraday un corps électrisé et qu'on mette le cylindre en communication avec le sol, les feuilles d'or retombent ; un petit pendule approché du cylindre n'est pas attiré. Cependant les deux charges intérieures subsistent, mais l'étendue du champ électrique dû à l'action de ces charges est limité au cylindre. *Ce cylindre en communication avec le sol joue donc le rôle d'écran électrique pour les corps situés à l'extérieur.*

En résumé, *l'influence électrique qui s'exerce toujours à travers les isolants ou diélectriques est impossible à travers les conducteurs.*

---

1. Ce résultat suppose évidemment qu'il n'y a pas de corps électrisés à l'intérieur du conducteur.

249. 2° Série d'expériences. — *a)* D'après les expériences précédentes, la distribution de l'électricité sur la surface d'un conducteur doit être telle que le champ produit à l'intérieur soit nul. On peut étudier expérimentalement cette distribution au moyen du plan d'épreuve et du cylindre de Faraday.

Pour une sphère, on trouve que la divergence des feuilles est la même quelque soit le point touché : *sur une sphère conductrice l'électricité est uniformément répartie*, ou encore *la densité électrique est constante*.

Par contre, si l'on étudie la distribution sur un conducteur dont la surface n'a pas une courbure constante, on constate que *la densité électrique est plus forte dans les parties les plus saillantes.*

Ainsi les figures 200 et 201 représentent géométriquement la densité électrique aux différents points d'une sphère et

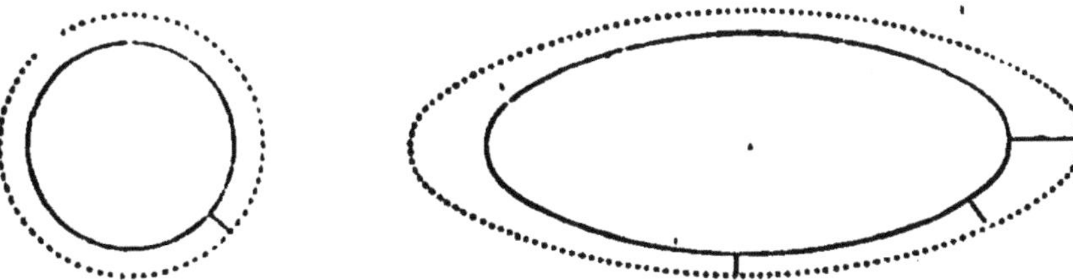

Fig. 200. — Distribution de l'électricité à la surface d'une sphère.

Fig. 201. — Distribution de l'électricité à la surface d'un ellipsoïde.

d'un ellipsoïde. En chaque point du conducteur on a porté sur la normale à sa surface une longueur proportionnelle à la densité en ce point.

b) Si l'on étudie le champ électrique aux différents points de la surface d'un conducteur, on constate que ce *champ est normal* au conducteur (ce que nous savions déjà, **246**) et que *son intensité est proportionnelle à la densité électrique au point considéré*. Autrement dit, sur un élément de surface égale à l'unité pris sur le conducteur, il s'exerce une force normale à cette surface, dirigée vers l'extérieur et dont l'intensité est proportionnelle au carré de la densité. Cette force, qui peut être considérée comme la résultante des actions répulsives qu'exercent, sur la charge placée en ce point, les différentes charges de même signe du reste de la surface, s'appelle la *pression électrostatique* au point considéré.

Pouvoir des pointes. — Sous l'action de la *pression électrostatique*, l'électricité répartie sur toute la surface du conducteur tend à s'échapper vers l'extérieur; si cette décharge n'a pas lieu, c'est grâce à la résistance que lui oppose l'air qui est un isolant. Mais on conçoit que si la

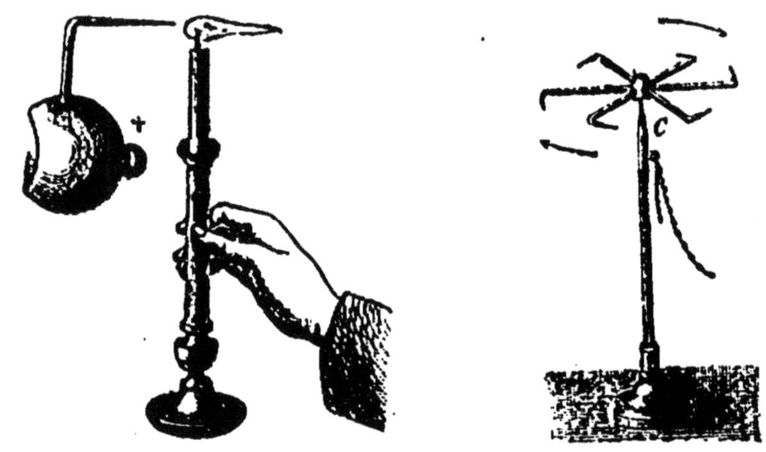

Fig. 202 et 203. — Pouvoir des pointes. Extinction d'une bougie et tourniquet électrique.

densité électrique en un point devient très grande, cette résistance peut être vaincue. On constate en effet que l'électricité qui s'accumule sur une partie très saillante d'un conducteur, sur une pointe que porte sa surface, s'écoule rapidement dans l'air et s'y disperse. Tout corps frotté, muni d'une pointe métallique, perd son électricité à mesure qu'elle se produit.

Si la pointe est fixée sur une source qui fournit toujours une nouvelle quantité d'électricité, on constate l'existence d'un courant d'air semblant partir de l'extrémité. Ce courant d'air est dû à la déperdition de l'électricité qui, se répandant dans l'air, l'électrise et lui permet d'être repoussé par la pointe, laquelle est chargée d'électricité de même nom.

La flamme d'une bougie s'incline sous l'action de ce courant d'air (fig. 202). Si la pointe est mobile, elle est repoussée par l'air chargé d'électricité de même nom et se met à tourner : c'est l'expérience du *tourniquet électrique* (fig. 203).

250. Champ électrique dans l'atmosphère. — Dressons verticalement au-dessus d'une terrasse une longue tige métallique isolée, terminée à sa partie supérieure par une pointe, et mettons-la en communication avec la boule d'un électroscope dont la cage est au sol. Les feuilles d'or divergent lentement et on peut constater qu'elles sont chargées positivement.

Cette expérience qui réussit, même par un temps calme, montre qu'il existe constamment un champ électrique autour de la terre. Sous l'influence de ce champ, la tige s'est électrisée positivement vérs le bas, l'électricité négative s'écoulant par la pointe : *les lignes de force de ce champ sont donc dirigées vers le sol.*

Pour expliquer cet état électrique de l'atmosphère, on peut admettre que la terre est électrisée négativement, ou encore que les hautes régions de l'atmosphère sont électrisées posivement.

Remarque importante. Potentiel en un point d'un champ électrique. — Dans l'expérience précédente, la divergence des feuilles n'est pas instantanée : l'écart augmente tant qu'il s'écoule de l'électricité par la pointe. Au moment où l'écart a atteint sa valeur maximum, l'électricité ne s'écoulant plus, on peut affirmer que la pointe et par conséquent toute la tige sont au même potentiel que l'air avoisinant.

Cette expérience donne donc le moyen de définir et de mesurer le potentiel en un point quelconque d'un champ électrique. On constate ainsi que *lorsqu'on passe d'un conducteur à un autre, en suivant une ligne de force, le potentiel diminue d'une façon continue ; les lignes de force partent toujours du corps dont le potentiel est le plus élevé pour aboutir aux corps de moindre potentiel.*

Dans le cas du champ électrique de l'atmosphère, on constate au moyen du dispositif précédent que le potentiel de l'air, qui est positif, va en croissant à mesure qu'on s'élève. L'accroissement dépend du relief du sol et, en un lieu donné, il peut subir des variations brusques dont les causes sont peu connues : parfois inférieur à 10 volts par mètre, cet accroissement peut atteindre 1000 volts en temps d'orage.

L'état électrique de l'atmosphère et les variations de potentiel avec la hauteur permettent d'expliquer la formation des nuages orageux, la production de la foudre et certains phénomènes d'origine électrique tels que la grêle et les aurores boréales.

251. Orages. Paratonnerres. — L'étude électrique des nuages orageux a montré qu'ils se comportent comme des conducteurs électrisés tantôt positivement, tantôt négativement.

Il est dès lors facile d'expliquer leur formation. Un nuage soumis à l'influence du champ atmosphérique se comporte comme un conducteur : il se charge positivement vers le bas (région où pénètrent les lignes de force) et négativement vers le haut. Sous l'influence d'un vent violent, comme il y en a en temps d'orage, la partie supérieure du nuage peut être séparée de la partie inférieure. Au moment de la séparation aucune étincelle n'est possible, le potentiel étant le même dans toutes les parties du nuage, mais par suite de l'agitation de l'atmosphère, des nuages formés à des altitudes très différentes, et par suite présentant de grandes différences de potentiel, peuvent se trouver en présence; une étincelle jaillira : c'est l'*éclair*.

L'*éclair* qui peut avoir plusieurs kilomètres de long, a cependant une durée excessivement courte.

Le bruit de l'éclair constitue le *tonnerre*. Si le bruit du tonnerre est entendu quelquefois plusieurs secondes après la perception de l'éclair et si ce bruit se prolonge, cela est dû à la lenteur de la propagation du son. L'éclair ayant plusieurs kilomètres de longueur, le bruit produit en ses divers points met des temps différents pour parvenir à l'oreille.

Lorsqu'un nuage fortement chargé, et par suite à un potentiel très élevé, arrive au voisinage du sol, il peut jaillir une étincelle entre ce nuage et le sol; on dit que la *foudre est tombée*.

La foudre produisant des effets désastreux, les édifices sont préservés contre elle au moyen de conducteurs appelés paratonnerres qui offrent au courant électrique de l'étincelle un passage facile jusqu'au sol.

Paratonnerre de Franklin. — En 1752, Franklin proposa de placer sur le sommet des édifices de longues tiges métalliques terminées en pointe (actuellement les pointes sont en platine ou en cuivre doré, fig. 204) et maintenues en communication avec le sol au moyen d'une tige de fer se terminant dans un puits.

Ce paratonnerre a un double but : diminuer le nombre des coups de foudre et, en tout cas, les rendre inoffensifs.

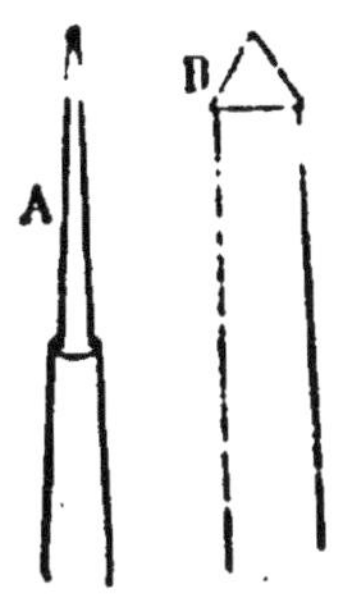

Fig. 204. — Sommet de la tige d'un paratonnerre.

A, pointe effilée en platine. — B, pointe basse en cuivre doré.

Fig. 205. — Paratonnerre de Melsens.

Si l'on suppose qu'un nuage électrisé positivement passe au-dessus du paratonnerre, il l'électrise par influence ; l'électricité négative s'écoule par la pointe, déchargeant partiellement le nuage. Il semble donc que les coups de foudre doivent être plus rares sur les maisons munies d'un paratonnerre ; en réalité, cet effet préventif est rarement produit.

En tout cas, si la foudre tombe sur l'édifice et si la communication avec le sol est parfaite, le courant passe par la tige sans produire de dégâts.

Toutes les pièces métalliques un peu importantes de l'édifice (charpentes, conduites d'eau et de gaz) doivent être reliées au conducteur du paratonnerre pour éviter les phénomènes d'influence.

On admet généralement qu'un paratonnerre protège efficacement une zone dont le rayon est égal au double de la hauteur de la pointe.

Paratonnerre de Melsens. — La théorie des *écrans élec-triques* et en particulier l'expérience de la cage de Faraday nous montre qu'on aurait une protection plus efficace en entourant la maison d'une véritable carcasse métallique qui serait en communication avec le sol par un nombre de points aussi grand que possible.

C'est ce qui est réalisé dans le *paratonnerre de Melsens* (fig. 208). L'édifice est entouré d'un réseau de fils métalliques, tous reliés entre eux et avec le sol. Par surcroît de précau-tion, on place sur le faîte, aux points de croisement des fils, des petites tiges verticales terminées en pointe. Ces tiges agissant comme autant de petits paratonnerres du système Franklin, augmentent l'efficacité de l'appareil.

III. — CAPACITÉ. CONDENSATEURS

252. Notion de capacité. — Mettons un cylindre de Faraday en communication par un fil long et fin avec un électroscope gradué en volts (électromètre, **235**). Introdui-sons dans le cylindre une petite sphère électrisée et supposons que la divergence des feuilles corresponde à un potentiel de 100 volts. Retirons la sphère dont la charge est passée sur le cylindre et redonnons-lui sa charge primitive, par contact avec le pôle positif d'une batterie d'accumulateurs, par exemple; si nous l'amenons de nouveau à l'intérieur du cylindre, nous constatons que la divergence des feuilles correspond à un potentiel de 200 volts...; lorsqu'on aura fait passer sur le cylindre 5 charges identiques, le potentiel sera de 500 volts.

De cette expérience, nous avons à tirer deux conclusions importantes :

1° *La graduation d'un électromètre, construit pour déterminer les potentiels des conducteurs, peut également servir à la mesure relative des charges électriques, l'élec-tromètre étant réuni à un cylindre de Faraday ;*

2° *Lorsque la charge d'un cylindre de Faraday, et plus généralement d'un conducteur quelconque isolé, devient 2, 3... n fois plus grande, le potentiel de ce conducteur devient 2, 3... n fois plus grand.*

Autrement dit : *Il y a un rapport constant entre la charge d'un conducteur isolé et son potentiel.* Ce rapport constant qui caractérise ce conducteur s'appelle sa *capacité électrique.*

Si l'on désigne par V le potentiel que prend le conducteur lorsqu'on lui communique une charge de q coulombs, la capacité c de ce conducteur est définie par l'égalité

$$(1) \qquad c = \frac{q}{V} .$$

On peut donc dire encore que *la capacité d'un conducteur est la charge qu'il prend lorsqu'on le porte au potentiel de 1 volt.*

Unité de capacité. — L'unité de capacité se déduit de la relation (1) et est appelée *farad* en mémoire de *Faraday.* *Le farad est la capacité d'un conducteur tel qu'en le portant au potentiel de 1 volt, il prenne une charge de 1 coulomb.*

Cette unité est beaucoup plus grande que les capacités que l'on a à considérer; l'exemple suivant nous le fera comprendre.

L'expérience montre qu'une sphère de 10 centimètres de rayon portée à un potentiel de 9000 volts prend une charge de 1 dix-millionième de coulomb. La capacité d'un tel conducteur est donc :

$$c = \frac{1 \text{ farad.}}{9\,000 \times 10\,000\,000} .$$

L'expérience montre en outre que la capacité d'une sphère est proportionnelle à son rayon. Une sphère conductrice ayant 1 farad de capacité aurait donc un rayon de 9 000 000 de kilomètres, c'est-à-dire 1400 fois plus grand que le rayon terrestre.

Ces nombres suffisent à montrer que le farad n'est pas une unité commode ; aussi dans la pratique on évalue ordinairement les capacités en *microforads* ou millionièmes de farad. Ainsi la terre a une capacité de $\frac{1\,000\,000}{1\,400} = 714$ microfarads.

253. Analogie entre le potentiel électrique et la pression d'un gaz. — Dans l'étude du courant électrique, nous avons déjà signalé l'analogie assez étroite qui existait entre le potentiel électrique et le niveau hydraulique. Cette analogie se poursuit en électrostatique; en particulier, l'emploi de l'électroscope pour la mesure des potentiels peut se comparer à l'emploi du tube indicateur de niveau pour la mesure du niveau de l'eau dans une chaudière ou dans un réservoir.

Une autre analogie va nous permettre de pousser plus loin la comparaison et d'interpréter l'expérience qui nous a donné la notion de capacité. Le potentiel électrique d'un conducteur peut en effet se comparer à la pression d'un gaz dans un récipient; de même qu'une différence de potentiel est toujours, en cas de communication entre deux corps, une cause de mouvement d'électricité; de même une différence de pression entre deux récipients renfermant un même gaz est la cause d'un courant gazeux. Le manomètre qui, relié à un point quelconque du récipient, donne une indication constante, est l'analogue de l'électroscope dont la divergence ne dépend pas du point du conducteur électrisé avec lequel il est en communication.

Cette analogie étant établie, si nous faisons arriver du gaz dans un récipient fermé, de manière que la masse devienne double, triple..., la pression devient en même temps double, triple... De plus, pour augmenter la pression d'une quantité donnée, de 1 atmosphère par exemple, il faut ajouter une masse de gaz d'autant plus grande que la *capacité* du récipient est plus grande.

L'expérience réalisée avec le cylindre de Faraday et l'électroscope (**252**) est tout à fait comparable à la précédente, la capacité électrique du cylindre jouant le rôle de la capacité volumétrique du récipient. Plus la capacité électrique d'un conducteur est grande, plus il faut lui fournir d'électricité pour augmenter son potentiel d'une quantité déterminée : 1 volt par exemple.

254. Variations de la capacité : principe de la condensation de l'électricité. — Nous avons vu que la capacité d'une sphère conductrice est proportionnelle à son rayon; d'une façon générale, on constate que la capacité d'un conducteur est d'autant plus grande que sa surface est elle-même plus grande. Ce résultat est d'ailleurs évident : l'électricité se portant à la surface des corps, la charge qu'il faut fournir à un conducteur pour le porter à un potentiel donné doit varier dans le même sens que sa surface.

Mais tandis que la capacité d'un récipient ne dépend que des dimensions de celui-ci, la capacité électrique d'un conducteur ne dépend pas seulement de sa surface, elle varie avec les conditions extérieures.

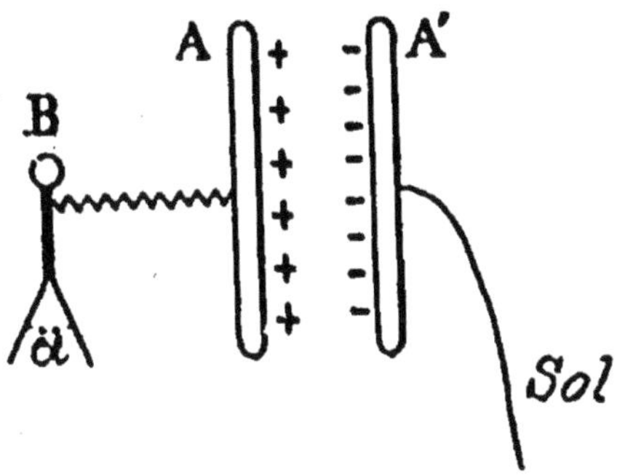

Electrisons un plateau conducteur A, en le mettant en communication avec le pôle positif d'un générateur dont le potentiel est V. La charge q du plateau atteint une valeur déterminée par la relation :

$$q = cV.$$

si c désigne la capacité électrique du plateau.

Fig. 206. — Principe des condensateurs.

Séparons le plateau du générateur et mettons-le en communication avec la boule B d'un électroscope à feuilles d'or. La divergence α caractérise le potentiel V du plateau.

Approchons alors progressivement du plateau A un autre conducteur A'. Nous voyons la divergence des feuilles diminuer progressivement. Les deux plateaux étant à une certaine distance, mettons A' en communication avec le sol : la divergence diminue encore. Interposons entre les deux plateaux une plaque de verre : nous voyons aussitôt une nouvelle diminution de la divergence α. Le potentiel du plateau A d'abord égal à V a donc diminué, il a maintenant pour valeur v. Or sa charge n'a pas changé, elle est toujours égale à q. La conclusion est donc que sa capacité a augmenté, elle a maintenant une valeur C telle que :

$$q = Cv.$$

L'expérience montre donc que *la capacité d'un conducteur varie avec la distance des conducteurs voisins, avec leur état d'isolement et avec la nature du diélectrique qui le sépare de ces conducteurs.*

Remarque. — Ce fait s'explique en remarquant que le plateau A' s'est électrisé négativement par influence et a attiré une partie de la charge du plateau A et de l'électroscope sur la face de ce plateau qui est en regard de A'. C'est cette modification de la distribution des charges et par suite du potentiel de A qui a entraîné une augmentation de la capacité.

Conséquence. — Rétablissons la communication du plateau A avec le pôle positif du générateur électrique. Son potentiel étant inférieur à V, une nouvelle quantité d'électricité va passer sur lui jusqu'à ce que son potentiel atteigne la valeur V. Ainsi le plateau auquel il semblait impossible, avec le générateur dont nous disposons, de fournir une charge différente de q, va prendre une charge Q supérieure à cette valeur et telle que :

$$Q = CV.$$

Nous avons ainsi le moyen d'accumuler sur un conducteur des charges électriques sous un potentiel donné, ce qui constitue un procédé pratique d'emmagasiner de l'énergie électrique qu'on peut ensuite utiliser : c'est le principe de la *condensation électrique*.

On appelle *condensateur* un système de conducteurs disposés de façon à augmenter la capacité de l'un d'eux. D'après ce qui précède, un condensateur est constitué par deux conducteurs très voisins sur une grande partie de leur surface et qu'on appelle les *armatures*. L'un d'eux, le *condenseur*, est en communication avec le sol ; il est destiné à augmenter la capacité de l'autre, le *collecteur*, sur lequel l'électricité s'accumule. Entre les armatures se trouve un *diélectrique*.

255. Différentes formes de condensateurs. — L'expérience nous a montré que pour construire un condensateur ayant une capacité assez grande, il y a intérêt à prendre un collecteur de grande surface et un diélectrique de faible épaisseur ; de plus, la nature du diélectrique importe aussi : un corps solide étant préférable à l'air.

Les condensateurs usuels, construits de façon à remplir ces conditions, sont de deux sortes :

1° Les *condensateurs à surface plane* sont les plus anciens.

Ils comprennent, comme l'appareil dont nous nous sommes servis au début, deux plateaux métalliques entre lesquels se trouve une lame de verre. Leur capacité n'est pas assez grande pour qu'ils soient utilisés pratiquement. On en construit de plus simples encore en collant sur chacune des faces d'un carreau de verre ou de mica une feuille de papier d'étain. Ceux-ci ont l'avantage de pouvoir facilement être associés, ainsi que nous le verrons plus loin.

2° *Les condensateurs à surface courbe*, dont le type est la **bouteille de Leyde**, sont plus commodes que les précédents.

Fig. 207. — Bouteille de Leyde.

Le diélectrique est constitué par les parois de verre de la bouteille, l'armature interne par une lame d'étain collée sur le verre ou par des feuilles de clinquant placées dans la bouteille. Une tige ou une chaînette métallique, en contact avec cette armature, traverse le bouchon isolant qui ferme la bouteille et relie l'armature interne avec un bouton métallique facile à mettre en communication avec le générateur électrique. L'armature externe est constituée par une feuille d'étain collée sur les parois extérieures et sur le fond de la bouteille. Il suffit, par suite, pour mettre cette armature en communication avec le sol pendant la charge, de placer la bouteille sur une table ou de la tenir à la main.

Les bouteilles assez grandes sont utilisées sous le nom de *jarres*.

256. Association de condensateurs. — La capacité des condensateurs que nous venons de décrire ne peut pas atteindre une valeur très grande. D'abord l'épaisseur du diélectrique ne peut être diminuée au delà d'une certaine limite ; il doit en effet être assez épais pour résister à l'attraction des électricités contraires qui chargent les surfaces en regard des armatures. D'autre part, étant donné les dimensions de l'appareil, l'armature interne, même si elle est plissée ou enroulée, ne peut avoir une surface très grande. On est ainsi conduit, pour réaliser un condensateur de grande surface, à réunir plusieurs condensateurs. Par exemple, on construit des condensateurs feuilletés en empilant un certain nombre de condensateurs plans et en réunissant d'une part toutes les lames collectrices, d'autre part toutes les lames condensatrices. On réalise souvent de cette manière des condensateurs étalons ayant une capacité déterminée : 1 microfarad par exemple.

Les bouteilles de Leyde aussi peuvent être associées. On utilise souvent des *batteries de jarres* constituées par des

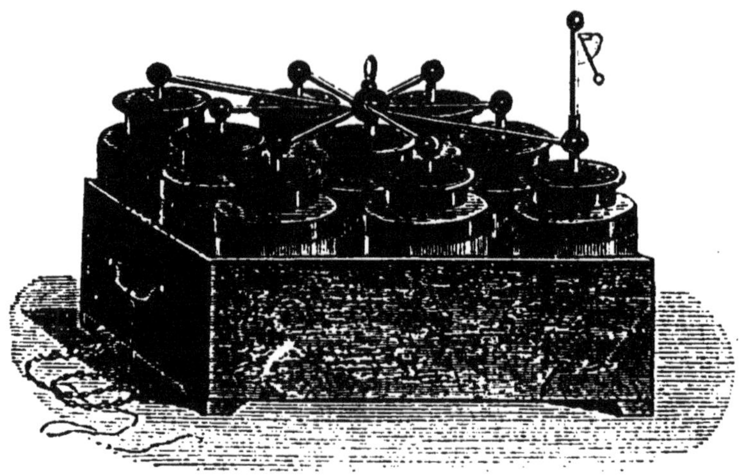

Fig. 208. — Batterie de jarres.

groupes de six ou de neuf bouteilles placées dans une boîte de bois dont le fond est doublé d'étain. De cette manière, toutes les armatures externes sont en communication entre elles et avec le sol.

Toutes les armatures internes sont reliées à un bouton métallique qu'on fait communiquer avec le générateur, pendant la charge.

Dans les deux cas, l'ensemble des condensateurs associés se comporte comme un condensateur unique ayant pour surface la somme des surfaces, et par suite pour capacité la somme des capacités des condensateurs réunis.

257. Décharge d'un condensateur. — Les surfaces en regard des armatures d'un condensateur chargé portant des quantités d'électricité égales et de signes contraires, la décharge a lieu dès que ces armatures sont mises en communication.

Par exemple, si l'on vient à toucher l'armature intérieure d'une bouteille de Leyde chargée et non isolée, la communication avec l'armature extérieure s'établit à travers le sol et le corps, et il en résulte une commotion désagréable. On évite cette commotion en établissant la communication au moyen d'un *excitateur* formé de deux arcs de laiton terminés par des boules A et B et articulés en C (fig. 209). On tient ces tiges au moyen de deux manches isolants M et N, on met l'une des boules en contact avec l'armature extérieure et on approche la deuxième de l'autre armature. Avant même qu'il y ait contact, la décharge a lieu sous forme d'étincelle entre l'armature intérieure et la boule.

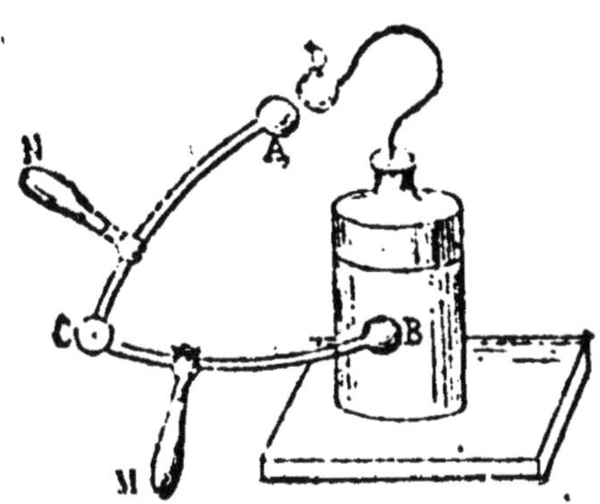

Fig. 209. — Décharge brusque d'une bouteille à l'aide de l'excitateur.

Énergie d'un condensateur. — La décharge met donc en jeu une certaine quantité d'énergie qu'il est facile d'évaluer. Si la quantité d'électricité Q qui charge l'armature extérieure passait en entier du potentiel V au potentiel O du sol, l'énergie mise en liberté serait égale à $Q \times V$. Mais à mesure que se produit la décharge, le potentiel diminue progressivement et la première fraction de la charge passe seule du potentiel V au potentiel O; les autres subissent des chutes de potentiel de plus en plus petites. L'énergie mise en jeu est donc inférieure à $Q \times V$. Le calcul et l'expérience montrent qu'elle est égale à la moitié de ce produit. On a, en la désignant par W :

$$(1) \qquad W = \frac{1}{2} Q \times V.$$

On peut aussi exprimer l'énergie d'un condensateur en fonction de sa capacité C en remarquant que l'on a :

$Q = CV$; et par suite, en remplaçant Q par cette valeur dans l'expression précédente, on a :

$$(2) \qquad W = \frac{1}{2} CV^2.$$

258. Application numérique. — *On charge un condensateur de 1 microfarad à un potentiel de 10.000 volts. Calculer la quantité de chaleur produite lors de la décharge du condensateur, en supposant que toute l'énergie électrique soit transformée en énergie calorifique.*

En appliquant la formule (2) et en se rappelant qu'un microfarad vaut un millionième de farad on a :

$$W \text{ joules} = \frac{1}{2} \left(\frac{1}{1\,000\,000} \text{ farads} \right) \times (10\,000 \text{ volts})^2$$

$$W = \frac{1}{2} \frac{1\,000\,000\,000}{1\,000\,000} = \frac{100}{2} = 50 \text{ joules.}$$

Si q est le nombre de calories produites, on a d'après le principe de l'équivalence :

$$W = jq \qquad \text{et} \qquad j = 4,18 \text{ joules.}$$

$$q = \frac{W}{j} = \frac{50}{4,18} = 12 \text{ petites calories.}$$

259. Charges résiduelles. Rôle du diélectrique. —
— Quand on a produit la décharge instantanée d'une bouteille de Leyde on peut, quelques instants après, la toucher de nouveau avec l'excitateur, et obtenir une nouvelle étincelle; puis, un peu plus tard, une troisième, une quatrième, de plus en plus petites.

On nomme *charges résiduelles* les charges qui ont successivement produit ces étincelles, alors qu'on croyait avoir ramené complètement la bouteille à l'état neutre.

On les explique par ce fait que l'électricité ne reste pas entièrement sur les armatures, mais se porte en grande partie sur les deux faces du diélectrique.

Or un isolant ne se décharge pas au contact de la main, de sorte que l'électricité, qui imprègne plus ou moins profondément le diélectrique quand il touche les armatures, retourne sur ces conducteurs une fois qu'on les a déchargés. Il en résulte que la neutralisation ne se fait pas complètement à la première décharge, ni même à la seconde.

On peut au moyen de condensateurs démontables montrer aisément que l'électricité se porte en grande partie sur les deux faces du diélectrique.

On a, par exemple, une bouteille de Leyde à armatures mobiles, composée d'un vase métallique A, d'un vase en verre B, et d'un second vase métallique C, portant une tige D.

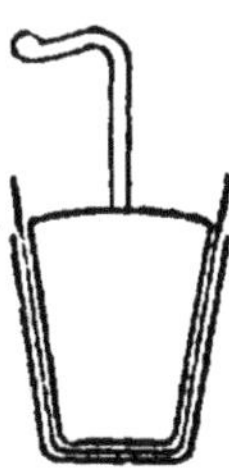

Fig. 210. — Bouteille de Leyde démontable, montée.

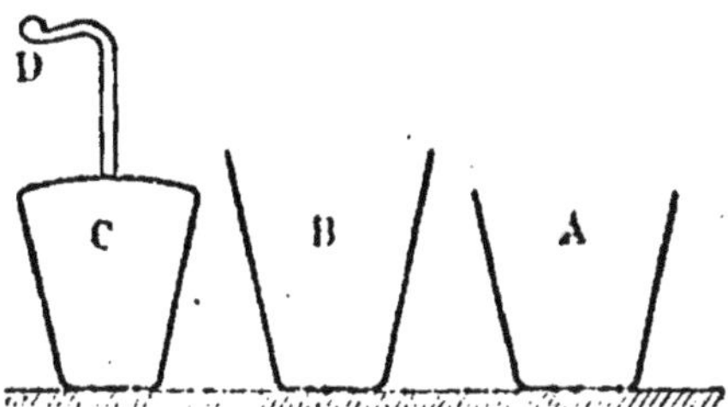

Fig. 211. — Bouteille de Leyde démontable, démontée.

On monte la bouteille comme il est indiqué (fig. 210), et on la charge. Puis on la pose sur une plaque de paraffine, et on la démonte. En le faisant, on a éloigné l'une de l'autre les deux armatures, et on les a mises en communication avec le sol; on les a donc complètement déchargées (fig. 211).

Si cependant on remet tout en place, on obtient encore, avec l'excitateur, une étincelle très forte.

En résumé le diélectrique remplit un double rôle :

1° Il sépare les armatures et évite la décharge. En effet le voltage que peut atteindre l'armature collectrice et par suite sa charge et son énergie dépend de la nature du diélectrique et de son épaisseur. Si l'on dépasse une limite déterminée pour chaque diélectrique, une étincelle jaillit entre les armatures brisant ou contournant le diélectrique. A épaisseur égale, une lame de verre et mieux encore une lame de mica peut supporter une différence de potentiel bien supérieure à celle que peut supporter une lame d'air. Le premier avantage du diélectrique est donc de reculer la limite de charge et par suite d'augmenter la quantité d'énergie mise en réserve.

2° Le diélectrique fait varier la capacité du condensateur. Ainsi à épaisseur égale, une lame de paraffine augmente plus la capacité qu'une lame de verre, et celle-ci plus qu'une lame d'air. Ceci semble bien résulter de la façon dont le diélectrique se laisse imprégner par l'électricité des armatures.

260. Électroscope condensateur. — Les phénomènes de condensation électrique permettent d'expliquer le fonctionnement de l'électroscope à feuilles d'or. C'est en réalité un condensateur : l'armature externe est constituée par la cage métallique et l'armature intérieure par la tige et les feuilles d'or ; le diélectrique est l'air de la cage. La charge que prennent les feuilles d'or quand on met l'appareil en communication lointaine avec un corps ne modifie pas sensiblement le potentiel de celui-ci, car l'électroscope a une capacité très faible. Il en résulte que la divergence des feuilles ne dépend que de la différence de potentiel entre les feuilles et la cage.

On peut d'ailleurs adjoindre à l'électroscope un véritable condensateur : il suffit de remplacer le bouton par un plateau métallique, recouvert d'un vernis isolant, sur lequel on place un autre plateau analogue recouvert aussi de vernis. L'ensemble constitue un condensateur dont le diélectrique est constitué par les deux couches de vernis.

Supposons qu'il s'agisse de déterminer le potentiel très faible d'un corps qui ne fait pas diverger les feuilles d'un électroscope ordinaire. Touchons avec le corps le plateau inférieur et mettons le plateau supérieur en communication avec le sol. Le condensateur, ayant une assez grande capacité C, prend sous le potentiel v du corps une charge Q telle que :

$$Q = C \times v$$

La divergence des feuilles est à peu près nulle; supprimons alors la communication avec le corps et enlevons le plateau supérieur. Le plateau inférieur conserve sa charge Q, mais sa capacité diminue et prend une certaine valeur c. Il en résulte que son potentiel augmente puisque sa valeur V est telle que l'on a :

$$Q = c \times V;$$

ce potentiel est alors suffisant dans la plupart des cas pour que les feuilles d'or divergent. L'électroscope condensateur permet ainsi de mettre en évidence une électrisation dont le potentiel est de l'ordre du volt, tandis qu'un électroscope ordinaire ne donne une divergence sensible que pour un potentiel minimum de 50 volts.

Nous avons signalé (**214**) qu'on pouvait se servir de cet appareil pour mettre en évidence la différence de potentiel qui existe entre les deux pôles d'une pile.

IV. — MACHINES ÉLECTROSTATIQUES

261. Principe des machines à influence. Électrophore. — L'électrophore est le plus simple de tous les appareils capables de produire indéfiniment de l'électricité.

Il se compose d'un gâteau isolant de résine A, sur lequel on peut poser un disque conducteur B, ordinairement en bois, recouvert d'une mince feuille d'étain ; ce disque est muni d'un manche isolant en verre, C.

Pour employer l'appareil, on frappe à plusieurs reprises

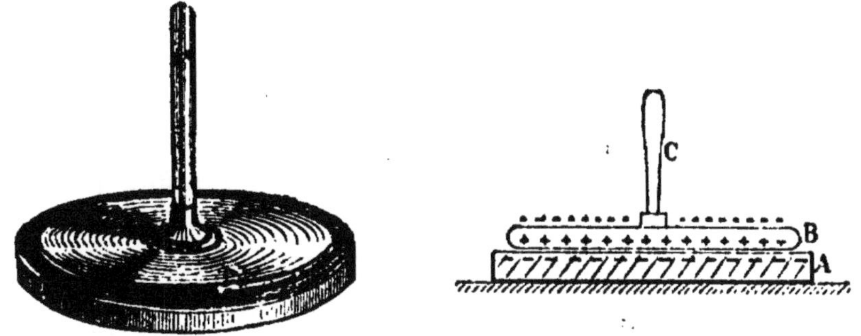

Fig. 212. — Électrophore et schéma.

la résine avec une peau de chat, ce qui charge sa surface d'électricité négative.

Sur le gâteau on pose alors le disque. Par influence, ce dernier se charge d'électricité positive sur sa face inférieure, d'électricité négative sur sa face supérieure.

Si on touche avec le doigt le disque, son électricité négative s'en va, et il reste chargé d'électricité positive. On n'a dès lors qu'à le soulever normalement, en utilisant le manche de verre, pour avoir à sa disposition la petite charge positive qu'il possède. Si on introduit le plateau à l'intérieur d'un conducteur creux isolé tel qu'un cylindre métallique, on peut, en déterminant le contact, faire passer cette charge à la surface extérieure du cylindre, quel que soit l'état d'électrisation de celui-ci.

Cette manœuvre n'a en aucune façon diminué la charge négative du gâteau. On peut donc la recommencer aussi souvent qu'on le veut, sans avoir à frapper de nouveau avec une peau de chat. Si l'on répète plusieurs fois la même opération, on accroît chaque fois la charge du cylindre.

L'électrophore et tous les appareils qui permettent comme lui d'accumuler de l'électricité sur un conducteur donné sont appelés des *machines électrostatiques*.

Dans toute machine électrostatique, on retrouve les mêmes organes essentiels que dans l'électrophore avec des modifications de forme et d'aspect; les organes comprennent toujours :

1° Un organe *producteur* d'électricité jouant le même rôle que le gâteau de résine.

2° Un *transporteur*, représenté par le plateau de l'électrophore qui se charge d'électricité et la transporte à un troisième organe.

3° Un *collecteur* sur lequel l'électricité s'accumule, représenté par le cylindre dans l'expérience précédente.

Le producteur peut électriser le transporteur par frottement ou par influence. La machine est dite suivant les cas, *à frottement* ou *à influence*.

Il est à remarquer que, ainsi que nous l'avons vu, on ne peut ni par frottement, ni par influence, produire une certaine quantité d'électricité sans produire en même temps une quantité égale d'électricité contraire. Toute machine électrique donne donc naissance aux deux électricités qui se séparant et se repoussant s'accumulent en deux points différents de la machine. Une machine électrique a deux *pôles* : le *pôle positif* est la région où se rend l'électricité positive ; il est capable de fournir de l'électricité positive quand on met l'autre pôle en communication avec le sol. Le *pôle négatif* est la région où se rend l'électricité négative et qui peut fournir cette électricité si l'on met le pôle positif au sol.

Les premières machines construites sont des machines à frottement. La première, celle de Otto de Guéricke, consistait simplement en un globe de soufre mobile autour d'un axe en communication avec un conducteur. Les machines de Ramsden, de Naire, de Van Marum, plus récentes ne sont plus guère utilisées aujourd'hui. On emploie surtout les machines à influence parmi lesquelles l'une des plus répandues est la machine de Wimshurst.

262. Machine de Wimshurst. —Cette machine est constituée par deux plateaux de verre parallèles D et D', pouvant
tourner en sens inverse autour du même axe; sur chacun
d'eux sont collées extérieurement des bandes d'étain disposées
suivant les rayons. Une tige de cuivre portant deux petits
balais métalliques p et p' est placée devant chaque plateau de

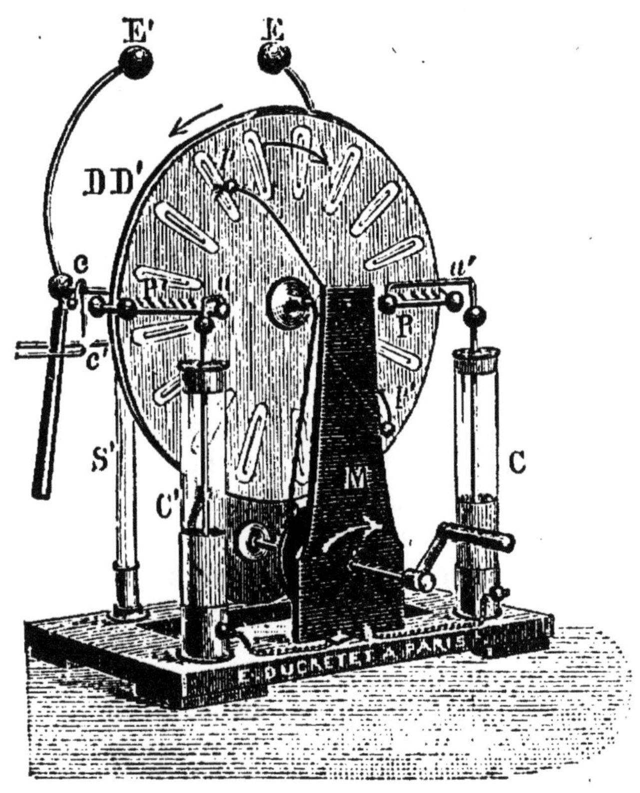

Fig. 213. — Machine de Wimshurst.

façon que les balais frottent légèrement sur les lames d'étain.

Les *collecteurs* sont constitués par deux arcs métalliques
terminés par des boules E et E' que l'on peut rapprocher ou
éloigner ; ils sont en communication avec deux peignes
métalliques P et P' qui embrassent les deux plateaux.

Si, après avoir amené les deux boules en contact, on met
les deux plateaux en rotation au moyen d'une manivelle, on
entend bientôt un bruit particulier caractéristique du fonctionnement de la machine; si alors on écarte les deux boules,

on obtient à intervalles réguliers des étincelles très brillantes.

Pour s'expliquer le fonctionnement de la machine, il faut supposer qu'il existe sur l'un des plateaux (le plateau arrière D, par exemple) une faible charge initiale. Cette charge influence la tige pp' au travers du plateau D', mais les charges ainsi développées par influence s'écoulent sur D' par les balais p et p' qui jouent le rôle de pointes. Ces charges influencent à leur tour la tige placée devant le plateau D et ainsi de suite. Ces phénomènes d'influence allant en augmentant d'intensité, les plateaux D et D' ont au bout de peu de temps des charges notables : ce sont les *producteurs* d'électricité.

Ils jouent également le rôle de *transporteurs;* lorsqu'un secteur d'un plateau électrisé, positivement par exemple, passe entre les branches du peigne P, il y a influence du collecteur, l'électricité positive étant repoussée sur la boule E tandis que l'électricité négative s'écoule par ses pointes et décharge le secteur [1].

Les secteurs qui arrivent entre les branches du peigne P' sont au contraire chargés négativement, de sorte que de l'électricité négative s'accumule sur la boule E'.

Les secteurs une fois déchargés se rechargent immédiatement par influence ; les tiges pp' sont en effet croisées de façon que dans la rotation des plateaux, la charge déversée par les balais de l'une, va influencer l'autre avant de passer au collecteur.

263. Caractéristiques de la machine de Wimshurst. — Lorsque la machine est en plein fonctionnement, la différence de potentiel entre les deux pôles E et E' est considérable et peut parfois atteindre 100 000 volts ; les étincelles qui jaillissent entre E et E' ont près de 20 centimètres de longueur.

Mais le collecteur de la machine, par suite de ses faibles dimensions, a une capacité très faible ; et dès lors la quantité d'électricité qui produit l'étincelle est petite : les étincelles se succèdent sans interruption, mais elles sont grêles, peu lumineuses et ont la forme d'aigrettes violettes.

---

1. Bien que les transporteurs soient isolants. leur charge passe intégralement sur les collecteurs grâce aux peignes garnis de pointes.

Pour avoir des étincelles plus nourries, on augmente la capacité du collecteur en lui adjoignant deux bouteilles de Leyde C, C' accouplées. Les armatures extérieures de ces condensateurs communiquent au moyen d'une chaîne ou d'une tige métallique ; leurs armatures intérieures sont reliées respectivement aux collecteurs E et E' par l'intermédiaire des tiges a et a'. La machine de Wimshurst, munie de ses condensateurs, donne des étincelles moins nombreuses, mais plus nourries, plus lumineuses et plus bruyantes.

La machine de Wimshurst est un générateur. — Relions les deux pôles de la machine par un fil, un galvanomètre à miroir très sensible étant intercalé sur le circuit. Lorsque la machine fonctionne, le galvanomètre indique un courant qui va du collecteur chargé positivement E à l'autre collecteur chargé négativement E'.

Si l'on remplace le galvanomètre par une voltamètre à eau acidulée, il y a production d'hydrogène et d'oxygène.

Une machine de Wimshurst, et plus généralement une machine électrostatique, se comporte donc comme une pile ou comme une dynamo. Ces machines peuvent produire un courant électrique, mais alors que le courant d'une pile est de l'ordre de l'ampère, celui que donne une machine électrostatique est de l'ordre du cent-millième d'ampère. Par contre, si le débit I des machines électriques est incomparablement plus faible que celui des piles, leur *force électromotrice* E est beaucoup plus grande.

La puissance de ces machines est toujours égale au produit EI ; une machine de Wimshurst qui maintient entre ses pôles une différence de potentiel de 100 000 volts et qui peut débiter un courant de 0,05 milliampère par exemple, a une puissance de

$$100\,000 \times \frac{0,05}{1\,000} = 5 \text{ watts.}$$

. L'énergie électrique produite par ces machines provient de la transformation de l'énergie mécanique [1] développée pour

1. L'énergie électrique produite peut, à son tour, se transformer en énergie calorifique, chimique ou mécanique. Si l'on met en communication, par deux gros fils de cuivre, les pôles de deux machines de Wims-

la faire tourner ; la transformation est du reste bien moins avantageuse que dans le cas des dynamos, car une assez grande partie du travail fourni est absorbé par les frottements qui sont quelquefois considérables.

En résumé, les machines électrostatiques sont des générateurs électriques à faible rendement, de très grande force électromotrice et de débit très faible ; on n'utilise guère que les potentiels très élevés qu'ils peuvent produire, soit pour charger les condensateurs, soit, comme nous allons le voir, pour réaliser les décharges électriques.

264. Conclusion. Nature du courant électrique. — La machine de Wimshurst vient de nous montrer qu'il y a production d'un courant lorsque l'électricité accumulée sur les collecteurs passe dans un conducteur. Nous étions arrivés à une conclusion analogue en faisant écouler dans le sol l'électricité positive ou négative accumulée sur un conducteur au moyen d'une batterie d'accumulateurs (**232**).

D'après ces diverses expériences, il semble qu'on puisse assimiler un courant électrique soit à un déplacement d'électricité positive dans le sens du courant, soit à un déplacement d'électricité négative en sens inverse, soit enfin à deux déplacements simultanés et en sens inverse des deux espèces d'électricité.

Rowland, pour vérifier et compléter cette hypothèse, a montré que le courant électrique pouvait être produit non seulement par écoulement de l'électricité dans des conducteurs immobiles, mais encore par le déplacement rapide d'un corps chargé. A cet effet, il chargeait d'électricité de petites plaques conductrices fixées sur le pourtour d'un plateau isolant ; une aiguille aimantée placée dans le voisinage n'était pas déviée tant que le disque était immobile ; elle l'était si le plateau avait un mouvement de rotation très rapide. Le sens de la déviation était le même que celui qu'aurait produit un

hurst et si l'on met la première en rotation, on voit la seconde se mettre à tourner en sens inverse (si on a eu soin d'enlever ses courroies). Il y a eu deux tranformations successives d'énergie mécanique en énergie électrique et réciproquement. Les machines électrostatiques sont donc *reversibles* au même titre que les dynamos.

courant électrique ayant le sens de la rotation, ou le sens inverse, selon que les plaques étaient chargées positivement ou négativement.

En résumé, un conducteur électrisé peut produire un courant électrique ainsi qu'un générateur; inversement avec un générateur on peut accumuler de l'électricité à l'état statique sur un conducteur : *il y a donc identité entre les quantités d'électricité définies en électrostatique et en électrodynamique.*

265. Bobine de Ruhmkorff. — Les principales expériences d'électrostatique, que nous avons réalisées à l'aide

Fig. 214. — Bobine de Ruhmkorff (vue d'ensemble).

de la machine de Wimshurst, réussissent également bien par l'emploi de la bobine de Ruhmkorff. Cet appareil, en utilisant les phénomènes d'induction, donne la possibilité de transformer les courants de faible voltage d'une pile en courants de voltage très élevé.

La bobine de Ruhmkorff est constituée par un faisceau de fils de fer doux recouvert d'un cylindre de bois. Sur ce cylindre s'enroule un fil de cuivre isolé, gros et court

(10 mètres de longueur environ). Ce fil constitue la bobine primaire dans laquelle passera le courant d'une pile. Sur cette bobine s'enroule le fil secondaire, beaucoup plus fin et beaucoup plus long que le premier (sa longueur peut atteindre 100 kilomètres dans les grandes bobines).

Le fil primaire communique avec la pile par l'intermédiaire d'un marteau trembleur G (fig. 215) chargé de produire des interruptions fréquentes du courant. Au repos, le marteau

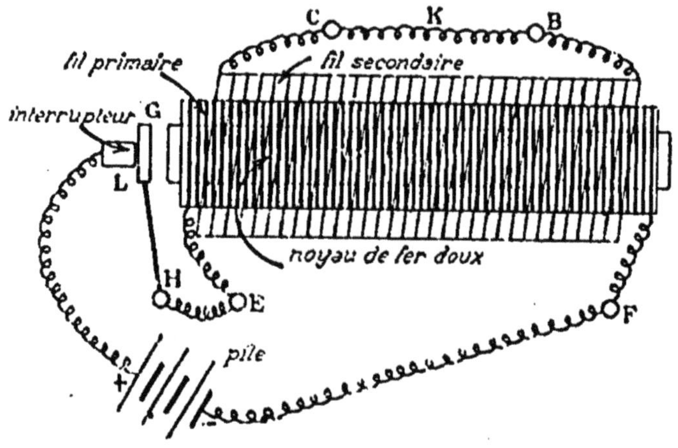

Fig. 215. — Bobine de Ruhmkorff théorique.

repose sur l'enclume L, mais dès que le courant est lancé, le noyau de fer doux s'aimante et attire le marteau. Le marteau quittant l'enclume, le courant est interrompu, l'aimantation du fer cesse, le marteau retombe et le courant passe de nouveau.

Il en résulte une oscillation très rapide du marteau ; à chacune de ces oscillations correspond une ouverture et une fermeture du courant primaire. Le secondaire est donc traversé par un flux qui croît, puis décroît très rapidement : il s'y développe des courants induits alternatifs dont la force électromotrice est très grande à cause du grand nombre de spires ; ces courants sont recueillis aux bornes B et C du secondaire où ils peuvent produire de longues étincelles.

Les courants induits directs, qui correspondent à la rupture du courant de la pile, ont une force électromotrice supérieure à celle des induits inverses qui sont produits par la fermeture du circuit, car la rupture s'effectue plus rapidement que la fermeture. Si donc on fixe les extrémités B et C du secondaire à une distance telle que les courants induits directs puissent seuls franchir l'intervalle, on a des étincelles qui passent toujours dans le même sens : la bobine a alors un pôle positif et un pôle négatif fixes, comme les machines électrostatiques. On peut s'en servir pour charger les conducteurs, les condensateurs et pour produire des commotions. Pour les décharges électriques que nous allons étudier, et en particulier pour la production des rayons X, la bobine de Ruhmkorff remplace avantageusement la machine de Wimshurst.

Nous verrons également une application intéressante de cette bobine dans la télégraphie sans fil.

V. — DÉCHARGES ÉLECTRIQUES

266. Principaux effets produits par les décharges. — L'énergie électrique emmagasinée dans un condensateur se manifeste lors de la décharge de ce condensateur; ces manifestations peuvent être très différentes selon la nature du corps au travers duquel est effectuée la décharge électrique.

1° *Décharge à travers un conducteur. Effets calorifiques.* — Lorsqu'on réunit par un fil métallique fin les deux pôles d'une machine de Wimshurst en mouvement, on constate que ce fil s'échauffe. Cet échauffement est une conséquence directe de la loi de Joule, le fil étant parcouru par un courant électrique.

On peut montrer également cet *effet calorifique* de la décharge en réunissant les deux armatures d'une batterie par un conducteur métallique comprenant un fil fin. Si la batterie a été précédemment portée à un potentiel élevé au moyen d'une machine de Wimshurst, ce fil est porté à l'incandescence et peut même être fondu ou volatilisé.

2° *Décharge à travers le corps. Effets physiologiques.* — Si l'on approche le doigt d'un plateau d'électrophore chargé, il jaillit une étincelle de 1 centimètre de longueur environ et l'on ressent une piqûre très légère.

La décharge d'une bouteille de Leyde détermine une commotion beaucoup plus forte, bien que l'étincelle produite ait à-peu près la même longueur. Pour la ressentir, il suffit de tenir l'armature extérieure d'une main et d'approcher l'autre main de l'armature intérieure.

La décharge d'une batterie un peu puissante détermine des troubles physiologiques très graves et peut même entraîner la mort. Il résulte de ces faits que l'effet physiologique produit par une décharge dépend de la différence de potentiel produite et surtout de l'intensité du courant instantané qui traverse le corps.

Pour provoquer la mort, il suffit d'un courant de quelques ampères à travers le corps, pendant une petite fraction de seconde ; les étincelles de la foudre qui peuvent carboniser le corps produiraient probablement des courants instantanés de plusieurs centaines d'ampères.

3° Décharge à travers les isolants. — Lorsqu'on intercale dans le circuit de la décharge d'un condensateur une matière isolante, une lame de verre placée perpendiculairement à la direction du courant par exemple, la lame est brisée ou percée. On peut également faire l'expérience en plaçant une carte de visite entre les deux pôles d'une machine de Wimshurst en activité. Le passage de la décharge à travers les diélectriques solides se manifeste donc par un *effet mécanique*. A travers les diélectriques liquides la décharge se produit plus difficilement : ce sont de très bons isolants.

4° Décharge à travers l'air. Étincelle. — Lorsque deux conducteurs voisins présentent une différence de potentiel suffisante, une étincelle éclate entre ces conducteurs : Il y a eu décharge à travers l'air. C'est ce que nous avons produit en réunissant les deux armatures d'un condensateur à l'aide de l'excitateur universel, c'est ce qui a lieu également dans le fonctionnement normal d'une machine de Wimshurst, les boules étant écartées.

Ces étincelles peuvent se produire de même à travers un autre gaz ; ce sont des sources d'énergie constamment utilisées en chimie (combinaison de l'hydrogène et de l'oxygène, de l'azote et de l'oxygène, etc.) ; nous verrons que ces étincelles jouent également un rôle capital dans la télégraphie

sans fil. Pour l'instant nous allons étudier dans quelles circonstances les étincelles se produisent et voir les divers
aspects qu'elles présentent suivant la nature et la pression
du gaz qu'elles traversent.

267. Potentiel explosif, variations avec la pres-
sion. — Lorsqu'on approche l'un de l'autre deux conducteurs présentant entre eux une différence de potentiel, l'étincelle éclate lorsque la distance qui les sépare a une valeur
déterminée qu'on appelle *distance explosive* correspondant
à la différence de potentiel donnée. Inversement, les conducteurs étant à une distance déterminée, l'étincelle ne jaillit
que si la différence de potentiel entre les deux conducteurs
atteint une valeur déterminée appelée *potentiel explosif* correspondant à la distance donnée.

Ainsi pour une distance de 1 centimètre entre deux pointes,
le potentiel explosif est égal à 2 500 volts. L'expérience
montre du reste que la longueur de l'étincelle croît beaucoup
plus vite que la différence de potentiel, aussi pense-t-on que
les éclairs dont la longueur est de l'ordre du kilomètre, sont
dus à des différences de potentiel qui ne dépassent pas
300 000 volts.

L'aspect de l'étincelle varie avec sa longueur : courte, elle
se présente sous la forme d'une ligne droite très lumineuse ;
plus longue, elle va en zig-zag et présente alors de nombreuses ramifications.

L'expérience montre que les phénomènes dépendent de la
pression de l'atmosphère dans laquelle se produit la décharge.

Dans un gaz plus raréfié, la production de l'étincelle devient
plus facile, c'est-à-dire que pour une distance donnée entre
les deux conducteurs, il suffit d'une différence de potentiel
moins grande pour la faire éclater. En même temps, elle
devient plus large et plus épaisse.

Le *potentiel explosif diminue ainsi à mesure que la pression s'abaisse* et cela jusqu'à des pressions de 1 millimètre de
mercure, environ. A ce moment il passe par un minimum, pour
croître ensuite jusqu'aux pressions les plus faibles que l'on
sache réaliser. La présence d'un gaz semble donc nécessaire
au passage de l'électricité.

268. Phénomènes lumineux dus à la décharge. — Les phénomènes lumineux sont surtout brillants et faciles à observer dans les tubes de Geissler ; ces tubes sont en verre et contiennent des atmosphères très raréfiées de différents gaz ; à leurs extrémités sont fixés des fils de platine qui servent à faire passer l'électricité, quand on les met en com-

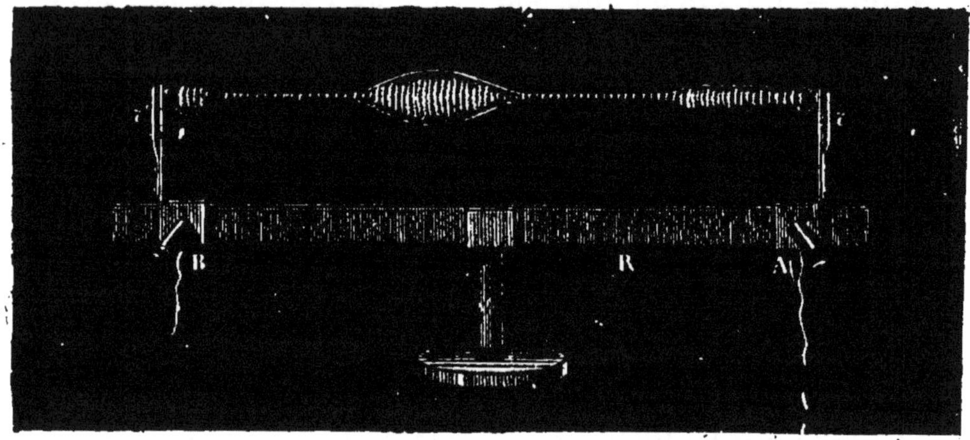

Fig. 216. — Tube de Geissler avec son support.

R, règle isolante. — AB, bornes métalliques qui amènent le courant et qui supportent le tube par l'intermédiaire des ressorts r et r' en contact avec les électrodes du tube.

munication avec les deux pôles d'une machine électrostatique.

On constate à l'aide de ces appareils que la décharge change de caractère lorsque la pression du gaz varie. Ainsi, à partir du moment où la pression est inférieure à 1 centimètre de mercure, l'aspect n'est plus uniforme. Du fil qui est en communication avec le pôle positif de la machine ou de la bobine, et que l'on appelle *anode*, part une colonne lumineuse, à la suite de laquelle se trouve un espace obscur, puis une gaine lumineuse qui entoure la cathode et qui est constituée par une lueur bleuâtre beaucoup plus étroite.

La couleur de la colonne positive dépend de la nature du gaz contenu dans le tube ; rose dans l'air, elle est d'un blanc bleuâtre dans le gaz carbonique. Sa forme varie un peu avec celle du tube. Si celui-ci présente une partie étroite, la lueur y est beaucoup plus brillante. Quelquefois la colonne positive présente des raies alternativement brillantes et obscures : on dit qu'elle est *stratifiée*.

269. Tube de Crookes, rayons cathodiques. — A

mesure que l'on prend des tubes dans lesquels la pression est plus faible, l'aspect du phénomène se modifie, l'*espace obscur* grandit de plus en plus à mesure que la colonne positive diminue. Dans les tubes à vide *presque parfait*, appelés *tubes de Crookes*, le phénomène lumineux disparaît à peu près entièrement. On ne voit plus qu'une faible lueur autour de l'*anode*, la gaine cathodique a aussi diminué, et finit par se réduire à une lueur violacée assez mince ; mais, et c'est là le phénomène réellement nouveau, le verre lui-même devient lumineux dans la région située en face de la cathode. Il prend une belle lueur verdâtre : en d'autres termes il devient *fluorescent*.

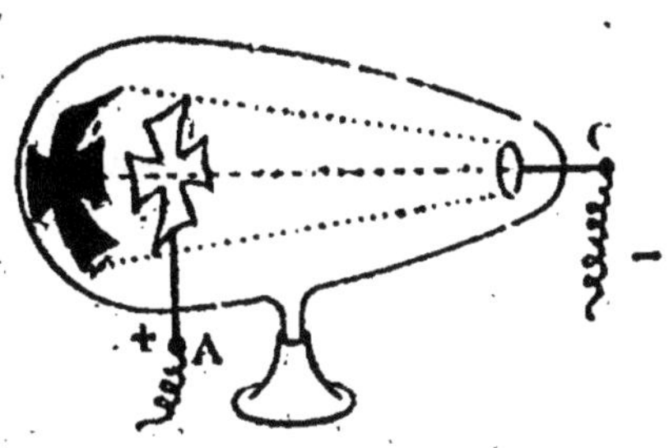

Fig. 217. — Marche rectiligne des rayons cathodiques.

Cette fluorescence du verre a lieu *en face* de la cathode, en une région qui, par conséquent, est absolument indépendante de la position de l'anode. Il en faut conclure qu'elle n'est pas due au passage du courant électrique, lequel va de l'anode à la cathode sans rencontrer le verre.

Elle est due à des rayons qui se propagent en ligne droite normalement à la cathode, comme on peut le montrer en interposant sur leur trajet un obstacle constitué par une croix d'aluminium (fig. 217). On voit, alors apparaître une ombre très nette de la croix sur le fond du tube, la cathode, la croix et l'ombre étant en ligne droite.

On a donné le nom de *rayons cathodiques* à ces rayons qui partent de la cathode. L'expérience a montré que ces rayons cathodiques sont formés par de petites particules électrisées négativement, repoussées violemment par la cathode.

270. Rayons X. — Si l'on dispose une plaque photogra-

phique placée dans son chassis, dans le voisinage d'un tube

de Crookes et dans une direction normale à la cathode, on constate après développement que cette plaque a été impressionnée

Rœntgen a montré que cette impression est due à des rayons obscurs nouveaux qu'il a appelés rayons X et qui partent des points où les rayons cathodiques frappent le verre ou une petite plaque métallique placée à cet effet à l'intérieur du tube.

Les rayons X sont, comme les rayons cathodiques, rectilignes, et capables d'exciter la fluorescence et d'impressionner les plaques photographiques. Ces dernières propriétés, jointes à ce fait qu'ils sont invisibles, rapprochent les rayons X des rayons ultra-violets que nous avons rencontrés en optique. Ils s'en distinguent cependant, car ils ne subissent ni réflexion ni réfraction.

Les rayons X se propagent, en effet, en ligne droite dans toutes les substances, même celles qui sont opaques à la lumière, et ils les traversent d'autant plus facilement qu'elles sont moins denses.

Ainsi, si l'on place la main devant un tube à rayons X, ces derniers traversent mieux la chair que les os, de sorte que sur une plaque sensible placée derrière la main, les chairs, très transparentes, se manifestent par une teinte grise très légère, tandis que les os ressortent en noir. Tel est le principe de la *radiographie* qui rend des services considérables à la chirurgie.

On peut du reste voir à l'intérieur des corps opaques, sans avoir à faire intervenir les procédés toujours longs de la photographie. Il suffit de remplacer la plaque sensible par un *écran fluorescent*[1]. Si l'on place, par exemple, la main entre le tube et l'écran, ce dernier devient lumineux, sauf dans l'ombre portée par les os.

1. Écran recouvert de platinocyanure de baryum.

CHAPITRE VII

APPLICATIONS DE L'ÉLECTRICITÉ
AUX COMMUNICATIONS A DISTANCE

I. — TÉLÉGRAPHIE ÉLECTRIQUE

271. Sonnerie électrique. — Une *sonnerie électrique* comporte comme pièce essentielle un électro-aimant, attaché sur une planchette (fig. 218).

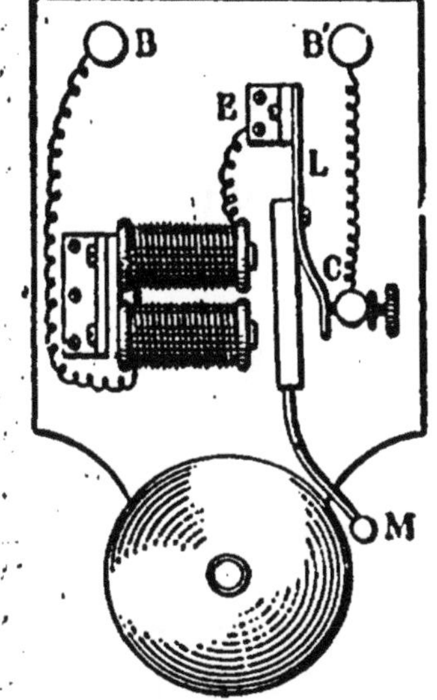

Devant les pôles est un contact de fer doux (l'*armature*), soutenu par un ressort, et mobile autour de son extrémité. Le bas de la tige porte un marteau M, maintenu à une petite distance d'un timbre.

Le courant[1] arrive en B', passe de là en C, puis en E, puis dans la bobine, et enfin revient au pôle négatif de la pile par B. Sous l'action de ce courant le noyau de l'électro-aimant attire le contact, qui détermine ainsi un choc du marteau sur le timbre.

Au moment où cette attraction a lieu, l'armature ne repose plus sur la pointe C, ce qui interrompt le passage du courant. Le noyau de l'électro-aimant n'attire plus le contact, qui retombe sur C, de façon à permettre une fois de plus au courant de passer, et ainsi de suite.

Fig. 218. — Sonnette électrique.

1. Le courant est en général produit par une pile Leclanché.

Il se produit donc des oscillations très rapides qui ont pour effet de déterminer des chocs réitérés du marteau contre le timbre.

Afin de pouvoir faire marcher la sonnerie ou arrêter son fonctionnement à volonté, le fil est coupé en un point du trajet de la pile à la sonne-rie et une lame flexible por-tée par un bouton isolant, peut relier les deux extré-mités coupées. On peut ainsi déterminer le passage du courant, ou l'interrompre d'une façon définitive, à l'aide du bouton d'appel (fig. 219). Si l'on presse sur le bouton, le circuit est fer-

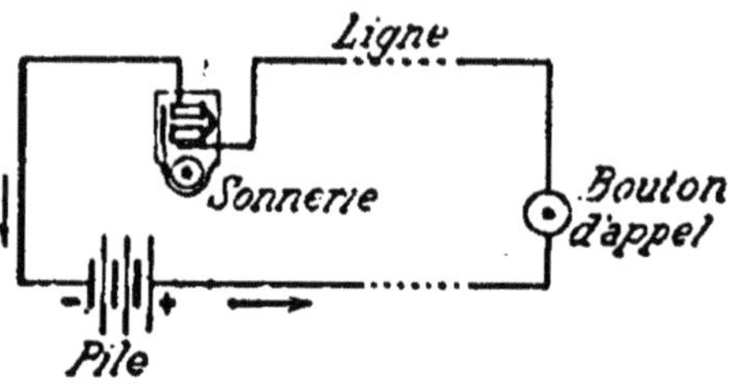

Fig. 219. — Installation d'une son-nerie.

mé et la sonnerie fonctionne ; si l'on enlève le doigt, la lame faisant ressort se soulève, et le courant ne passe plus.

272. Télégraphie électrique. — Si l'on veut envoyer des signaux d'une station A à une station B, il suffit de dis-poser en A une pile et un interrupteur, et en B un électro-aimant placé dans le circuit de la pile.

Fig. 220. — Principe du télégraphe électrique.

A l'aide du commutateur A, on peut produire à volonté des mouvements de l'armature de l'électro-aimant B. Cette arma-ture actionne un appareil qui, produisant des signaux con-ventionnels, permet la communication de la pensée de A en B.

Une installation télégraphique comprendra donc :

1° Une *source d'électricité* constituée en général par des piles Daniell ou une batterie d'accumulateurs ;

2° Des *fils de communication* allant d'une station à l'autre. Ces fils, en fer galvanisé d'assez gros diamètre, sont suspendus à de grands poteaux de sapin par l'intermédiaire d'*isolateurs* en porcelaine [1].

Remarque. — En pratique on n'emploie qu'un fil de ligne : la terre tient lieu de fil de retour du courant. On fait com-

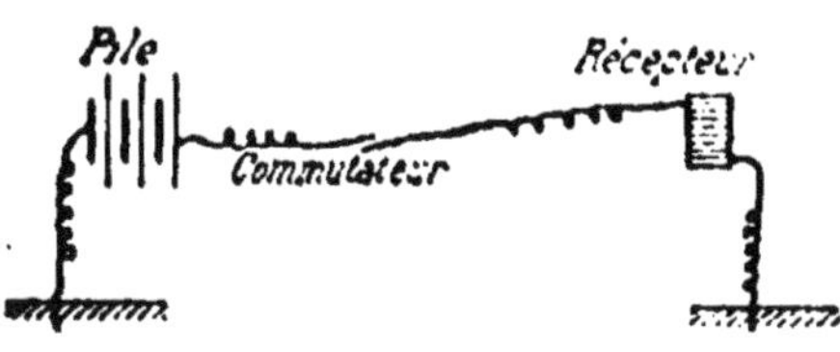

Fig. 221. — Suppression du fil de retour.

muniquer avec le sol, d'une part le pôle négatif de la pile et d'autre part une des extrémités du fil de l'électro-aimant (fig. 221). On économise ainsi les frais d'établissement et d'entretien de la moitié des fils et on réduit, de près de la moitié de sa valeur, la résistance du circuit. La terre joue en effet le rôle d'un conducteur de résistance négligeable, à condition toutefois que les extrémités de la ligne soient reliées à des plaques métalliques profondément enfoncées dans un sol humide.

3° Un système destiné à faciliter l'établissement et la rupture du courant : c'est le *transmetteur* ou *manipulateur* ;

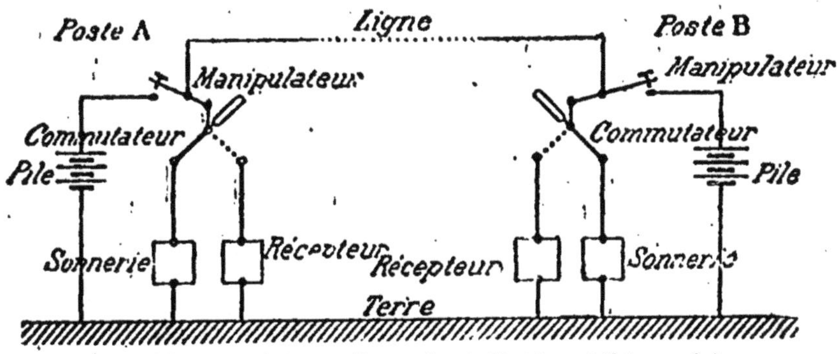

Fig. 222. — Schéma d'une installation télégraphique.

4° Un électro-aimant actionnant un appareil producteur de signaux. L'ensemble constitue le *récepteur*.

Remarque. — Dans la pratique, chaque poste possède un transmetteur et un récepteur de sorte qu'on peut, par des communications convenablement établies, envoyer des dépêches dans les deux sens sur la ligne (fig. 222).

1. Pour les communications souterraines, les fils sont en cuivre, recouverts d'une enveloppe isolante.

Dans la position de repos (cas de la fig. 222), aucun courant ne parcourt le fil de ligne : c'est la position d'attente. Si alors on appuie sur le manipulateur du poste A, la sonnerie du poste B se met à fonctionner ; le télégraphiste C change alors le commutateur de manière à mettre le récepteur dans le circuit. C'est l'inverse qui se produit lorsque B veut envoyer une dépêche à A.

273. Télégraphe Morse. — Les différents systèmes de télégraphes ne se distinguent les uns des autres que par les détails du récepteur et du transmetteur. Nous décrirons uni-

Fig. 223. — Manipulateur Morse (Principe et vue d'ensemble).

quement le télégraphe Morse qui est le plus simple des différents systèmes employés.

Transmetteur ou manipulateur Morse. — Il se compose d'une tige métallique AB, mobile autour d'un axe O auquel aboutit le fil de ligne. Au repos, un ressort R maintient l'extrémité A de cette tige contre un arrêt D qui communique avec le récepteur.

Lorsqu'on presse avec la main sur la poignée isolante B,

un courant est lancé dans le fil de ligne par l'intermédiaire de la borne C qui communique avec le pôle positif de la pile. Le courant cesse dès qu'on cesse d'appuyer en B.

Récepteur Morse. — Il se compose d'un électro-aimant A dont l'armature B est fixée à l'extrémité d'un levier COB

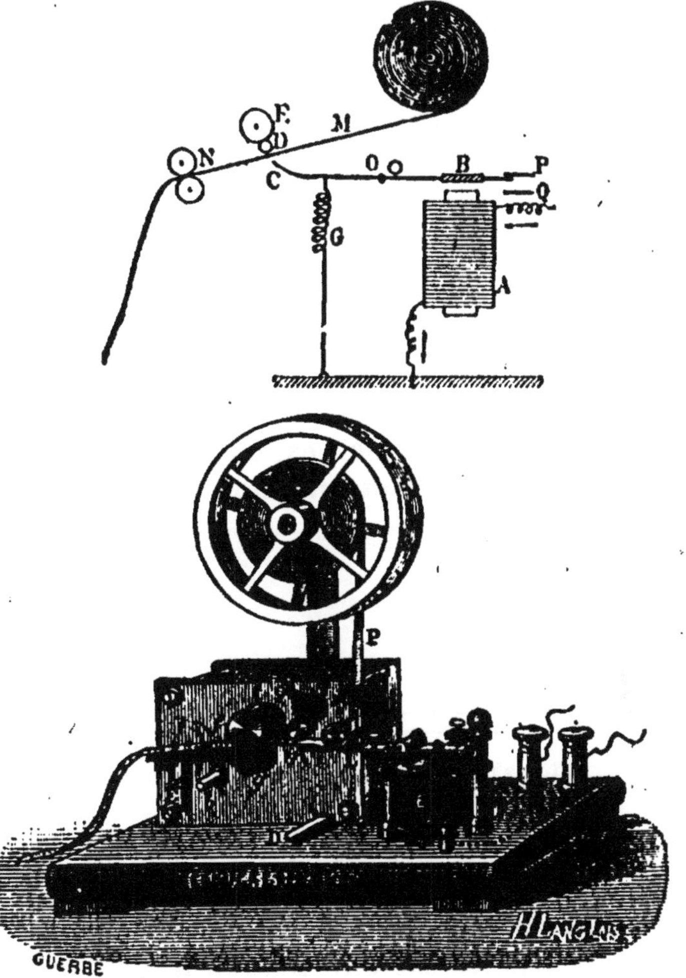

Fig. 224. — Récepteur Morse (Principe et vue d'ensemble).

mobile autour de O (fig. 224). L'extrémité C du levier est, au repos, à une petite distance d'une molette d'acier D qui frotte constamment contre un tampon imprégné d'encre. Entre C et D se déroule lentement une bande de papier MN soumise à l'action d'un mouvement d'horlogerie.

Quand le manipulateur s'abaisse, l'armature B s'abaisse, C se soulève et appuie le papier contre la *molette* qui y trace un trait dont la longueur dépend de la durée du courant. Dès que le courant cesse, l'extrémité C s'abaisse entraînée par le ressort G. Deux arrêts P et Q limitent le mouvement de va et vient.

Les signes employés dans le télégraphe de Morse sont au nombre de deux : le point (.), qu'on trace en pressant sur la poignée du manipulateur pendant un temps extrêmement court; le trait (—), qui correspond à un courant ayant une durée appréciable.

En combinant le point et le trait on forme toutes les lettres de l'alphabet.

II. — TÉLÉPHONE ET MICROPHONE

274. Téléphone de Graham Bell. — Le *téléphone* imaginé en 1876 par Graham Bell est destiné à envoyer la parole à distance au moyen de courants d'induction.

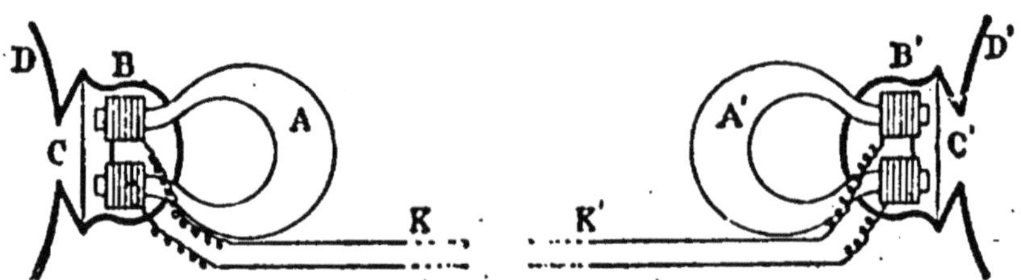

Fig. 225. — Téléphone de Graham Bell.

Il se compose d'un aimant en fer à cheval dont les pôles sont entourés chacun d'une bobine B, constituée par l'enroulement d'un fil conducteur recouvert de soie. A une très petite distance de ces pôles est une plaque mince de fer doux C, maintenue au fond d'une embouchure D, en ébonite, embouchure fixée à l'aimant par l'intermédiaire d'une enveloppe qui protège les bobines.

Les deux extrémités du fil des bobines B communiquent avec un double *fil de ligne* K K[i], auquel est attaché, au poste d'arrivée, un appareil absolument identique à celui que nous venons de décrire.

Si une personne parle dans l'embouchure D, une autre personne, l'oreille appliquée à l'embouchure D', entend distinctement la parole, affaiblie, mais ayant conservé son timbre.

L'appareil est d'ailleurs réversible, et chacune de ses parties peut, à tour de rôle, servir de *transmetteur* ou de *récepteur*.

Quand on parle en D, les vibrations de l'air se transmettent à la plaque de fer doux C, qui entre elle-même en vibration, et, par suite, s'éloigne et s'approche alternativement, un grand nombre de fois par seconde, des pôles de l'aimant. Il en résulte des variations dans l'aimantation par influence de la plaque de fer doux. Celle-ci réagit à son tour pour modifier le magnétisme de l'aimant ; il en résulte la production, dans les bobines, de courants d'induction alternatifs. Ces courants arrivent au récepteur, circulent dans les bobines B' et déterminent des variations dans le magnétisme de A' ; ces variations communiquent à la plaque C' des vibrations synchrones de celles de C, c'est-à-dire une reproduction, en C', du son émis à côté de C.

Les courants d'induction qui prennent naissance dans ces circonstances ont une très faible intensité ; dès que la distance qui sépare les deux postes dépasse quelques centaines de mètres la voix n'arrive plus distincte.

275. Microphone d'Hughes. — Une transmission plus lointaine, capable d'atteindre des centaines de kilomètres, est rendue possible par le *microphone d'Hughes*, datant de 1877.

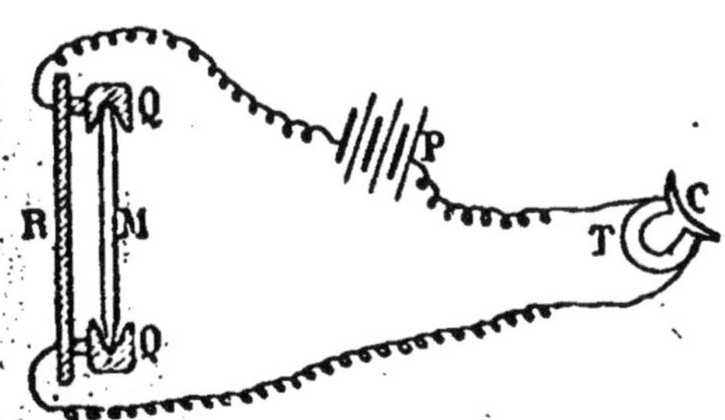
Fig. 226. — Microphone d'Hughes.

Une légère baguette de charbon des cornues M, taillée en pointe à chacune de ses deux extrémités, est soutenue légèrement entre deux godets Q et Q' également en charbon des cornues, fixés sur une planchette R. Ce système, qui constitue le *microphone*, est intercalé dans un circuit fermé, qui comporte une *pile* P, un *téléphone* T, et des fils conducteurs.

Si l'on vient à parler dans le voisinage du microphone M,

le son produit est entendu en T, même si la distance comprise entre M et T est considérable.

L'appareil n'est pas réversible ; le microphone ne peut servir que de transmetteur, et le téléphone que de récepteur.

On explique ici la transmission de la façon suivante. Sous l'influence de la parole, la planchette R entre en vibration, et communique à la baguette des oscillations qui font varier la

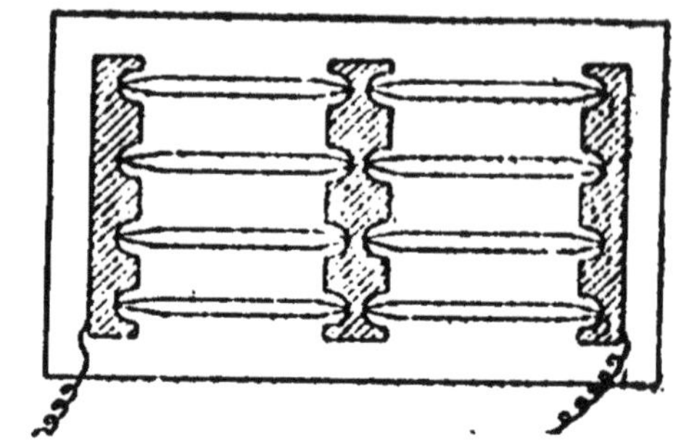

Fig. 227. — Planchette de microphone.

résistance aux points de contact de celle-ci avec les godets. De là des variations dans l'intensité du courant de la pile. Ces variations, qui se font sentir dans les bobines du téléphone T, déterminent des variations correspondantes dans l'intensité magnétique, et par suite des vibrations de la plaque; de là le son que l'on entend.

Micro-téléphone. — Les téléphones actuellement en usage sont tous constitués par un *microphone transmetteur* et un *téléphone récepteur*.

Le microphone est généralement constitué par dix ou douze baguettes de charbon, assemblées entre trois supports également en charbon, fixés sur une planchette en bois très sec et très élastique. Cette planchette est tournée de façon que la face libre soit en dessus, tandis que la face qui porte les charbons est en dessous. Ceux-ci sont, en définitive, placés dans une boîte à laquelle la planchette sert de couvercle; ils sont ainsi préservés des chocs et de la poussière.

Fig. 228.
Acorophone.

Pour faire une transmission, on parle à proximité de la face supérieure de la planchette.

Quant au téléphone il est notablement différent du premier téléphone Bell, quoique basé sur le même principe.

Actuellement, on construit des appareils appelés *aérophones* (fig. 228), dans lesquels le transmetteur et le récepteur sont réunis.

Le récepteur, placé à la partie supérieure, étant placé contre l'oreille, le pavillon du transmetteur est au voisinage de la bouche.

276. Interposition d'une bobine d'induction dans le circuit.

— On obtient des résultats plus satisfaisants encore, surtout pour les transmissions à grande distance, en intercalant dans le circuit de la pile une bobine d'induction disposée comme l'indique la figure 229.

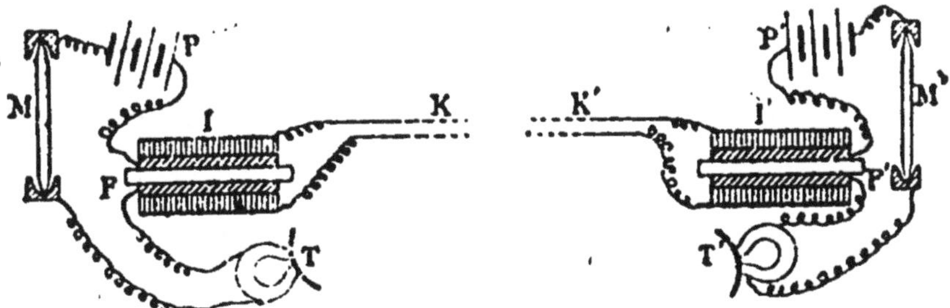

Fig. 229. — Installation d'une longue ligne téléphonique ; interposition d'une bobine d'induction dans le circuit.

Au poste de départ, comme au poste d'arrivée, le circuit de la pile est fermé sur lui-même, sans passer par la ligne. Le fil qui part de la pile P circule, par un fil court et assez gros, entouré de soie, autour d'un noyau de fer doux F, constituant ainsi une *bobine primaire*. De là il va dans le téléphone T, dans le microphone M, et revient à la pile.

De même au poste d'arrivée.

Quant au fil de ligne K K', il forme au départ une *bobine secondaire* I, qui entoure la bobine primaire ; elle a un fil plus fin et plus long.

Il forme de même une bobine secondaire I' au poste d'arrivée.

Quand on parle en T, les variations dans l'intensité du courant qui traverse la bobine primaire donnent naissance à des courants d'induction directs ou inverses dans la bobine I ; ces courants se transmettent par la ligne jusqu'en I' et là ils produisent eux-mêmes des phénomènes d'induction sur le courant de la pile qui circule dans la bobine primaire du poste d'arrivée ; ce courant de la pile éprouve donc, de ce fait, des variations d'intensité qui font vibrer le téléphone T'.

On voit que, au départ, la bobine primaire est inductrice, la bobine secondaire est induite. Le contraire se produit au poste d'arrivée. Le fil de ligne n'est plus traversé par le courant de la pile, mais par des courants d'induction alternatifs, de plus faible intensité, mais de plus haut potentiel, circonstance éminemment favorable à la transmission à grande distance.

277. Fil de ligne pour les transmissions téléphoniques. — Les fils télégraphiques ordinaires ne donnent pas de bons résultats pour les transmissions téléphoniques. La suppression du fil de retour, qui ne présenterait aucun inconvénient avec un fil unique, ne peut pas être réalisée quand plusieurs fils sont dans le voisinage les uns des autres, comme cela a lieu ordinairement.

Supposons par exemple un fil téléphonique placé dans le voisinage d'un autre fil servant aux communications télégraphiques. Chaque fois qu'on fait passer une dépêche, les courants, à chaque instant interrompus, qui circulent dans ce dernier donnent naissance à des courants d'induction dans le fil téléphonique. Et il en résulte, dans le récepteur, des bruits confus qui sont extrêmement gênants.

Aussi une communication téléphonique est-elle presque toujours assurée par deux fils, d'aller et de retour, se touchant, ou même tordus l'un avec l'autre. Tout courant d'induction provenant d'une action extérieure qui se produit dans l'un, se produit également dans l'autre, avec la même intensité et dans le même sens. Mais comme, d'autre part, les courants qui circulent dans les fils pendant le fonctionnement du transmetteur les parcourent en sens contraire, les induits venant du dehors produisent sur eux des effets égaux et opposés, et par suite leurs influences se neutralisent.

Les fils en *cuivre*, ou en *bronze siliceux* sont les plus employés en téléphonie.

III. — TÉLÉGRAPHIE SANS FIL

278. Oscillations d'une masse liquide. — Les phénomènes qui accompagnent l'égalisation de potentiel de deux conducteurs sont comparables à ceux qui ont lieu quand on met en communication deux réservoirs contenant un liquide à des niveaux différents. L'égalisation de niveau peut se produire de deux manières selon que la communication est établie par un tuyau étroit ou large. Dans le premier cas, le liquide passe assez lentement du niveau supérieur à l'autre, en perdant par frottement une partie de son énergie, et l'écoulement s'arrête quand les niveaux sont les mêmes.

Si au contraire le tuyau est large, il oppose une résistance très faible à l'eau qui s'y précipite violemment, et quand les niveaux sont égalisés, les frottements ayant absorbé une très faible quantité de son énergie potentielle primitive, celle-ci s'est transformée en énergie cinétique. En vertu de sa vitesse acquise, l'eau dépasse la position atteinte, continue à monter de la quantité même dont elle était descendue primitivement. Puis une nouvelle dénivellation se produit en sens inverse, et ainsi de suite, à chaque oscillation correspondant une transformation d'énergie potentielle en énergie cinétique.

Nous avons dans ce cas un véritable courant alternatif présentant des analogies avec un courant électrique alternatif. Mais ici, comme les frottements ne sont jamais nuls, ce qui entraine à chaque oscillation une perte d'énergie mécanique, l'eau dépasse de moins en moins la position d'équilibre et les oscillations de plus en plus amorties cessent, les niveaux étant alors dans le même plan.

Ainsi l'égalisation des niveaux se fait soit par un courant continu, si la résistance est assez grande : on dit alors que le régime est *apériodique;* soit par des oscillations successives. si la résistance est faible : on dit dans ce cas que le régime est *oscillatoire.*

Nous allons retrouver des faits analogue dans les phénomènes de décharge électrique.

279. Décharge oscillante. — Supposons que les deux armatures A et B d'un condensateur (par exemple une bouteille de Leyde) soient mises en communication avec les deux pôles R et R' d'une machine de Wimshurst, de façon à recevoir des charges croissantes d'électricités positive et négative. Si, de ces armatures, partent des fils conducteurs C et C', qui se terminent en D et D', à une petite distance l'un de l'autre, il jaillit entre D et D' des étincelles de décharge chaque fois que la différence de potentiel entre les deux armatures devient assez grande.

Pour observer la nature de l'étincelle, on dispose un miroir tournant qui analyse le phénomène : grâce à la persistance des impressions lumineuses, il montre simultanément et placées les unes à côté des autres, les images des apparences qui se forment au même point, mais successivement.

Si les fils C et C' de l'excitateur sont longs, fins, et non enroulés en spirale, la décharge est continue. On voit sur le miroir une bande lumineuse ne présentant aucune discontinuité, ce qui prouve que chacune des étincelles qui jaillit entre D et D' est *unique*, l'énergie électrique se transformant immédiatement en chaleur dans le fil. Au contraire, si les fils de l'excitateur sont gros, courts, et enroulés en spirale, on a un flux d'électricité qui oscille d'un conducteur à l'autre ; les oscillations sont d'ailleurs isochrones.

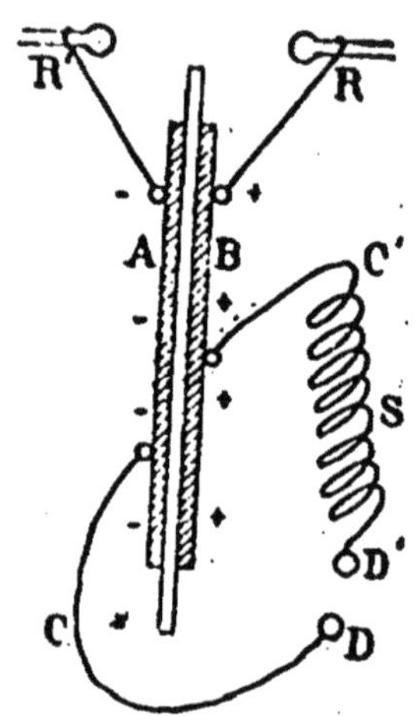

Fig. 230. — Décharge oscillante.

L'examen de l'étincelle au miroir tournant permet de reconnaître la nature oscillante de la décharge, et même de mesurer la durée et le nombre des oscillations. Avec la bouteille de Leyde, on observe des oscillations dont la durée est ordinairement comprise entre 10^{-1} et 10^{-5} secondes ; on a pu en compter jusqu'à 100 consécutives.

Avec la disposition indiquée à la figure 230, ces étincelles oscillantes se succèdent les unes aux autres à des intervalles d'autant plus rapprochés que la machine de Wimshurst a un plus grand débit.

Pour chaque étincelle, la fréquence est d'autant plus grande que la capacité du condenseur est plus faible.

280. Expériences de Hertz. — Hertz a obtenu une décharge oscillante de fréquence beaucoup plus grande en remplaçant la bouteille de Leyde par deux sphères conductrices de capacité bien inférieure à celle des armatures de la bouteille, et en chargeant ces sphères au moyen d'une bobine de Ruhmkorff (**265**).

La disposition expérimentale employée est d'une extrême simplicité : on lui donne le nom *d'excitateur de Hertz*.

Les deux extrémités du fil secondaire d'une bobine de Ruhmkorff sont mises en communication avec deux conducteurs A*a* et B*b*, constitués chacun par une sphère métallique

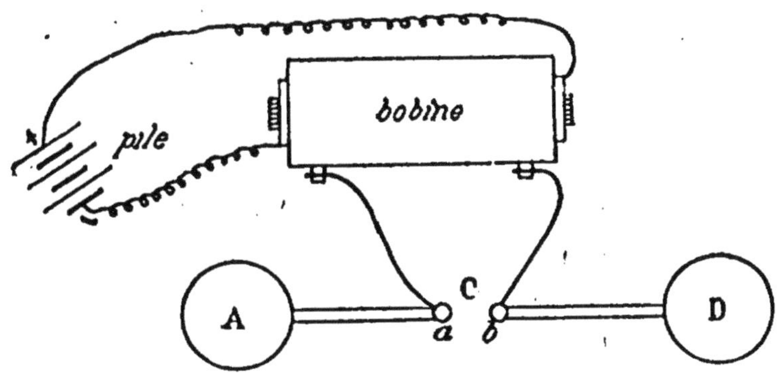

Fig. 231. — Excitateur de Hertz.

et une tige conductrice terminée par une petite boule bien polie. Les deux petites boules *a* et *b* sont fixées à une distance l'une de l'autre telle que l'induit direct puisse seul y produire des étincelles.

Quand on actionne la bobine avec une batterie d'accumulateurs, à chaque oscillation de l'interrupteur, le courant induit charge les sphères A et B d'électricités de noms contraires, et quand la différence de potentiel entre ces deux sphères est devenue assez grande, la décharge oscillante se fait de l'une à l'autre, par la coupure C. On a donc une série de décharges oscillantes qui se succèdent aussi rapidement que les vibrations de l'interrupteur de la bobine.

L'expérience réussit même si la *coupure* C, au lieu d'être dans l'air, est dans un liquide isolant, tel que l'huile de pétrole.

Chacune de ces décharges a une fréquence d'oscillation de l'ordre des billionièmes, c'est-à-dire de période comprise entre 10^{-8} et 10^{-9}.

281. Ondes hertziennes. — Lorsqu'un excitateur de Hertz est en activité, il n'est pas de corps conducteur voisin de l'appareil dont on ne puisse tirer des étincelles.

Ces étincelles sont dues aux courants d'induction créés dans les conducteurs, par suite des variations de flux magnétique extrêmement rapides, corrélatives des courants alternatifs de grande fréquence qui se produisent lorsqu'une étincelle éclate.

L'espace qui environne un excitateur de Hertz est comparable à celui qui entoure un corps sonore où tous les corps élastiques entrent eux-mêmes en vibration. Tout se passe comme s'il partait des boules de l'excitateur des *ondes électriques* ou *ondes hertziennes* qui se propagent dans l'espace. Hertz a montré que la propagation de ces ondes n'est pas instantanée et que la vitesse de cette propagation est précisément égale à celle de la lumière (300.000 km. par seconde); il a montré également que ces ondes se réfléchissent et se réfractent comme les ondes lumineuses.

A la suite de ces expériences et d'autres analogues, on a été conduit à admettre que les oscillations électriques et les oscillations lumineuses sont de même nature. D'après Maxwell, *la lumière est due à des phénomènes électriques alternatifs de période très courte.* Les ondes hertziennes ont donc une portée théorique très grande, mais elles doivent surtout leur importance à quelques-unes de leurs propriétés qui, se faisant sentir à des distances considérables, ont donné naissance à la télégraphie sans fil.

282. Télégraphie sans fil. — *Principe.* — Une des propriétés les plus curieuses des ondes hertziennes est de *modifier par leur passage la résistance d'un certain nombre de conducteurs.* Si donc on produit des ondes à une station A, ces ondes lors de leur passage en B modifiant la résistance d'un conducteur spécial dit *détecteur*, pourront être utilisées pour faire fonctionner un *récepteur* placé sur le même circuit que le *détecteur*.

On pourra donc ainsi communiquer de A à B sans fil. Nous allons parler des trois détecteurs les plus importants.

1° *Détecteur Branly.* — La propriété que nous venons de

signaler a été mise en évidence pour la première fois par Branly au moyen d'un tube rempli de limaille métallique, comprise entre deux pistons. Ce tube offre une grande résistance (100.000 ohms par exemple) au passage du courant,

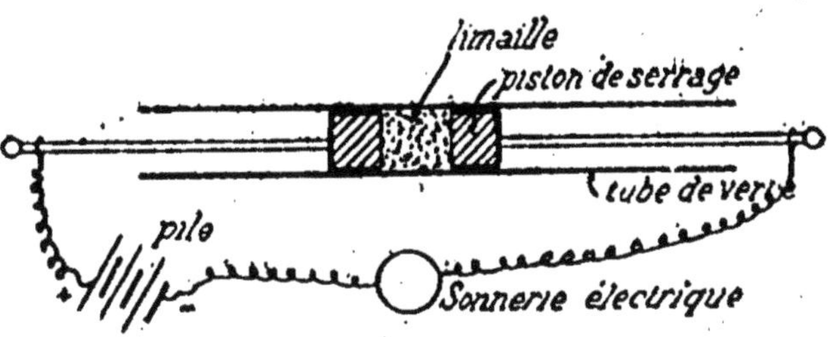

Fig. 232. — Tube de Branly.

comme on peut le montrer en l'intercalant avec une sonnette sur le circuit d'une pile. Mais si l'on fait fonctionner un excitateur de Hertz dans le voisinage, la limaille devient conductrice et la sonnerie fonctionne. La conductibilité persiste après l'émission des ondes; pour la détruire, il suffit de frapper légèrement le tube : la sonnette s'arrête.

Le tube de Branly dit *cohéreur* ou *radio-conducteur* a été employé au début de la télégraphie sans fil comme récepteur par Marconi. Les ondes hertziennes, par l'intermédiaire du tube à limaille, faisaient fonctionner un récepteur Morse ordinaire. Actuellement il est complètement abandonné et remplacé par des appareils plus sensibles et surtout plus pratiques associés à un *récepteur téléphonique*.

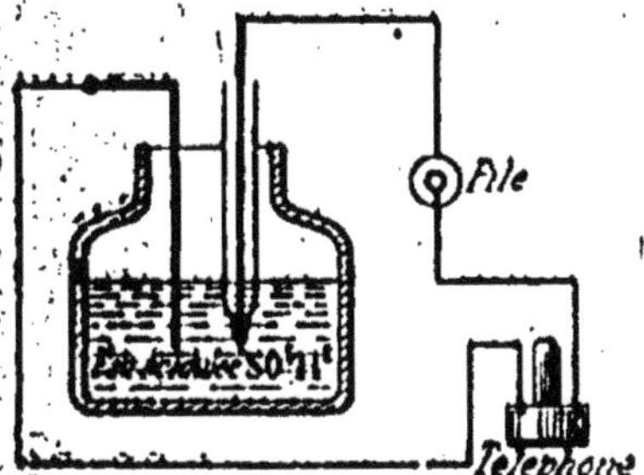

Fig. 233. — Détecteur électrolytique.

2° *Détecteur électrolytique*. — Il se compose essentiellement d'un voltamètre à électrodes de platine très inégales [1], contenant de l'acide sulfurique à 20° Baumé. On constate que la résistance de l'électrolyte est diminuée par le passage des ondes électriques.

1. L'une des électrodes (l'anode) est formée par un fil très fin soudé dans un tube de verre et coupé au ras du tube : elle n'offre par suite qu'une très petite surface de contact avec l'électrolyte.

Supposons alors qu'on ait réglé la différence de potentiel de façon qu'elle soit à peine inférieure à celle qui est nécessaire à l'électrolyse. Si des ondes passent, l'électrolyse se produit et un téléphone placé dans le circuit de la pile permet d'entendre un crépitement particulier.

3° *Détecteur à cristaux.* — C'est le détecteur le plus récent et le plus simple. Il se compose d'une pointe métallique reposant avec une pression déterminée sur la surface d'un cristal de *pyrite de fer* ou de *galène*. Cet appareil est placé comme le détecteur électrolytique, dans un circuit comprenant un téléphone qui fait entendre un crépitement lors du passage des ondes, lesquelles modifient la résistance du contact : pointe, cristal.

283. Installation d'un poste de télégraphie sans fil. — Nous allons indiquer les organes essentiels qui com-

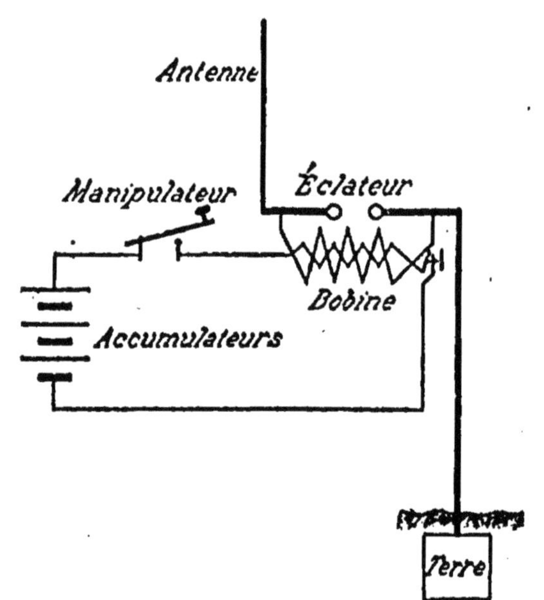

Fig. 234. — Télégraphie sans fil. Transmetteur.

posent un poste de télégraphie sans fil qui utilise un détecteur électrolytique. La disposition serait à peu près identique pour un détecteur à cristaux.

Le *système transmetteur*, qui émet les ondes, comprend

surtout une bobine de Ruhmkorff, sur le primaire de laquelle on a placé un manipulateur Morse. L'une des boules de l'excitateur de Hertz (*éclateur*) est en communication avec le sol ; l'autre est reliée à un long conducteur appelé *antenne*, qui est composé de fils de cuivre isolés et placés le plus haut possible (mâts d'un navire, tour Eiffel, clocher, etc.).

Lorsqu'on manœuvre le manipulateur Morse, le courant d'une batterie d'accumulateurs passe dans le primaire de la bobine et on peut produire ainsi une série d'ondes électriques longues ou brèves. Grâce à l'antenne qui joue le rôle de *résonateur*, ces ondes sont amplifiées et peuvent influencer un détecteur, même à des distances considérables (plusieurs milliers de kilomètres).

Le *système récepteur* comprend une antenne qui reçoit les

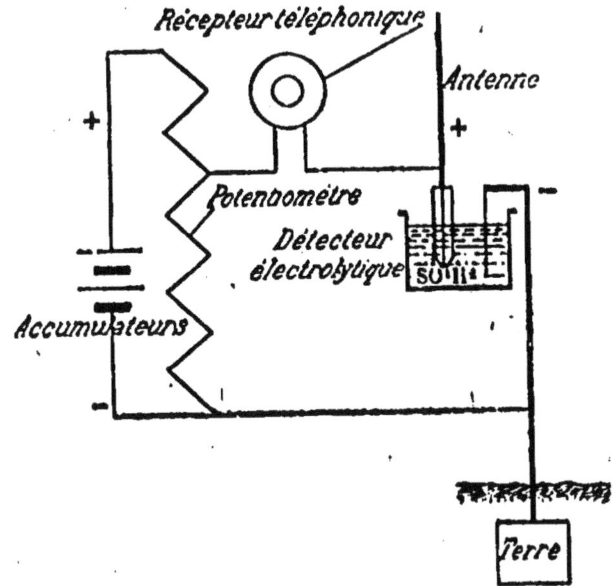

Fig. 235. — Télégraphie sans fil. Récepteur.

ondes, le détecteur, le récepteur téléphonique et le générateur de courant qui les actionne.

À l'aide d'un rhéostat appelé *potentiomètre*, on règle la différence de potentiel aux bornes du voltamètre de manière qu'elle soit juste insuffisante pour provoquer l'électrolyse. L'anode est reliée à l'antenne, la cathode est au sol.

Une oreille exercée placée au téléphone distingue très nettement les crépitements *longs* ou *brefs* produits par l'émission de trains d'ondes longues ou brèves. On a ainsi deux signes distinctifs qui permettent d'utiliser l'alphabet Morse pour la correspondance (*lecture au son*).

284. Avantages et inconvénients de la télégraphie sans fil. — La facilité que possède l'onde électrique de contourner les obstacles lui permet de franchir de grandes distances, malgré la rotondité de la terre : on peut communiquer entre des points qui ne se voient pas, alors que la communication par le télégraphe optique serait impossible. De plus, la lumière ne traverse pas le brouillard, tandis que l'onde électrique le traverse sans affaiblissement sensible.

En outre, la propagation se faisant dans toutes les directions, la correspondance entre deux postes éloignés l'un de l'autre peut se faire sans réglage aucun, alors que les deux postes ignorent leurs positions réciproques ; d'où l'importance du nouveau système pour la marine. La transmission de signaux aux navires en mer constitue actuellement une des applications les plus importantes de la télégraphie sans fil.

A côté de ces avantages se place un grave inconvénient ; un détecteur placé dans le rayon d'action effective de l'onde peut recevoir cette onde et en être impressionné. La dépêche sera donc transmise non seulement au poste auquel elle est destinée, mais à tous les postes (amis ou ennemis, en temps de guerre) situés à une distance assez petite. Et si plusieurs appareils fonctionnent à la fois, il en résulte dans les signaux une confusion inextricable.

Toutefois, en se basant sur les principes desquels dépendent la *résonance* acoustique, on a imaginé des systèmes permettant de régler l'*excitateur* et le *détecteur* ainsi que les *antennes*, de telle façon que le second ne puisse entrer en action que s'il a été préalablement *accordé* avec le premier. Le détecteur électrolytique et le détecteur à cristaux sont très utiles à ce point de vue, la hauteur du son rendu par le téléphone variant avec le transmetteur qui l'émet.

Dans l'état actuel de la T. S. F, on a pu communiquer à des distances de plusieurs milliers de kilomètres. Elle a déjà rendu de nombreux services et semble appelée à être plus utile encore, quand on y aura apporté les perfectionnements dont elle paraît susceptible.

TABLE DES MATIÈRES

PREMIÈRE PARTIE

OPTIQUE

CHAPITRE IV. — INSTRUMENTS D'OPTIQUE

CHAPITRE V. — PRISME. ÉTUDE DES DIFFÉRENTES SOURCES LUMINEUSES

DEUXIÈME PARTIE

ACOUSTIQUE

CHAPITRE PREMIER. — NATURE ET PROPAGATION DU SON

CHAPITRE II. — QUALITÉS DU SON. PRINCIPE DES INSTRUMENTS DE MUSIQUE

TROISIÈME PARTIE

MAGNÉTISME

QUATRIÈME PARTIE

ÉLECTRICITÉ

CHAPITRE IV. — LOI D'OHM. DIFFÉRENCE DE POTENTIEL. FORCE ÉLECTROMOTRICE

CHAPITRE V. — GÉNÉRATEURS ÉLECTRIQUES

CHAPITRE VI. — ELECTROSTATIQUE

CHAPITRE VII. — APPLICATIONS DE L'ÉLECTRICITÉ AUX COMMUNICATIONS A DISTANCE

www.ingramcontent.com/pod-product-compliance
Ingram Content Group UK Ltd.
Pitfield, Milton Keynes, MK11 3LW, UK
UKHW020119130726
13696UKWH00001B/111